中等职业供热通风与空调专业系列教材

燃 气 工 程

张培新　主编

中国建筑工业出版社

图书在版编目(CIP)数据

燃气工程/张培新主编.—北京:中国建筑工业出版
社,2004

(中等职业供热通风与空调专业系列教材)

ISBN 978-7-112-06199-0

Ⅰ.燃… Ⅱ.张… Ⅲ.燃气—热力工程—专业学
校—教材 Ⅳ.TU996

中国版本图书馆 CIP 数据核字(2004)第 001989 号

中等职业供热通风与空调专业系列教材

燃 气 工 程

张培新 主编

*

中国建筑工业出版社出版、发行(北京西郊百万庄)
各地新华书店、建筑书店经销
北京市密东印刷有限公司印刷

*

开本:787×1092 毫米 1/16 印张:18½ 字数:446 千字
2004 年 3 月第一版 2011 年 5 月第三次印刷
定价:**34.00** 元
ISBN 978-7-112- 06199-0
(20215)

本书根据建设部"面向 21 世纪职业教育课程改革和教材建设规划"研究开发项目的总体部署及要求,按照供热通风与空调专业新教育标准和《燃气工程》教学大纲的要求编写而成。

全书分导论,燃气的生产与净化工艺,燃气的供需工况及调节,燃气的长距离输送系统,城镇燃气管网系统,燃气的储存与压送,燃气的调压与计量,室内燃气供应系统,液化石油气供应与燃气加气站,燃气用具,燃气工程施工技术,共十一章。

本书为中等职业学校供热通风与空调专业燃气工程课程教材,也可作为高职高专、成人院校及职业资格培训教材和参考用书。

*　　*　　*

责任编辑:姚荣华
责任设计:崔兰萍
责任校对:黄　燕

前　言

　　本书是根据建设部"面向 21 世纪职业教育课程改革和教材建设规划"研究开发项目的总体部署及要求,建设部中等职业学校供热通风与空调专业教学指导委员会关于新一轮教材编写精神,按照供热通风与空调专业新教育标准和《燃气工程》教学大纲的要求编写而成。

　　本书的主要内容包括燃气的生产工艺、输配管网、燃气应用、液化石油气供应以及燃气工程施工技术,涵盖了燃气工程从气源、管网到用户的各个环节。

　　本教材针对职业学校的教学特点,结合工程实践,并吸收和借鉴了国内外燃气工程领域的新材料、新技术、新工艺,全面系统、简明实用,既适用于中等职业学校供热通风与空调专业及建筑类相关专业的课程教学,也可作为高职高专和成人院校及职业资格培训教材和参考用书。

　　全书由山东省城市建设学校张培新、刘永哲,济南市公用事业管理局李庆运,济南市管道煤气公司路用功、韩东伟,济南市煤气公司李秀峰等同志共同编写。张培新为主编,并负责全书的统稿和定稿;刘永哲为副主编;由山东省城市建设学校高绍远主审。具体编写分工如下:

　　张培新　　第三、五、六、八章;

　　刘永哲　　第一、二、十章;

　　李庆运　　第九章;

　　路用功　　第十一章;

　　韩东伟　　第七章;

　　李秀峰　　第四章。

　　由于编者水平有限,在内容和体系上难免有不当和疏漏之处,恳请读者批评指正。

编者　　2003 年 8 月

4

目　　录

第一章 导 论

第一节 燃料与燃气

一、燃料综述

燃料指的是通过燃烧而获得可利用热能的物质。燃料的种类很多,按其形态可分为固体、液体和气体三大类,按其来源可分为天然燃料和人造燃料两大类。各类燃料的主要种类简述如下:

(一)固体燃料

(1)煤,包括无烟煤、烟煤、褐煤等;

(2)煤的干馏残余物,包括焦炭、半焦炭等;

(3)有机可燃页岩和泥炭;

(4)木柴、植物秸秆、木炭等。

(二)液体燃料

(1)石油及其炼制产品,包括汽油、煤油、柴油、重油、渣油等;

(2)醇类,主要是甲醇和乙醇;

(3)植物油,包括一些产油率较高但不宜食用的植物油和某些低等级植物油。

(三)气体燃料(燃气)

(1)天然气,包括气田气和油田气;

(2)液化石油气,石油加工过程中的副产品;

(3)人工燃气,主要有焦炉气、高炉气、发生炉煤气、油制气等;

(4)沼气,由废弃有机物厌氧发酵得到的气体燃料。

在各类燃料中,应用比较广泛的主要是煤、石油、燃气。

煤作为工业燃料,由于储量丰富、安全可靠、成本低廉而得到广泛使用。储量丰富,是指全球许多国家都有煤的矿藏,其中煤得到开采利用的超过 50 个国家;安全可靠,主要指煤的物理、化学等性质稳定,因此在运输、存储和使用上比较安全;成本低廉,主要是指开采历史悠久、技术比较成熟、开采效率高,因而煤炭的价格低廉。但是在运输、贮存过程中需要一系列的装置和措施,费用较高;而且使用后会出现灰渣、粉尘和有害气体,不利于环境保护。

石油是一种清洁、高效的燃料,在世界各国、各行各业都得到广泛应用,其消费量也逐年增长。由于它和燃气都可以采用管道运输,输送比较方便快捷;高效率的燃烧比较适合作为动力燃料。但燃烧的尾气中含有有害气体,会对周围环境造成污染;供应量有限,全球只有少数国家开采石油,所以价格比较昂贵。

燃气作为清洁燃料,它的灰分、含硫量和含氮量较煤和油燃料要低得多,燃气中粉尘含量也极少,因而对保护环境提供了有利条件;同时,燃气由于采用管道输送,没有灰渣,基本消除了在运输、贮存过程中发生的有害气体、粉尘和噪声干扰;燃气系统一般比较简单,操作管理方便,容易实现自动化;另外,燃气几乎没有灰分,污染远比燃煤、燃油轻微。燃气的主要缺点是它与空气在一定比例下混合易形成爆炸性气体,而且气体燃料大多数成分对人和动物是窒息性的或有毒的,对使用安全技术提出了较高的要求。

进入 21 世纪,环境保护受到前所未有的重视,使用洁净能源成为一个国家经济持续发展的重要条件。因此,燃气资源应该得到更好的开发和利用。

二、燃气的概念和特点

(一)燃气的概述

燃气是各种气体燃料的总称,它能燃烧而放出热量,供城市居民和工业企业使用。常用的燃气有纯天然气、石油伴生气、液化石油气、炼焦煤气、炭化煤气、高压气化煤气、热裂解油制气、催化裂解油制气和矿井气等。

燃气通常由一些单一气体混合而成,其组分主要是可燃气体,同时也含有一些不可燃气体。可燃气体有碳氢化合物、氢及一氧化碳。不可燃气体有氮、二氧化碳及氧。此外,燃气中还含有少量的混杂气体及其他杂质,例如水蒸气、氨、硫化氢、萘、焦油和灰尘等。

(二)燃气作为工业燃料的特点

(1)工业用户一般能耗较大,与煤和燃料油比较,使用燃气不必建设燃料储存场所和设备,无需备运操作,使用燃料前的管理简单,燃烧设备结构简单,因此可节省占地、投资和操作费用。

(2)与煤、燃料油比较,燃气燃烧后产生的 CO_2 较少,产生的 SO_x 和颗粒物极少,无灰渣,生成的 NO_x 也较少且容易采取措施进一步降低。因此,燃烧燃气的工业装置对环境污染小。

(3)燃烧燃气的工业炉便于温度控制,炉膛温度均匀,程序升温平稳,火焰清洁,有利于生产优质产品,提高制品质量,减少次、废品,并且有利于提高装置生产率。

(4)燃气工业炉炉内气氛调节灵活,可容易地、迅速地调节炉内氧化、中性或还原的气氛,适应特种工艺制品的生产。炉内没有结渣、结焦问题,容易实现自动点火和火焰监视。

(5)燃气能够灵活地与其他燃料搭配燃烧,达到增产、节能、降耗。例如,炼铁高炉风口上方装设天然气燃烧器,燃气和焦炭共同作为高炉能源,可使高炉产量增加 30%～100%,焦炭消耗量减少 30%～50%,热效率提高 25%～50%。燃气与煤粉共燃,可使燃煤装置排放符合环保规定的要求。20 世纪 80 年代以来,美、英、德等国家已拥有相当部分的高炉铁选用了喷吹燃气工艺。

(6)建筑陶瓷,如生产釉面砖的窑炉使用燃气作燃料后,不会产生炭黑、颗粒、气泡、麻点等缺陷,窑炉内温度均匀,产品变形小,能够生产高档次的釉面砖。

(7)锅炉是工业中最大的耗能设备,我国燃煤锅炉效率约 50%～60%,而燃烧燃气的锅炉效率可达 80%～90%。

(8)燃烧燃气的工业炉运行时,由于燃气与空气混合物处于爆炸极限内,因此,运行前的泄漏,运行中的熄火、回火,可燃混合物在未着火的状态下进入炉内,或火焰倒入混合管中等,都容易引起爆炸。因此燃气工业炉的操作和管理比其他燃料更严格。

三、燃气工业发展状况

(一)国外燃气工业发展概况

各国的燃气工业发展情况,大体上经历了从煤制气为主阶段,到油制燃气为主或煤、油制气混合应用阶段,再到液化石油气阶段,随后到天然气为主的阶段。

煤制气是 18 世纪末 19 世纪初才开始被制造和利用的。1812 年,被称为"煤气工业之父"的苏格兰人威廉·默多克(William Murdoch)在伦敦建成了世界上第一座煤制气工厂,但其生产的煤气最初只是用于室内和街道的照明,后来也用作取暖。直到 1855 年本生发明了引射式燃烧器,才使煤气在居民生活和工业窑炉中得到广泛的应用。

20 世纪以来,由于煤在世界各国燃料构成中的比重不断下降,石油和天然气的比重不断上升,因而进行了用油作为制气原料来制造燃气的研究及生产。由于油制气、液化石油气比煤制气的投资及生产成本低,从而促使了燃气工业的飞速发展。

天然气作为一种"绿色环保"能源,战后尤其是 20 世纪 70 年代以来,在全球范围内得到了普遍发展。一些国家已经开始实施以气代煤、以气代油的计划,例如用天然气发电;有些国家正在加速天然气用途的多项研究,例如天然气合成燃料油;还有一些国家已经用天然气作汽车燃料。在未来几十年里,随着天然气市场的不断完善和一些国家正在进行工业化进程的加快,对天然气新的需求将越来越大。据预测,到 2005 年全世界天然气所占的比例将超过煤炭,到 2040 年将首次超过石油,2080 年时则超过石油和煤炭的总和。

但是,随着天然气的需求量及开采量不断增长,其后备储量不断减少。为了保持燃气工业的不断发展,近年来各工业发达国家又转而对煤的气化技术进行了大量研究,开发出了多种新的煤气化技术。但是,目前采用新的煤制气技术所得的煤气在成本上还难与天然气、油制气进行竞争。因此,新的煤制气技术主要是作为技术储备。

(二)我国燃气工业发展概况

我国是世界上开采、利用天然气最早的国家。西周《周易》中就有"泽中有火,火在水上"的记录。《汉书·地理志》也有"西河郡鸿门县有天封苑火井祠,火从地出"的记载。

但是,到十九世纪中后期,我国的燃气工业才真正起步。1865 年,英国人在上海建造了第一座煤制气厂,之后日本人也在东北地区建厂并成立了煤气公司。到 1949 年为止,全国只有上海、沈阳、抚顺等几个城市有煤气设施。

解放以后,我国的燃气工业也获得了新生。首先,国家对原有的煤气工业进行了改造,并使煤气这种以前的"高档燃料"首次进入老百姓家中。1958 年以后,随着冶金工业的发展,以焦炉煤气作为气源的城市燃气事业得到了第一次大规模发展;同时,在机械、化工、轻工及建材等工业中,建造了大量发生炉及水煤气炉,制造气化煤气供作燃料气及化工原料气。随着石油资源的开采和炼油工业的发展,在 1965 年第一套具有工业规模的重油裂解制气装置投入生产,油制气进入人们的生活。之后,液化石油气也逐步得到普及,并从城市走进了乡村。

十一届三中全会以后,特别是改革开放以来,我国的燃气工业得到迅速发展,制气技术水平也有了很大提高,气源领域不断拓宽,燃气供应量及城市气化率也有很大提高。

进入 20 世纪 90 年代以后,天然气有了很大的发展,并逐渐成为我国的主导气源。1997年,陕甘宁—北京天然气输气管线建成投产;2001 年,"西气东输"工程正式开工;东南沿海引进国外液化天然气项目正在试点;引进俄罗斯天然气项目即将启动……预计到 2005 年我国将有 148 个城市,7000 多万人口用上天然气;到 2010 年,将有 270 个城市利用天然气,天然气用气量将达 414 亿 m^3/天;届时我国的天然气利用总量将达到或接近世界平均水平。

第二节 燃气的分类与组成

如前所述,燃气是由多种成分组成的混合气体,因此,其分类的方法也很多。通常情况下,燃气可按其成因或生产方式分类,也可按热值大小分类,或者按燃烧特性分类,以便于设计和选择燃烧设备。

一、按成因或生产方式分类

这是一种经常采用的分类方法,按其成因或生产方式的不同,将燃气分为天然气、人工燃气和液化石油气三大类。生物气则由于气源和输配方式的特殊性,习惯上另作一类。

(一)天然气

天然气是指通过生物化学作用及地质变质作用,在不同地质条件下生成、运移,在一定压力下储集的可燃气体。按形成条件不同,分为气田气、油田伴生气、凝析气田气等。但从广义来说,蕴藏在地壳中的可燃气体均可称为天然气,这时还应包括煤成气、矿井气等。

(1)气田气 产自天然气田中的天然气称气田气。在地层压力作用下燃气有很高的压力,往往达到 $1\sim10$MPa。主要组分为甲烷,含量约 $80\%\sim98\%$,还含有乙烷、丙烷、丁烷等烃类物质和二氧化碳、硫化氢、氮气等非烃类物质。其低热值约 36MJ/Nm³。我国四川的天然气属于这一类。

(2)油田伴生气 伴生气是石油开采过程中析出的气体,在分离器中由于压力降低而进一步析出。它包括气顶气和溶解气两类。油田伴生气的特征是乙烷和乙烷以上的烃类含量一般较高。所以热值很高,其低热值约 48MJ/Nm³。天津、大庆等地使用的是伴生气。

(3)凝析气田气 这是一种深层的天然气,它除含有大量甲烷外,还含有乙烷、丙烷、丁烷以及戊烷和戊烷以上烃类,即汽油和煤油的组分。

(4)煤成气 也称为是煤田气,是成煤过程中所产生并聚集在合适地质构造中的可燃气体,其主要组分为甲烷,同时含有少量二氧化碳等气体,热值约 40MJ/Nm³。

(5)矿井气 矿井气也称为矿井瓦斯,是从煤矿矿井中抽出的可燃气体。一般是当煤采掘后形成自由空间时,煤层伴生气移动到该空间与空气混合形成矿井气。其组分中甲烷含量 $30\%\sim55\%$、氮 $30\%\sim55\%$、氧 $5\%\sim10\%$、二氧化碳 $4\%\sim7\%$。由于含氮量很高,所以热值较低,其热值约 $12\sim20$MJ/Nm³。抚顺、鹤壁等矿区城镇将矿井气作为城市燃气使用已多年。

(二)人工燃气

以固体或液体可燃物为原料,经各种热加工制得的可燃气体称为人工燃气。主要有干馏煤气、气化煤气、油制气和高炉气等。

(1)干馏煤气 以煤为原料,用焦炉或直立式炭化炉等进行干馏所获得的可燃气体称为干馏煤气。焦炉煤气是以氢为主(约占 60%),有相当数量甲烷(20%以上)和少量一氧化碳(8%左右),其低热值约 17MJ/Nm³。

连续式直立炭化炉煤气是干馏煤气与部分水煤气形成的混合气体,其组成以氢为主(55%左右),有相当数量的一氧化碳及甲烷(都占 $17\%\sim18\%$)。其低热值约为 15MJ/Nm³。

（2）气化煤气　以固体燃料为原料，在气化炉中通入气化剂，在高温条件下经气化反应而得到的可燃气体，称为气化煤气。通常有发生炉煤气、水煤气和蒸汽—氧气煤气等。

煤在常压下，以空气及水蒸气为气化剂，经气化所得的燃气为发生炉煤气。其组成中氮气含量在 50% 以上，其次为一氧化碳和氢，其低热值为 $10MJ/Nm^3$。

以煤为原料，在 2.0～3.0MPa 的压力下，用纯氧和水蒸气作气化剂制得的气化煤气，称为蒸汽—氧气煤气。其组成中氢含量超过 70% 并含相当数量的甲烷（15% 以上），其低热值约为 $15MJ/Nm^3$。

（3）油制气　以石脑油或重油为原料，经热加工制取的可燃气体称为油制气。依制取加工方法不同，可分为热裂解气、催化裂解气和部分氧化油制气。

将原料油喷入充满水蒸气的蓄热反应器内，使油受热裂解而制得的燃气为热裂解油制气。其组成以氢及甲烷为主，并含有相当数量的乙烯，其低热值约为 $35MJ/Nm^3$。

在有催化剂存在条件下，使原料油进行催化裂解反应而制得的燃气称为催化裂解油制气。其组成以氢为主，并含有相当数量的甲烷和一氧化碳，其低热值约为 $17MJ/Nm^3$。

将原料油、蒸汽和氧气混合在较高温度下发生部分氧化反应而制成的燃气称为部分氧化油制气。其组成以氢和一氧化碳为主，低热值约为 $10MJ/Nm^3$。

（4）高炉气　高炉气是炼铁时产生的副产气，主要组分是一氧化碳和氮气，低热值约为 3.8～$4.2MJ/Nm^3$。高炉气可以作为焦炉的加热煤气，也可用作锅炉的燃料或与干馏煤气掺混用于冶金工业的加热工艺。

（三）液化石油气

以凝析气田气、石油伴生气或炼厂气为原料气，经加工而得的可燃物为液化石油气。但液化石油气大部分来自石油炼制时的副产品。其主要组分为丙烷、丙烯、丁烷和丁烯。此外尚有少量戊烷及其他杂质。气态液化石油气热值为 $93MJ/Nm^3$ 左右；液态液化石油气热值为 $46MJ/kg$ 左右。

（四）生物气

各种有机物质在隔绝空气的条件下发酵，在微生物作用下经生化作用产生的可燃气体称为生物气，亦称沼气。其主要组分为甲烷和二氧化碳，还有少量氮和一氧化碳。热值约为 $22MJ/Nm^3$。

二、按热值分类

燃气热值的分类习惯上分为三个等级，即高热值燃气（HCV gas）、中等热值燃气（MCV gas）和低热值燃气（LCV gas）。气化煤气多数属于低热值燃气，热值大致在 12～$13MJ/Nm^3$ 之间，或更低一些。中等热值燃气以城市燃气（主要为干馏煤气）为代表，热值在 $20MJ/Nm^3$ 左右。高热值燃气则指热值在 $80MJ/Nm^3$ 以上的燃气。天然气、部分油制气和液化石油气都是高热值燃气。

低热值燃气的可燃组分主要为氢气和一氧化碳，同时含有相当数量的不可燃惰性组分，其含量有时甚至达到半数。中等热值燃气除含有氢气和一氧化碳外，还含有甲烷和其他烃类，或者主要可燃组分为甲烷，但伴有大量非可燃组分（如一些生物气）。高热值燃气的组分则以烃类为主。低、中热值燃气一般可采取一些加工手段，视需要而升级为中、高热值燃气，例如以石油馏分的蒸汽或液化石油气增热、脱除其中的二氧化碳、甲烷化等。用煤制造代用天然气是一个典型例子。

典型燃气的组分和特性参见附录一。

三、按燃烧特性分类

(一)我国的燃气分类

我国现行的国家标准《城市燃气分类》(GB/T 13611—92)按燃气的类别及其燃烧特性指数(华白数 W 和燃烧势 C_P)分类,并控制其波动范围。具体分类见表1-1。

城市燃气的分类(干,0℃,101.3kPa)　　　　　　　表 1-1

类　别		华白数 W(MJ/Nm³)		燃烧势 C_P		典型燃气举例
		标准	范　围	标准	范　围	
人工气	5R	22.7	21.1～24.3	94	55～96	上海等混合气
	6R	27.1	25.2～29.0	108	63～110	沈阳等混合气
	7R	32.7	30.4～34.9	121	72～128	北京等焦炉煤气
天然气	4T	18.0	16.7～19.3	25	22～57	抚顺、阳泉等矿井气
	6T	26.4	24.5～28.2	29	25～65	锦州等液化石油气混空气
	10T	43.8	41.2～47.3	33	31～34	广东等天然气
	12T	53.5	48.1～57.8	40	36～88	四川等天然气
	13T	56.5	54.3～58.8	41	40～94	天津、中原等油田伴生气
液化石油气	19Y	81.2	76.9～92.7	48	42～49	商品丙烷
	22Y	92.7	76.9～92.7	42	42～49	商品丁烷
	20Y	84.3	76.9～92.7	46	42～49	商品丙烷、丁烷混合气

注:6T系液化石油气混空气,燃烧特性接近天然气。

(二)国际煤联(IGU)的分类

国际煤气工业联盟将燃气分为三大类,而每类又分为几组。其分类的主要依据是燃气的一般华白指数。

(1)人工燃气,华白指数为 24～31MJ/Nm³。它又分为三组:

1)发生炉煤气、水煤气(即贫煤气)或液化石油气与空气混合成热值较低的燃气,其华白指数为 5.3～17MJ/Nm³,燃烧势大于 60;

2)焦炉煤气,华白指数为 24～26MJ/Nm³,燃烧势大于 60;

3)空气与液化石油气或其他石油气混合成热值较高的燃气,其华白指数为 24～27MJ/Nm³,燃烧势小于 60。

(2)天然气,华白指数为 41～58MJ/Nm³。它包括两组:

1)华白指数较高的天然气,其华白指数为 55～67MJ/Nm³;

2)华白指数较低的天然气,其华白指数为 47～54MJ/Nm³。

(3)华白指数为 77～92MJ/Nm³ 的燃气,此类燃气虽然从规定上没有分组,但实际上人们将它分为两组:

1)商业丁烷,以丁烷为主的混合气体;

2)商业丙烷,以丙烷为主的混合气体。

第三节　燃气的基本性质

一、燃气的平均分子量和气体常数

单一气体在标准状态下的主要特性见附录二。

混合气体是多种气体组成的混合物,不能用一个分子式来表示它的化学成分,因而,混合气体也就没有真正的分子量。为了计算方便,特别是为了能利用理想气体状态方程式来解决混合气体的计算问题,常常把混合气体假想为单一的气体,其分子数目及总质量恰好和实际的混合气体相等。

混合气体的性质主要取决于各种气体的性质和含量。混合气体中各组成气体的含量可用各组成气体的数量与混合气体总数量的比值表示,这一比值称为混合气体的成分。混合气体的成分通常用质量成分、容积成分两种方法表示。

（一）质量成分

设混合气体的质量为 m,各组成气体的质量分别为 m_1、m_2、m_3、……m_n,显然,

$$m = m_1 + m_2 + m_3 + \cdots\cdots + m_n$$

将上式等号两边分别除以 m,则

$$\frac{m_1}{m} + \frac{m_2}{m} + \frac{m_3}{m} + \cdots\cdots \frac{m_n}{m} = 1 \tag{1-1}$$

在混合气体中,任何一种组成气体的质量与混合气体的总质量之比,称为该组成气体的质量成分,以符号 g_i 表示,即

$$g_1 = \frac{m_1}{m}, g_2 = \frac{m_2}{m}, \cdots\cdots g_n = \frac{m_n}{m}$$

将上述关系代入式(1-1)

$$g_1 + g_2 + g_3 + \cdots\cdots + g_n = \sum_{i=1}^{n} g_i = 1 \tag{1-2}$$

式(1-2)表明,混合气体中各组成气体的质量成分之和等于1。

（二）容积成分

混合气体中各组成气体的分容积与混合气体的总容积之比叫做该组成气体的容积成分。若以符号 v 表示容积成分,则

$$v_1 = \frac{V_1}{V}, v_2 = \frac{V_2}{V}, \cdots\cdots v_n = \frac{V_n}{V}$$

$$v_1 + v_2 + v_3 + \cdots\cdots + v_n = \sum_{i=1}^{n} V_i = 1$$

即混合气体中各组成气体的容积成分之和等于1。

混合气体的分子量按下列方式计算:

(1) 已知混合气体的容积组分时,其平均分子量按下式计算:

$$M_m = \frac{\Sigma V_i M_i}{100} \tag{1-3}$$

(2) 已知混合气体的质量组分时,其平均分子量可按下式计算:

$$M_m = \frac{100}{\Sigma g_i / M_i} \tag{1-4}$$

式中　M_m——混合气体的体积组分混合气体的平均分子量；

　　　V_i——混合气体的容积组分；

　　　g_i——混合气体质量组分。

气体常数可按下式计算：

$$R_m = \frac{848}{M_m} \tag{1-5}$$

式中　R_m——混合气体的气体常数[kg·m/(kg·K)]；

　　　M_m——混合气体的平均分子量。

【例题 1-1】　已知某混合气体的容积成分为：甲烷 23.4；氢 59.2；一氧化碳 8.6；乙烷 2.0；氧 1.2；氮 3.6；二氧化碳 2.0。试计算该混合气体的平均分子量和气体常数。

【解】　已知该气体各成分的分子量为：甲烷 16.04；氢 2.01；一氧化碳 28.01；乙烷 30.07；氧 32；氮 28.01；二氧化碳 44.01

根据式(1-3)，混合气体的平均分子量为

$$M_m = \frac{\Sigma V_i M_i}{100}$$

$$= \frac{23.04 \times 16.04 + 59.2 \times 2.01 + 8.6 \times 28.01 + 2.0 \times 30.07 + 1.2 \times 32 + 3.6 \times 28.01 + 2.0 \times 44.01}{100}$$

$$= 10.17$$

混合气体的气体常数可按式(1-5)求得

$$R_m = \frac{848}{M_m} = \frac{848}{10.17} = 83.38 \tag{1-6}$$

二、燃气的密度和相对密度

(一) 密度

$$\rho_0 = \frac{M_i}{V_x} \tag{1-7}$$

式中　ρ_0——单一气体在标准状态下的密度(kg/m³)；

　　　V_x——千克分子气体体积；

　　　M_i——单一气体的分子量。

混合气体密度可按下式计算

$$\rho_m = \Sigma \rho_i V_i / 100 \tag{1-8}$$

式中　ρ_m——混合气体密度(kg/m³)；

　　　ρ_i——混合气体各组分的密度(kg/m³)；

　　　V_i——混合气体各体积组分(%)。

【例题 1-2】　计算【例 1-1】中混合气体密度。

【解】　各组分的密度见下表：

组　分	甲　烷	氢	一氧化碳	乙　烷	氧	氮	二氧化碳
密度(kg/m³)	0.7174	0.0899	1.2506	1.3553	1.4291	1.2504	1.9771
体积组分(%)	23.4	59.2	8.6	2.0	1.2	3.6	2.0

用公式(1-8)计算得

$$\rho_m = \Sigma \rho_i V_i / 100 = (0.7174 \times 23.4 + 0.0899 \times 59.2 + 1.2506 \times 8.6 + 1.3553 \times 2.0 +$$
$$1.4291 \times 1.2 + 1.2504 \times 3.6 + 1.9771 \times 2.0) \div 100 = 0.4253 \text{kg/m}^3$$

（二）相对密度

相对密度是气体密度与空气密度的比值。

$$s = \frac{\rho}{1.293} \tag{1-9}$$

式中　s——相对密度；

　　　ρ——气体密度，(kg/m^3)；

　1.293——空气密度，(kg/m^3)。

【例题 1-2】中混合气体的相对密度为 0.3289。

三、燃气的含湿量

在燃气储存、输送等过程中，湿燃气中水蒸气的含量将发生变化，而干燃气的含量却保持不变。如果以干燃气为标准来衡量水蒸气量的多少那将给计算带来方便。

湿燃气中 1kg 干燃气所夹带的水蒸气量（以克计）称为湿燃气的含湿量，以符号 d 表示，单位为 g/kg 干燃气，即

$$d = 1000 \frac{M_{zq}}{M_g} \tag{1-10}$$

式中　M_{zq}——湿燃气中所含水蒸气的质量（kg）；

　　　M_g——湿燃气中所含干燃气的质量（kg）。

显然，$(1 + 0.001d)$kg 湿燃气中含有 1kg 干燃气和 0.001$d$kg 水蒸气。

四、燃气的露点

饱和蒸气经冷却或加压，立即处于过饱和状态，当遇到接触面或凝结核便液化成露，这时的温度称为露点。

对于气态碳氢化合物，与附录二所列的饱和蒸气压相应的温度也就是露点。例如，丙烷在 3.49×10^5Pa 压力时露点为 $-10℃$，而在 8.46×10^5Pa 压力时露点为 $+20℃$。气态碳氢化合物在某一蒸气压时的露点也就是液体在同一压力时的沸点。

碳氢化合物混合气体的露点与混合气体的组成及其总压力有关。

液化石油气掺混空气前后露点的比较。在实际的液化石油气供应中，有时采用含有空气的非爆炸性混合气体。由于碳氢化合物蒸气分压力降低，因而露点也降低了。

丙烷、正丁烷和异丁烷与空气混合物的露点，分别示于图 1-1、图 1-2、图 1-3 中。

由图可见，露点随混合气体的压力及各组分的容积成分而变化，混合气体的压力增大，露点升高。

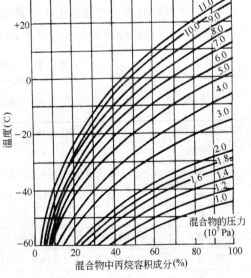

图 1-1　丙烷与空气混合物的露点

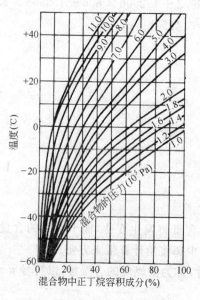

图 1-2　正丁烷-空气混合物的露点

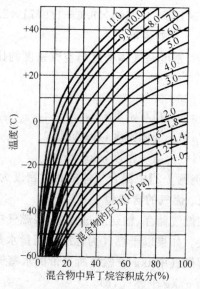

图 1-3　异丁烷-空气混合物的露点

当用管道输送气体碳氢化合物时,必须保持其温度在露点以上,以防凝结,阻碍输气。

五、燃气的热值

$1Nm^3$ 燃气完全燃烧所放出的热量称为该燃气的热值,单位为千焦每标准立方米。对于液化石油气,热值单位也可用千焦每千克表示。

热值可分为高热值和低热值。

高热值是指燃气完全燃烧后其烟气被冷却至原始温度,而其中的水蒸气以凝结水状态排出时所放出的热量。

低热值是指燃气完全燃烧后其烟气被冷却至原始温度,但烟气中的水蒸气仍为蒸汽状态时所放出的热量。

显然,燃气的高热值在数值上大于其低热值,差值为水蒸气的汽化潜热。

各种单一气体燃烧热值与反应式如表 1-2。

各种单一气体燃烧热值与反应式　　　　　　表 1-2

气体名称	反应方程式	气体热值（kJ/Nm³）	
		高 热 值	低 热 值
氢	$H_2 + 0.5O_2 = H_2O$	12724	10768
一氧化碳	$CO + 0.5O_2 = CO_2$	12615	12615
甲 烷	$CH_4 + 2O_2 = CO_2 + 2H_2O$	39752	35823
乙 炔	$C_2H_2 + 2.5O_2 = 2CO_2 + H_2O$	58370	56359
乙 烯	$C_2H_4 + 3O_2 = 2CO_2 + 2H_2O$	63294	59343
乙 烷	$C_2H_6 + 3.5O_2 = 2CO_2 + 3H_2O$	70191	64251
丙 烯	$C_3H_6 + 4.5O_2 = 3CO_2 + 3H_2O$	93456	87467
丙 烷	$C_3H_8 + 5O_2 = 3CO_2 + 4H_2O$	101039	93030

气体名称	反应方程式	气体热值（kJ/Nm³）	
		高 热 值	低 热 值
丁 烯	$C_4H_8+6O_2=4CO_2+4H_2O$	125559	117425
丁 烷	$C_4H_{10}+6.5O_2=4CO_2+5H_2O$	133580	123364
戊 烯	$C_5H_{10}+7.5O_2=5CO_2+5H_2O$	158848	148495
戊 烷	$C_5H_{12}+8O_2=5CO_2+6H_2O$	168989	156374
苯	$C_6H_6+7.5O_2=6CO_2+3H_2O$	161887	155412
硫化氢	$H_2S+1.5O_2=SO_2+H_2O$	25306	23329

混合气体热值可按(1-13)式求出。

$$Q=\frac{\Sigma V_i \cdot q_i}{100} \tag{1-13}$$

式中　Q——混合气体热值 kJ/Nm³；

V_i——各组分的体积(%)；

q_i—各单一组分的热值 kJ/Nm³。

【例 1-3】 计算【例 1-1】中混合气体的发热值。

【解】 用(1-13)式求混合气体热值。

$$Q=\frac{\Sigma V_i \cdot q_i}{100}=(23.4\times35709+59.2\times10743+8.6\times12636+2.0\times63577)\div100$$

$$=17074kJ/Nm^3$$

六、着火温度和爆炸浓度极限

(一)着火温度

可燃气体与空气混合物在没有火源作用下被加热而引起自燃的最低温度称为着火温度（又称自燃点）。甲烷性质稳定，以甲烷为主要成分的天然气着火温度较高。即使是单一可燃组分，着火温度也不是固定数值，与可燃组分在空气混合物中的浓度、混合程度、压力、燃烧室形状、有无催化作用等有关。工程上实用的着火温度应由试验确定。表 1-3 表示在大气压下一些可燃气体在空气中的着火温度。由于试验条件不同，其数值也可能不同。可燃气体在氧中的着火温度要比表 1-3 中的数值略低 50～100℃。

一些可燃气体在空气中的着火温度　　　　　　　　　　　　　　表 1-3

气体名称	着火温度(℃)		气体名称	着火温度(℃)	
	测得最小值	测得最大值		测得最小值	测得最大值
氢	530	590	苯	720	770
一氧化碳	610	658	甲 苯	660	
甲 烷	645	850	硫化氢	290	487
乙 烷	530	594	乙 烯	510	543
丙 烷	530	588	炼焦煤气	640	
丁 烷	490	569	含二氧化碳页岩气	700	
乙 炔	335	500			

（二）着火极限（又称爆炸极限）

在可燃气体与空气混合物中，如燃气浓度低于某一限度，氧化反应产生的热量不足以弥补散失的热量，无法维持燃烧爆炸；当燃气浓度超过某一限度时，由于缺氧也无法维持燃烧爆炸。前一浓度限度称为着火下限，后一浓度限度称为着火上限。着火上、下限又称爆炸上、下限，上、下限之间的浓度范围称为爆炸范围。

单组分可燃气体的爆炸上、下限见表1-4。对含有惰性气体的燃气之爆炸极限可参阅图1-4～图1-6。从图中可看出，一些可燃气体混入惰性气体后，其爆炸极限的上、下限间的范围存在缩小的规律。

各种燃气的着火极限（$T=293k$，$P=0.1MPa$）　　　　表1-4

燃气名称	燃气在混合物中的含量（%）		燃气名称	燃气在混合物中的含量（%）	
	下限值	上限值		下限值	上限值
氢	4.0	74.20	戊烷	1.40	7.80
一氧化碳	12.50	74.20	己烷	1.25	6.90
甲烷	5.0	15.0	乙烯	2.75	28.60
乙烷	3.22	12.45	丙烯	2.0	11.10
丙烷	2.37	9.5	炼焦煤气	5.60	31.00
丁烷	1.86	8.41	水煤气	6.20	72.00
乙炔	2.50	80.0	二硫化碳	1.25	50.00

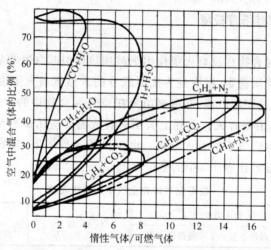

图1-4　H_2、CO、CH_4、C_3H_8、C_4H_{10}与N_2、CO_2
混合时的爆炸极限

（三）混合气体爆炸极限的计算

（1）燃气中不含惰性气体时：

$$L=\frac{100}{\sum\frac{V_i}{L_i}}\%$$ 　　　　　　　　　　（1-14）

式中　L——可燃气体爆炸上（下）限；

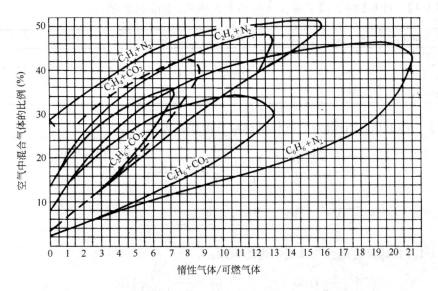

图 1-5 C_2H_4、C_2H_6、C_6H_6 与 N_2、CO_2 混合时的爆炸极限

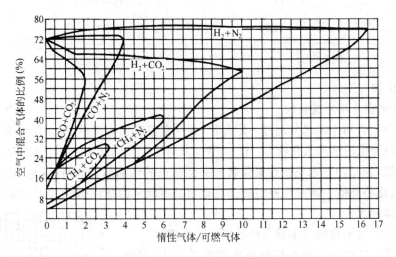

图 1-6 H_2、CO、CH_4 与 N_2、CO_2 混合时的爆炸极限

V_i——可燃气体各体积组分（%）；

L_i——可燃气体各组分的爆炸上（下）限（体积%）。

（2）燃气中含有惰性气体时

$$L_B = L \frac{\left(1 + \dfrac{\delta}{1-\delta}\right)100}{100 + L\left(\dfrac{\delta}{1-\delta}\right)}\% \qquad (1-15)$$

式中　L_B——含有惰性气体的着火极限（上限或下限）；

　　　L——混合物中可燃部分的着火上（下）极限；

　　　δ——惰性气体的容积成分。

13

【例 1-4】 计算【例 1-1】中混合气体的着火极限(上限和下限)。

混合气体组成	甲 烷	氢	一氧化碳	乙 烷	氧	氮	二氧化碳
组成体积(%)	23.4	59.2	8.6	2.0	1.2	3.6	2.0
爆炸下限(%)	5.00	4.00	12.50	3.22			
爆炸上限(%)	15.0	74.2	74.2	12.45			

【解】 用(1-14)式计算混合气体可燃成分爆炸极限:

$$L_{\text{下}} = \frac{100}{\sum \dfrac{V_i}{L_i}}\% = \frac{100}{\dfrac{23.4}{5.0}+\dfrac{59.2}{4.0}+\dfrac{8.6}{12.50}+\dfrac{2.0}{3.22}} = 4.81\%(\text{下限})$$

$$L_{\text{上}} = \frac{100}{\sum \dfrac{V_i}{L_i}}\% = \frac{100}{\dfrac{23.4}{15}+\dfrac{59.2}{74.2}+\dfrac{8.6}{74.2}+\dfrac{2.0}{12.45}} = 38\%(\text{上限})$$

用(1-15)式计算含惰性气体后的爆炸极限:

$$L_{\text{B}} = L\frac{\left(1+\dfrac{\delta}{1-\delta}\right)100}{100+L\left(\dfrac{\delta}{1-\delta}\right)}\% = 4.81\frac{\left(1+\dfrac{0.068}{1-0.068}\right)100}{100+4.81\left(\dfrac{0.068}{1-0.068}\right)} = 5.14(\text{下限})$$

$$L_{\text{B}} = L\frac{\left(1+\dfrac{\delta}{1-\delta}\right)100}{100+L\left(\dfrac{\delta}{1-\delta}\right)}\% = 38\frac{\left(1+\dfrac{0.068}{1-0.068}\right)100}{100+38\left(\dfrac{0.068}{1-0.068}\right)} = 39.6(\text{上限})$$

七、水化物

(一) 水化物及其生成条件

如果碳氢化合物中的水分超过一定含量,在一定温度压力条件下,水能与液相和气相的 C_1、C_2、C_3 和 C_4 生成结晶水化物 $C_m H_n \cdot x H_2O$(对于甲烷,$x=6\sim7$;对于乙烷,$x=6$;对于丙烷及异丁烷,$x=17$)。水化物在聚集状态下是白色的结晶体,或带铁锈色,依据它的生成条件,一般水化物类似于冰或致密的雪。水化物是不稳定的结合物,在低压或高温的条件下易分解为气体和水。

在湿气中形成水化物的主要条件是压力及温度。

图 1-7 示出甲烷及其他烷烃形成水化物的压力、温度范围。图中线 BC 是形成水化物的界限,线 BC 左边是水化物存在的区域,右边是水化物不存在的区域。点 C 是水化物存在的临界温度,高于此温度在任何高压下都不能形成水化物,这个温度如下:甲烷 21.5℃、乙烷 14.5℃、丙烷 5.5℃、正丁烷 1℃、异丁烷 2.5℃。现举例,若丙烷液体在 0℃ 和 4.8×10^5 Pa 下气化,由图可知,此条件有可能生成水化物。如果把丙烷蒸气经过调压器使其压力降低到 1.3×10^5 Pa 时,即使含有较多水分,生成水化物的可能性也不大。

由图 1-7 可知,在同样温度下形成较重的烃类水化物所需的压力甚低。

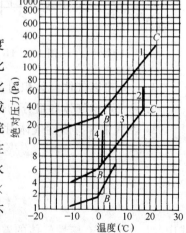

图 1-7 水化物的生成条件

1—甲烷;2—乙烷;3—丙烷;4—丙烯

在湿气中形成水化物的次要条件是：含有杂质、高速、紊流、脉动（例如由活塞式压送机引起的），急剧转弯等因素。

如果气体被水蒸气饱和，即输气管的温度等于湿气的露点，则水化物即可以形成，因为混合物中水蒸气分压远超过水化物的蒸气压。但如果降低气体中水分含量使得水蒸气分压低于水化物的蒸气压，则水化物也就不存在了。

高压输送天然气并且管道中含有足够水分时，会遇到生成水化物的问题，此外，丙烷在容器内急速蒸发时也会形成水化物。

（二）水化物的防止

水化物的生成，会缩小管道的流通断面，甚至堵塞管线、阀件和设备。为防止水化物的形成或分解已形成的水化物有两种方法：

（1）采用降低压力、升高温度、加入可以使水化物分解的反应剂（防冻剂）

最常用来作为分解水化物结晶的反应剂是甲醇（木精），其分子式为 CH_3OH。此外，还用甘醇（乙二醇）CH_3CH_2OH、二甘醇、三甘醇、四甘醇作为反应剂。

醇类之所以能用来分解或预防水化物的产生，是因为它的蒸气与水蒸气可形成溶液，水蒸气变为凝析水，降低形成水化物的临界点。醇类水溶液的冰点比水的冰点低得多，吸收了气体中的水蒸气，因而使气体的露点降低很多。在使用醇类的地方，一般装有排水装置，将输气管中液体排出。

（2）脱水　使气体中水分含量降低到不致形成水化物的程度。为此要使露点降低到大约低于输气管道工作温度 $5\sim7℃$，这样就使得在输气管道的最低温度下，气体的相对湿度接近于 60%。

液化石油气脱水常常采用沉淀法，容器装满液化石油气后，静置一段时间，使水分沉淀。实践证明，即使沉淀工作安排得很细致，液化石油气管道中也会出现水化物。所以，特别是冬季，必须加防冻剂。醇类注入量为所输送液化石油气体积的 $0.1\%\sim0.15\%$。

八、华白指数

煤气的互换性问题中，华白指数是衡量热流量（热负荷）大小的特性指数，可用下式计算

$$W=\frac{Q_H}{\sqrt{s}} \tag{1-16}$$

式中　Q_H——燃气高热值 kJ/Nm^3；

s——燃气的相对密度，公式（1-9）求得。

为了保证燃烧器具的燃烧稳定，华白指数的波动范围，一般不超过 5%。对于混合气体的华白指数，分别算出混合气体的热值 Q_H 和相对密度 s，即可求出华白指数。

【例1-5】　求【例1-1】中混合气体的华白指数。

【解】　用（1-16）式计算混合气体的华白指数：

$$Q_H=(23.4\times39749+59.2\times12761+8.6\times12636+2\times69639)/100$$
$$=19335kJ/Nm^3$$

$$s=0.3289$$

$$W=\frac{QH}{\sqrt{s}}=\frac{19335}{\sqrt{0.3289}}=33714kJ/Nm^3$$

九、燃烧势

在互换性问题产生的初期，由于置换气和基准气的化学、物理性质相差不大，燃烧特性

比较接近,因此用华白数这个简单的指标就足以控制燃气互换性。但随着气源种类的不断增多,出现了燃烧特性差别较大的两种燃气的互换问题,这时单靠华白数就不足。在这种情况下引入燃烧势这个指标,用以判断两种燃气是否可以互换。

德尔布经过大量试验数据的整理,确定燃烧式 CP 可用下式计算:

$$CP = K_2 \frac{H_2 + 0.6CO + 0.3CH_4 + 0.6C_mH_n}{\sqrt{s}}$$

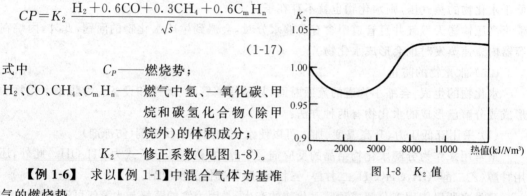

图 1-8 K_2 值

(1-17)

式中　　　　　C_P——燃烧势;
H_2、CO、CH_4、C_mH_n——燃气中氢、一氧化碳、甲烷和碳氢化合物(除甲烷外)的体积成分;
　　　　　K_2——修正系数(见图1-8)。

【例 1-6】 求以【例 1-1】中混合气体为基准气的燃烧势。

【解】 用(1-17)式计算混合气体燃烧势,已知混合气体的高热值 19335kJ/Nm³,查图 1-8 得到 K_2 为 0.96,则

$$
\begin{aligned}
CP &= K_2 \frac{H_2 + 0.6CO + 0.3CH_4 + 0.6C_mH_n}{\sqrt{s}} \\
&= 0.96 \times \frac{59.2 + 0.6 \times 8.6 + 0.3 \times 23.4 + 0.6 \times 2.0}{\sqrt{0.3289}} \\
&= 121.5
\end{aligned}
$$

第四节　城镇燃气的质量要求

当不同种类的燃气供给城镇使用时,为了保证燃气系统和用户的安全,减少腐蚀、堵塞和损失,减少对环境的污染和保障系统的经济合理性,要求燃气具有一定的质量指标并保持其质量的相对稳定。各类燃气的具体质量要求如下:

一、人工燃气的质量标准

人工燃气的质量指标应符合现行国家标准《人工煤气》(GB 13612)的规定。

(一)焦油与灰尘

人工燃气中通常含有焦油和灰尘,其危害主要是堵塞管道和用气设备。因此,标准中规定,每标准立方米人工燃气中所含焦油和灰尘量应小于10mg。

(二)萘

人工燃气特别是干馏煤气中含萘较多,来自燃气厂的燃气在管道中温度逐渐下降。当燃气中的含萘量大于燃气温度相应的饱和含萘量时,过饱和部分的气态萘会以结晶状态析出,积于管内而使管道流通断面减小,甚至堵死,造成供气中断。萘的堵塞又因焦油和灰尘的存在而加剧。

标准中规定,对于低压输送的城市燃气,每标准立方米燃气中的允许含萘量,冬季应小于50mg,夏季小于100mg。在燃气干管埋设处的最低月平均地温大于10℃的地区,含萘量

的指标还可适当放宽。以中压以上的压力输送燃气时,含萘量冬季应小于$\frac{50}{P}$(mg),夏季小于$\frac{100}{P}$(mg)(P为输气管网起点绝对压力,10^5Pa)。

（三）硫化物

燃气中的硫化物分为无机硫和有机硫。无机硫主要指硫化氢（H_2S），有机硫有二硫化碳（CS_2）、硫氧化碳（COS）、硫醇（CH_3SH、C_2H_5SH）、噻吩（C_4H_4S）、硫醚（CH_3SCH_3）等。燃气中的硫化物约90％～95％为无机硫。

硫化氢及其与氧化合所形成的二氧化硫,都具有强烈的刺鼻气味,对眼黏膜和呼吸道有损坏作用。当空气中硫化氢浓度大于910mg/m³（约0.06％体积比）时,人呼吸一小时,就会严重中毒,当空气中含有0.05％（体积比）二氧化硫时,呼吸短时间生命就有危险。

有机硫除具有一定的毒性外,还会腐蚀燃气用具。燃气用具的腐蚀有两种情况,一种是燃气在燃具内部和高温金属表面接触后,有机硫分解生成硫化氢造成腐蚀,另一种是燃气燃烧后生成二氧化硫和三氧化硫造成腐蚀。前者常发生在点火器、火孔等高温部位,由于腐蚀物的堵塞引起点火不良等故障。后者因二氧化硫溶于燃烧产物中的水分,并在设备低温部位的金属表面上冷凝下来,而发生腐蚀。

因此,标准规定每标准立方米人工燃气中硫化氢含量应小于20mg。

（四）氨

高温干馏煤气中含有氨气。氨对燃气管道、设备及燃具能起腐蚀作用。燃烧时产生NO、NO_2等有害气体,影响人体健康,并污染环境。同时,氨又能对硫化物产生的酸类物质起中和作用,所以城市燃气输配系统中含有微量的氨,是有利于保护金属的。

标准规定每标准立方米人工燃气中氨含量小于50mg。

（五）一氧化碳

一氧化碳是无色、无臭、有剧毒的气体。在人工燃气中,特别是发生炉煤气中,含有一氧化碳。若空气中含有0.1％（体积比）的一氧化碳,呼吸一小时,会引起头痛和呕吐,含量达0.5％（体积比）时,经20～30min,将危及生命。

虽然一氧化碳是可燃成分,但因它具有毒性,故一般要求城镇燃气中一氧化碳含量应小于10％；对气化燃气或掺有气化燃气的人工燃气,其一氧化碳含量应小于20％。

（六）氮氧化物

氮氧化物（NO_x）,主要指一氧化氮、二氧化氮或其混合物,也可称氧化氮。氮氧化物对人体有害,当空气中含有0.01％体积的氧化氮时,短时间呼吸后,支气管将受刺激,长时间呼吸会危及生命。

燃气中的一氧化氮与氧生成二氧化氮,后者与燃气中的二烯烃、特别是丁二烯及环戊二烯等具有共轭双键的烃类反应,再经聚合而形成气态胶质,因此也称为NO胶质,易沉积于流速反流向变化的地方,或附着于输气设备及燃具,引起各种故障。自燃气厂输出的燃气中即使只有0.114g/m³的NO胶质,在管道末端也会出现胶质的沉积现象。如每立方米燃气中胶质达数十毫克时,将沉积在压缩机的叶轮和中间冷却器的管壁上,使压送能力急剧降低,而且经很短时间就要拆卸清扫。如胶质附着在调压器内,将使调压器动作失灵,造成不良的后果。

但是,现行国家标准中尚未对氮氧化物的含量做出规定。

（七）热值

标准规定,人工燃气的低热值应大于 $14.7MJ/Nm^3$。

二、天然气的质量标准

天然气的质量指标应符合现行国家标准《天然气》（GB 17820）中一类气或二类气的规定。

（一）硫化物

硫化物的危害前已述及,因此标准中规定:总硫（以硫计）含量,一类气应小于 $100mg/Nm^3$,二类气应小于 $200mg/Nm^3$；硫化氢的含量,一类气应小于 $6mg/Nm^3$,二类气应小于 $20mg/Nm^3$。

（二）水分

水蒸气能加剧 O_2、H_2S 和 SO_2 与管道、阀门及燃气用具的金属之间的化学反应,造成金属腐蚀。特别是水蒸气冷凝,并在管道和管件内表面形成水膜时腐蚀更为严重。

由于水分具有上述危害,因此标准中规定:在天然气交接点的压力和温度条件下,天然气的水露点应比最低环境温度低5℃。

（三）二氧化碳

天然气中的二氧化碳是一种腐蚀剂,在输送过程中,二氧化碳遇到水分变成酸性物质,对管道和设备造成腐蚀；二氧化碳是非可燃物质,会降低天然气的热值,增加了燃烧后的烟气排放量。故通常要求天然气中二氧化碳含量小于 3.0%（体积比）。

（四）热值

标准中规定,天然气的高热值应大于 $31.4MJ/Nm^3$。

（五）灰尘及其他杂质

天然气中的灰尘主要是氧化铁尘粒,是由管道腐蚀而产生的。输送天然气过程中由于灰尘所引起的故障,多发生在远离气源的用户端。

标准中规定,每标准立方米天然气中灰尘含量应小于 20mg,而且不得含有其他固态、液态或胶状物质。

三、对液化石油气的质量要求

液化石油气质量指标应符合现行国家标准《油气田液化石油气》（GB 9052.1）或《液化石油气》（GB 11174）的规定。

（一）硫分

液化石油气中如含有硫化氢和有机硫,会造成运输、储存和蒸发设备的腐蚀。硫化氢的燃烧产物 SO_2,也是强腐蚀性气体。

因此,标准中规定:气态液化石油气总硫含量应小于 $343mg/m^3$,液态液化石油气中总硫分应小于 $0.015\%\sim0.02\%$（重量比）。

（二）水分

由于液化石油气中存在有水,常常出现结冰问题。当气候条件变化或低温法储存时,温度下降到一定程度,水即离析出来并引起结冰或与烃类形成高熔点的水化物。由于水的存在,还会使管道及设备生锈,增加残渣量。

因此,标准规定:不得含有游离水或携带水。

（三）二烯烃

从炼油厂获得的液化石油气中,可能含有二烯烃,它能聚合成分子量高达 4×10^5 的橡胶状固体聚合物。在气体中,当温度大于 $60 \sim 75℃$ 时即开始强烈的聚合。在碳氢化合物液体中丁二烯的强烈聚合反应在 $40 \sim 60℃$ 时就开始了。

当含有二烯烃的液化石油气气化时,在气化装置的加热面上,可能生成固体聚合物,使气化装置在很短时间内就不能进行工作。

因此,丁二烯在液化石油气中的分子成分不得大于 2%。

（四）乙烷和乙烯

由于乙烷和乙烯的饱和蒸气压总是高于丙烷和丙烯的饱和蒸气压,而液化石油气的容器多是按纯丙烷设计的,若乙烷和乙烯含量过多,容易发生事故。

因此,液化石油气中乙烷和乙烯的含量不得大于 6%（质量比）。

（五）残液

C_5 和 C_5 以上的组分沸点较高,在常温下不能气化,而留存在容器内,故称为残液。

残液量大会增加用户更换气瓶的次数,增加运输量,因而对其含量应加以限制,要求残液量在 $20℃$ 条件下不大于 3.0%（体积比）。

（六）其他要求

液化石油气与空气的混合气做主气源时,液化石油气的体积分数应高于其爆炸上限的 2 倍,且混合气的露点温度应低于管道外壁温度 $5℃$。

四、燃气的加臭

城市燃气是具有一定毒性的爆炸性气体,又是在压力下输送和使用的。由于管道及设备材质和施工方面存在的问题和使用不当,容易造成漏气,有时引起爆炸、着火和人身中毒的危险。因此,当发生漏气时能及时被人们发觉进而消除漏气是很必要的,这就要求对没有臭味和臭味不足的燃气加臭。

根据《城镇燃气设计规范》(GB 50028—93)(2002 年修订版)的规定,燃气中加臭剂的最小量应符合下列规定:

(1) 无毒燃气泄漏到空气中,达到爆炸下限的 20% 时,应能察觉;

(2) 有毒燃气泄漏到空气中,达到对人体允许的有害浓度时,应能察觉;对于以一氧化碳为有毒成分的燃气,空气中一氧化碳含量达到 0.02%（体积分数）时,应能察觉。

所谓"应能察觉",是指嗅觉能力一般的正常人,在空气—燃气混合物臭味强度达到 2 级时,应能察觉空气中存在燃气。臭味的强度等级如下:

0 级——没有臭味;

0.5 级——极微小的臭味（可感点的开端）;

1 级——弱臭味;

2 级——臭味一般,可由一个身体健康状况正常且嗅觉能力一般的人识别,相当于报警或安全浓度;

3 级——臭味强;

4 级——臭味非常强;

5 级——最强烈的臭味,是感觉的最高极限;超过一级,嗅觉上臭味不再有增强的感觉。

第二章　燃气的生产与净化工艺

第一节　人　工　燃　气

一、干馏煤气的生产

(一)概述

在隔绝空气条件下对煤进行热加工的方法称为煤的干馏。根据干馏温度不同,可以分为低温干馏、中温干馏及高温干馏三种。

(1)低温干馏　当煤在温度450～550℃下进行的干馏,称为低温干馏(低温炼焦)。低温干馏时所产生的煤气中含有大量氢、甲烷和不饱和烃。所得的低温焦油,其化学组成为石蜡烃、烯烃、芳烃、酚类、环烷烃和树脂等。所得的非挥发性产物称为半焦,组成介于原煤和焦炭之间,仍含有一定数量的挥发物。

一般情况下,1t被处理的原料煤可获得60～120m³煤气,其中大部分用以加热低温干馏炉,仅少量煤气可外供,由于进行低温干馏的燃料种类很多,用于低温炼焦的炉子结构型式也多,这就与燃料的种类相适应。近年来,低温干馏炉多半和煤气发生装置相连接,在构造上将低温炼焦和气化操作联合在一起,即所谓两段炉装置。

(2)中温干馏　当煤在温度600～850℃下进行的干馏,称为中温干馏(中温炼焦)。中温干馏通常在炭化炉中进行,故所得煤气称为炭化炉煤气,得到的非挥发性产物称为"熟煤",仅能用作气化原料、动力燃料或化工原料。

中温干馏系将弱粘结性或粘结性的烟煤为原料,最好是具有高挥发分的气煤为原料。中温干馏的结果约得到75%具有挥发分为4%～6%的焦炭,5.5%焦油和200～300m³/t煤气。大约生产煤气的50%消耗在炉子的加热,其余的可供日常生活用。

(3)高温干馏　当煤在温度900～1100℃下进行的干馏,称为高温干馏(高温炼焦)。高温干馏过程通常在焦炉中进行,因此也称为炼焦。这时所得的煤气称为焦炉煤气,含氢量较高。所得的高温焦油组成中低沸点产物少,产率比低温焦油小。所得的非挥发性产物称为焦炭,主要用于冶金工业,亦可用作动力燃料及化工原料。

用粘结性煤进行高温炼焦,是目前燃料化学加工的主要生产方式,炼焦时约可获得焦炭73%～78%,煤气15%～18%,焦油2.5%～4.5%,苯族碳氢化合物0.8%～1.2%,氨0.25%～0.4%和裂解水3%～5%。从数量上看,焦炭和煤气是炼焦的主要产品。

用同一种煤进行低温、中温和高温炼焦时,煤气的产率和质量的比较见表2-1。

如表所示,当提高热解温度时煤气的发热量显著降低。但是,由每吨被加工煤生产的煤气热含量却由低温炼焦向高温炼焦依次递增。当以低温炼焦时,每吨煤生产的煤气产量(以热量单位"焦耳"表示的产量)为100时,则中温炼焦时为150,高温炼焦时为185。所以从获得气体燃料的观点看,煤的干馏操作以高温炼焦为最有利。这也是近年焦炉、连续式直立炉在城市煤气行业得到较大发展的原因。

炼焦煤气的产率与质量　　　　　　　　　　　　　　表 2-1

| 煤气种类 | 煤气组成(体积%) | | | | | | | 密度 (kg/m³) | 低热值 (MJ/m³) | 分子量 |
	产率	CO₂	C_M H_N	O₂	CO	H₂	CH₄	N₂			
低温炼焦煤气	120	3	4	0.5	4	31	55	2.5	0.630	26.486	14.1
中温炼焦煤气	220	4	3.5	0.5	5	45	38	4	0.564	21.629	12.6
高温炼焦煤气	320	4	3	0.5	8	52	25	7.5	0.550	17.752	12.2

（二）煤的干馏过程

煤干馏后的产品是焦炭（或半焦）、煤气及其他副产品。

（1）焦炭的产生过程　煤料干馏的地方称为炭化室。煤料所需热量，主要由炭化室两侧高温炉墙向炭化室中心传递的单向供热，由于煤料导热性很差，故在整个结焦过程的大部分时间内炭化室中心面法线方向上煤料内的温度梯度较大，并且在同一时间内，距炉墙不同距离的各层煤料温度不同，因此各层分别处于成焦过程的不同阶段，如图 2-1 所示。

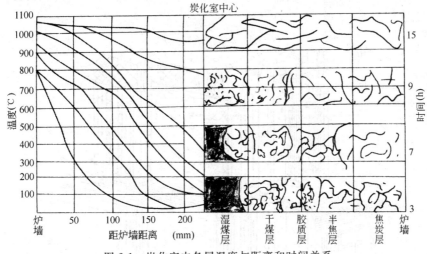

图 2-1　炭化室内各层温度与距离和时间关系

由图可见，结焦过程总是在炉墙附近先结成焦炭，而后一层层地逐渐向炭化室中心面扩展，称为"成层结焦"。如图中所示，当结焦周期为 15 h 时，在加煤后 8 h 内，炭化室内从炉墙至中心存在着焦炭层、半焦层、胶质体层、干煤层和湿煤层。约 8 h 后，煤中水分蒸发完毕，湿煤层消失，然后干煤层消失，其后两侧胶质体在炭化室中心处会合并逐渐消失而形成半焦，半焦收缩出现裂纹，当加热至 15 h 时，在炭化室中心处出现裂纹，分成两大块，至此炭化室内煤料全部成为焦炭。

（2）干馏煤气的产生过程　煤在干馏过程中所产生的煤气，主要是煤在高温分解时的产物。其产生过程如下：

1）首先释放出水蒸气及吸附在煤粒表面的二氧化碳、甲烷等气体；

2）当温度升到 200℃ 以上时，煤开始分解，这时最易分解的短侧链形成二氧化碳及一氧化碳，所以这时生成的煤气热值很低，产率也不高，这一阶段逸出的煤气量约为总煤气量的 5%～6%；

3）自400℃左右开始，煤进行剧烈分解，这时煤气逸出量急剧增加；

4）当温度达到500～550℃时，其逸出量约为总煤气量的40%～50%，甲烷含量高达45%～55%，而氢含量较低，约为11%～20%，并有较多的重碳氢化合物，所以煤气的热值很高，这阶段内煤气不仅来自煤的一次热解，而且还含有一次热解生成的焦油的二次热解产物；

5）到600℃以上时，基本上不再产生焦油，但自半焦中仍大量产生煤气；

6）至700℃左右时，产生的煤气量急剧增加，其逸出量为煤气总生成量的40%左右，这阶段内煤气组成的特征是氢含量很高，热值较低。

至此，产生的煤气量达到最高，但焦炭还未成熟。当继续加热到800～900℃时，由于受高温的影响，煤气中的甲烷及其同系物会发生二次热解反应，生成 H_2、H_2O、C 等，使煤气量不但不再增加，反而减少，同时成分也发生变化。因此，最终的煤气产率和组成，不仅取决于煤料的工艺性质，还受工艺条件（特别是温度）的影响。

（三）焦炉（高温干馏）的结构和炉型

现代焦炉的构造须保证生产质优、量多的煤气、焦炭和化学产品，要求加热均匀、单位耗热量低；加热系统阻力小；砌砖严密、坚固、使用寿命长（不小于20年），调节装置少且灵活，

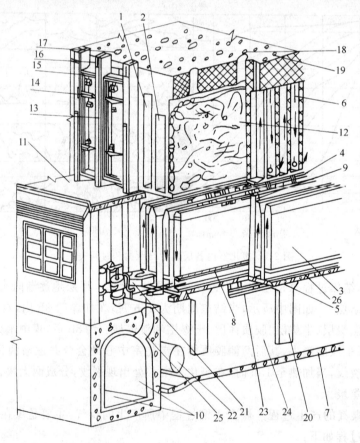

图 2-2 现代焦炉模型图

1—炭化室；2—燃烧室；3—蓄热室；4—斜道；5—小烟道；6—立火道；7—焦炉底板；8—箅子砖；9—砖煤气道；10—烟道；11—操作台；12—焦炭；13—炉门；14—炉门框；15—炉柱；16—炉柱板；17—上升管孔；18—装煤孔；19—看火孔；20—混凝土柱；21—废气开闭器，两叉部；22—高炉煤气管道；23—焦炉煤气管道；24—地下室；25—烟道弯管；26—焦炉顶板

22

劳动生产率高,投资低,炉体表面绝热好,炉顶、蓄热室走廊温度不过高,炉门严密及装煤时下煤容易,冒烟、冒火少。现代焦炉的构造主要分为:炭化室、燃烧室、蓄热室、斜道区、基础、烟道及烟囱。图2-2为焦炉的模型示意图。

焦炉的种类较多,其分类方法有:(1)按火道形式分:两分式、双联式、上跨式;(2)按加热煤气的种类分:单热式、复热式;(3)按加热煤气的供入方式分:侧喷式、下喷式;(4)按蓄热室的形式分:横蓄热室式、纵蓄热室式;(5)按加煤的方式分:顶装式、捣固式等。

城市燃气厂使用的炼焦制气炉型主要有:小型-HB250型(66型)、二分侧喷(或下喷)复热式;中型-二分下喷复热式、双联下喷单热式;大型-80型双联下喷复热式、大容积式等。

(四)连续式直立炭化炉(中温干馏)

连续式直立炭化炉是竖向进料、连续制气和竖向连续排焦的干馏制气设备。这种炉型的进料与排焦处于密闭状态,其优点主要表现在以下四个方面:第一,可通过炭化煤量、炉底蒸汽的调整,增减开炉门数,从而达到调节煤气产量,以适应城市煤气需用量波动的要求;第二,连续式直立炭化炉主要原料是气煤,符合我国气煤丰富的特点;第三,炉子操作条件比焦炉好,环境污染比焦炉小;第四,炉底蒸汽利用焦炭显热,提高煤气产量,提高热效率。

连续式直立炭化炉已工业化的炉型主要有伍德炉、考伯斯炉等。

伍德炉是英国伍德公司研制的一种连续式直立炭化炉,工业化年代已很久,工艺成熟。伍德炉的出现,由于是惟一能够连续进料、连续制气和连续排焦的煤干馏制气炉,因此备受各煤气厂的欢迎。伍德炉操作弹性范围大,具有适应城市供气负荷波动的能力,故既可作为城市煤气的基本气源,又可兼作调峰气源。正因为如此,世界各地建了不少伍德炉。我国目前有许多城市采用这种炉型作城市煤气主气源。图2-3所示为伍德炉各部分的竖向布置图。

考伯斯直立炉的主要特点是复热式直立炉,采用蓄热室结构和上下交换加热的燃烧系统。当采用发生炉煤气或高炉煤气加热时,加热煤气和空气进入蓄热室,预热到800～1000℃(用回炉煤气加热时仅预热空气)按照蓄热室的工作顺序,预热后的煤气在燃烧室的垂直加热火道里交替地上下流动燃烧,燃烧热通过炭化室墙炭化煤。废气通过蓄热室格子砖放热后离开炉体,温度为250～300℃。每隔半小时进行从上而下,再从下而上的换向加热,从而提高了供热强度,增加了炭化炉的处理能力和提高了焦炭质量。考伯斯直立炉布置断面总图见图2-4。

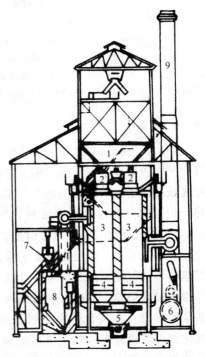

图2-3 伍德炉结构简图

1—煤仓;2—辅助煤箱;3—炭化室;
4—排焦箱;5—焦炭转运车;6—废热锅炉;
7—加焦斗;8—发生炉;9—烟囱

二、气化煤气的生产

以固体燃料(煤或焦炭)为原料,以空气和水蒸气为气化剂,在高温条件下通过化学反应所制取的煤气称为气化煤气。气化煤气可用作城市燃气、工业燃气及化工原料气。

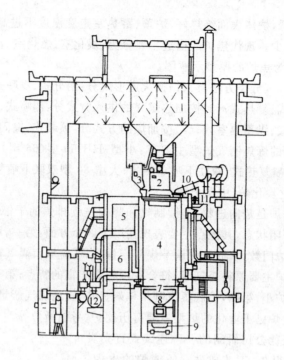

图 2-4　考伯斯炉结构简图

1—煤仓；2—辅助煤箱；3—伸入式煤斗；4—炭化室；
5—上蓄热室；6—下蓄热室；7—排焦装置；8—焦斗；
9—焦炭转运车；10—上升管；11—集气管；12—废气管

（一）概述

（1）气化的基本过程　气化炉与气化过程如图 2-5 所示。气化炉中由炉壁包围的空间称为炉膛，固体燃料的气化过程在此完成。炉壁外一般设有水夹套防止炉体过热并回收炉体散热。炉膛的上部为加料装置和煤气导出孔，气化原料由此加入，产生的气化煤气由导出管引出。炉膛的下部为排灰装置和气化剂引入装置。料层由炉栅支撑，气化后的灰渣通过炉栅和灰盘排出。气化剂由底部送风口鼓入，经炉栅分布到料层。固体原料加入炉膛，大体经过干燥层、干馏层、还原层、氧化层、灰渣层后排出。在气化炉中炉料与反应前后的气体逆向运动。气化剂由炉栅分布到热灰渣层后被预热，然后上升到氧化层，在这里气化剂中的氧和炉料中的碳进行氧化反应。在生成二氧化碳和少量一氧化碳的同时，还放出大量热，用于维持气化炉内热平衡。生成的气体与未反应的过热水蒸气上升进入还原层，在高温条件下与部分碳进行还原反应生成一氧化碳和氢气。还原层生成的气体和未参加反应的气体继续上升进入干

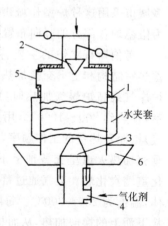

图 2-5　气化炉与气化过程

1—炉体；2—加料装置；3—炉栅；
4—送风口；5—煤气出口；6—灰盘

馏层，上升气流的显热加热原料使原料进行干馏。干馏气混入上升气流中进入干燥层，预热并干燥最上部的原料后进入气化炉的上部空间，而后从煤气出口引出。

上述气化过程为逆流操作,它能充分利用煤气的显热进行炉料的干燥、预热和干馏,又能利用灰渣的显热预热气化剂,从而提高了气化过程的热效率。由于干馏煤气不经过高温区裂解,所以使气化煤气热值有所提高。干馏时产生的焦油蒸气混入煤气中,净化时会产生大量含油、含酚污水。

气化过程也可以顺流操作,气化剂由气化炉上部引入,煤气由底部引出,炉料与反应前后的气体同向运动。这种操作的干馏煤气经过高温氧化层要发生裂解,故气化煤气热值低。由于离开气化炉的煤气温度高、离开炉膛的灰渣也带走大量显热,所以气化过程效率低。因为干馏时产生的焦油蒸气经过高温区裂解,故净化时大大减少了含油、含酚污水的产生。

(2) 气化过程分类　常用的有以下几种:

1) 按气化方式,可分为固定床(也称移动床)气化、流化床气化和气流床气化;

2) 按原料煤的粒度不同,可分为块煤气化、细粒煤气化和粉煤气化;

3) 按气化炉排渣方式不同,可分为固态排渣气化和液态排渣气化;

4) 按气化炉操作压力不同,可分为常压气化和加压气化;

5) 按供热方式不同,可分为内热式气化和外热式气化;

6) 按气化剂种类不同,可分为表 2-2 所示的各类煤气。

气化过程按气化剂种类的分类　　　　　　　　　　表 2-2

气化煤气名称	气化剂	煤气主要成分	煤气主要用途
空气煤气	空气	CO、N_2	工业燃料
水煤气	水蒸气	CO、H_2、N_2	工业燃料
发生炉煤气	空气、水蒸气	CO、H_2	化工燃料、城镇燃气补充气源
氧气—蒸汽煤气	氧气、水蒸气	CO、H_2	化工燃料、城镇燃气补充气源
富甲烷气(代用天然气)	氢气	CH_4、C_mH_n、H_2	城镇燃气

(二) 发生炉煤气

以煤或焦炭为气化原料,以空气和水蒸气为气化剂通入发生炉内制得的煤气,称为发生炉煤气。在发生炉内由于碳与氧反应生成一氧化碳(还有二氧化碳)的反应为强放热反应,而碳与水蒸气的反应为吸热反应,因此发生炉煤气的制备过程同时进行这两种反应,将碳氧化时放出的热量作为碳水蒸气反应热源,以此实现煤炭气化。这种制气过程是常压连续的,故其生产流程中一般不设储气柜。

发生炉煤气广泛用作各类工厂的燃料气,城市煤气厂则用作焦炉、直立炉等干馏炉型的加热用燃料气,个别城市少量用以掺混。

(1) 理想发生炉煤气　满足下述假设条件制得的气化煤气称为理想发生炉煤气。

1) 气化原料为纯碳,且碳全部转化为一氧化碳。

2) 按化学计量方程式供给空气与水蒸气,完全反应而无过剩。

3) 气化过程无热损失,自身实现热平衡。

(2) 实际发生炉煤气　实际气化过程并非理想情况,无法满足上述假设条件,因为:

1) 气化原料是煤或焦炭而不是纯炭,含有水分、挥发分及灰分等,气化后不可能都转化成一氧化碳。

2）气化剂量也比按化学反应方程式计量数要高，气化反应也不能进行到平衡。碳不可能完全气化，有燃料损失。水蒸气不能完全分解，二氧化碳也不能全部被还原。

3）气化过程不可避免有热损失，如散热损失、生成物和炉渣带出的显热损失等。

此外，实际生产过程中尚存在干馏过程，产生的干馏煤气混入发生炉煤气中。正因为如此，实际发生炉煤气组成与理想的有差别。实际发生炉煤气中有二氧化碳、水蒸气和甲烷等烃类，氮气也比理想发生炉煤气多，而一氧化碳和氢气减少。热值比理想发生炉煤气低，但因为混入干馏煤气多少不同，故热值降低多少不一。以弱粘结烟煤为原料制得的发生炉煤气，热值约为 $6.0MJ/Nm^3$，而以无烟煤或焦炭为原料生产的发生炉煤气，热值约为 $5.0MJ/Nm^3$。

（3）对原料的要求　制取发生炉煤气的原料范围很广，包括各种可燃矿产及其热加工过程所得到的固体燃料。我国煤炭资源十分丰富，现在煤气生产中主要使用弱粘结性煤、无烟煤或焦炭，部分地区使用褐煤。

气化原料的性质对发生炉型式、生产流程、气化指标和生产操作等都起着决定性的影响。

选择气化原料时，应尽量选择热稳定性好、机械强度高、灰熔点高、弱粘结性或无粘结性的燃料。因为热稳定性差的燃料在发生炉中的高温下易于破碎，机械强度低的燃料，在运输或加料过程中产生大量破碎，两者在气化时不仅会产生大量带出物，而且严重影响原料粒度的均匀性。灰熔点低或粘结性大的燃料，在生产中容易产生结渣和粘结现象，破坏了气化炉的正常运行工况，以致无法进行生产。此外，反应性好的燃料，生产能力亦大。

（4）煤气发生炉炉型　煤气发生炉的型式很多，通常可根据气化原料种类、加料方法、排渣方法及操作方式进行分类。我国制造和常用的发生炉型主要有：3M21 型、威尔曼·格鲁夏（W—G）型等。

1）3M21 型煤气发生炉　其结构如图 2-6 所示。该炉型具有机械加煤机（双钟罩交替启闭）、机械除灰和转动炉栅。该炉机械化强度高，生产强度大，性能可靠，主要用于气化贫煤、无烟煤和焦炭等不粘结性燃料。

2）W—G 型煤气发生炉　是一种具有中央送风、T 型炉栅的煤气发生炉，其结构如图 2-7所示。炉体为全水套，水套的空层在炉顶，空气先进入水套空层，与蒸汽混合后导出送至炉栅下。煤由料仓落入给煤箱，再通过 4 个加料管连续送入炉膛，料仓与煤箱之间、煤箱与加料管之间，均设有液压传动的偏心盘开闭器。煤气引出口在炉顶，这样可以增加料层高度。炉顶设八个探火孔。炉栅为偏心的三层 T 型（亦称宝塔型）炉篦构成，座落在转动灰盘上。灰盘由电动机、减速器、蜗轮、蜗杆带动，传动蜗杆与静止的炉壁之间采用轴密封，这样炉底鼓风压力可以提高。灰盘中心通过滚珠架在竖向支撑柱上，支柱接在垂直交叉与炉壁相接的钢梁上。炉渣由灰盘带动旋转时，遇到固定在炉壁上的灰刀而落入灰箱内，定期干法除灰。

（三）水煤气

水煤气是指水蒸气与煤（或焦炭）在高温下反应生成的氢和一氧化碳的可燃混合气体，其中氢占 50％左右，一氧化碳占 33％～36％。水煤气的生产一般有两种方法：一是以蒸汽和氧气为气化剂，在流态化气化炉中连续制取；二是以空气和蒸汽为气化剂在固定床气化炉图 2-7 威尔曼-格鲁夏（W-G）型煤气发生炉中间歇循环制取。

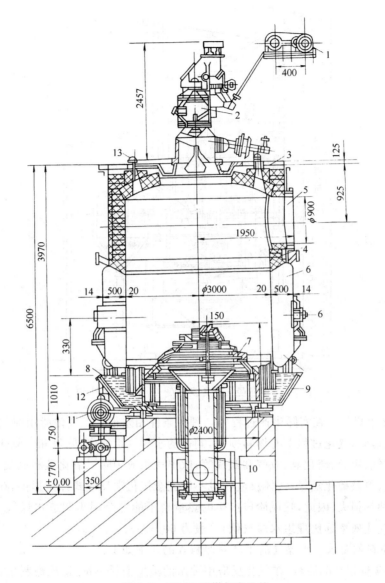

图 2-6 3M-21 型煤气发生炉

1—减速机;2—加煤机;3—炉盖;4—砖砌体;5—煤气出口;6—水夹套;7—炉栅;
8—排灰刀;9—灰盘;10—气化剂入口;11—灰盘传动装置; 12—炉裙;13—探火孔

　　水煤气发生炉的生产,首先往发生炉内吹入一次空气,使一部分原料燃烧,燃烧所放出的热量积累于料层中,当料层加热到维持一定水煤气反应所必须的温度之后,停止吹空气,改吹水蒸气进行反应生成水煤气。当料层温度降低至基本上不能使水蒸气分解的时候,停止吹水蒸气,重新吹空气,而开始另一个制气循环。

　　(1)理想水煤气　满足下述条件制得的水煤气称为理想水煤气,它们是:

　　1)气化原料为纯碳,通空气时只产生二氧化碳,通水蒸气时只产生一氧化碳和氢。

　　2)气体反应物按化学反应方程式计量提供,燃料无损失,空气、水蒸气不过剩。

　　3)整个气化过程无热损失,热量自身平衡。

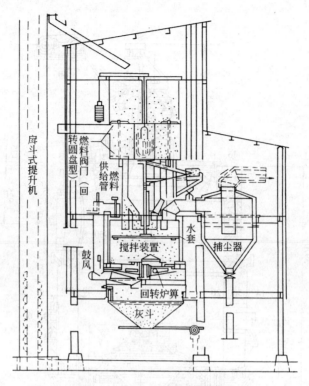

图 2-7 威尔曼·格鲁夏(W—G)型煤气发生炉

（2）实际水煤气 在实际生产过程中与理想条件相差很大。气化所用原料一般不是纯碳,而是煤或焦炭,气化过程中有燃料损失,制得的水煤气组成中,除氢和一氧化碳外尚有二氧化碳、水蒸气、甲烷、硫化氢、氧气和氮气等;吹出气组成中除二氧化碳和氮气外,尚有一氧化碳、水蒸气、氢及硫化氢等;气体反应物也不能完全按化学反应式计量提供,在吹风和制气阶段总有各种热损失,因此,吹风阶段产生的热量也不能完全用于制造水煤气,故实际生产中水煤气的气化效率远比理想水煤气低,一般为60％左右。

（3）对原料的要求 水煤气的生产对原料煤的要求如下:

1）水分含量较高的原料,在气化反应中因水的蒸发消耗热量,造成燃料层温度下降,因此入炉原料水分含量越少越好。

2）挥发分含量高的原料,在气化反应生成物中焦油成分增加,易使操作阀门堵塞,关闭不严形成事故。同时煤气净化处理复杂,并从吹风气中带走可燃组分高,降低气化效率。因此,煤气生产宜用焦炭、无烟煤等挥发分较低的原料。

3）煤中灰分含量高,不仅增加运输费用,而且在气化过程中由于部分炭表面为灰所覆盖,减少气化剂与炭表面的接触面积,随灰渣排出的含碳量增加。此外,还增加排灰负荷,并使设备磨损加剧,故一般要求灰含量不大于20％为宜。

4）煤中硫分,在气化过程中大部分转化为气态硫化物,不仅腐蚀管道,而且会使气体脱硫装置负荷增加,因此一般要求煤中的硫含量小于1％。

5）要求入炉原料煤或焦炭粒度均匀,这样料层各处阻力和温度分布比较均匀,可保持较高的操作负荷,为高产低耗提供条件。

6）原料的热稳定性和机械强度要适应气化的要求,机械强度差的煤在输送过程中破碎量大,在炉内受热后易产生破碎,增加料层阻力和气体带出物,造成炉内气流分布不匀,燃料层容易吹翻等缺陷,如采用减负荷操作,则气化炉生产能力下降。

（4）水煤气发生炉炉型　水煤气发生炉的构造与混合煤气发生炉相似。但因水煤气发生炉鼓风压力高达 18kPa,因而不能用水封,而采用干法排渣。图 2-8 为具有旋转炉栅、机械排渣、自动控制的水煤气发生炉。

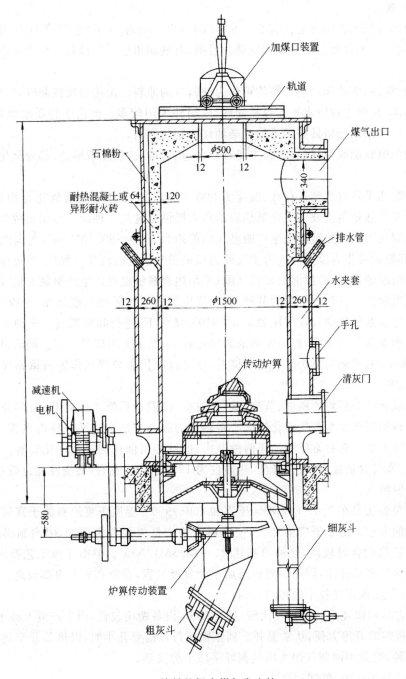

图 2-8　旋转炉栅水煤气发生炉

发生炉采用双钟罩式加料器加料,炉体上半部为耐火材料衬里,外包钢板,下部为水夹套,炉栅为均匀布风的偏心旋转炉栅。炉底有三个灰斗,两侧为两个粗灰斗,中间为细灰斗。细灰斗上有水煤气引出管连接,设在炉外的电动机、减速器经炉栅转动装置带动炉栅旋转,旋转轴与炉底壁之间由轴密封装置密封。炉栅边缘刮下的干灰落入粗灰斗中,下吹制气时从炉栅缝隙被带出的大颗粒灰渣落入细灰斗中。灰斗定期排灰。

三、油制燃气的生产

(一)概述

油制燃气技术在国际上已有 50～60 年的历史。随着 20 世纪 60 年代我国石油工业的发展,油制气技术也得到了开发和发展。目前,有些城市已采用油制气作为城市煤气的主气源。

原油、重油、柴油和轻质油等均可作为油制气的原料。采用轻质油制气,气化效率较高,不产生焦油,其烟尘和污水等亦容易处理,故国外采用较多。但由于轻质油价格较高,我国的油制气厂多采用价格低廉的重油或柴油作为制气原料。

以油为原料制取燃气的方法,主要有四种:热裂解法、催化裂解法、部分氧化法和加氢裂解法。

热裂解法是在有水蒸气存在、温度为 800～900℃ 的条件下使碳氢化合物裂解的方法。热裂解所需的热量是由鼓入氧化剂燃烧油料来提供。这是一种制气与加热两个阶段交替进行的间歇制气方法。热裂解法生产的燃气热值约为 36.9～39.7MJ/m³,与天然气的热值很相近,故其装置可作为以天然气为主气源的城镇燃气供应的调峰气源厂,也可作为与贫煤气(水煤气、两段炉煤气等)掺混的增富气源;采用热裂解法也可以生产聚氯乙烯等化工产品。

催化裂解法是在热裂解法的基础上,在反应器内填充适当的催化剂(如镍系催化剂、氧化钙一氧化镁系催化剂),在常压和 750～900℃ 条件下,进行间歇制气。这种方法能促进碳氢化合物和水蒸气的反应,提高原料油的气化效率,减少游离碳的生成。同时可以得到含氢量高,比重小,其性能与焦炉煤气非常接近,故可以取代焦炉煤气作为城镇燃气的主气源或调峰气源。

部分氧化法是指将原料油、蒸汽、氧气(或空气)混合后喷入反应器,由部分原料油燃烧而供给原料油裂解及水蒸气转化反应所需热量的制气方法。这是一种内热式,因而效率高的连续制气方法。它有常压和加压两种方式,也可使用催化剂进行催化裂解。这种方法产生的燃气,氮气含量高,氢气含量低,热值仅为 12MJ/Nm³ 左右,燃烧性能也较差,故常用作合成氨的原料气。

加氢裂解法是在 2.0～6.0MPa 压力和 700～900℃ 温度下将原料油于富氢气流中裂解制取燃气的方法。由于氢气的加入,使裂解产物中低级烃含量增加,因而制得的燃气中氢气、甲烷、乙烷的含量较高,热值可高达 25～33.5MJ/Nm³。但由于该工艺要求压力高,还要富氢原料气和流化床,因而一般仅适用于大规模装置,投资和成本也都较高。

综前所述,油制气技术的特点有四:

(1)它与相同规模的煤制气比较,投资较少、设备费用较低,但生产成本高于其他制气。

(2)运转时开停方便,从常温开车到正常运行仅需要几小时,以热备开车到正常运行只需十几分钟,因此用油制气作为供气调峰手段十分灵活。

(3)油易于运输、装卸和供应。

（4）制气装置自动化控制水平较高，故操作方便，所需操作人员也较少。

（二）制气工艺

由于我国油制燃气的主要原料是重油，因而主要采用热裂解法和催化裂解法制气。故本节主要介绍这两种方法的制气工艺。

热裂解法和催化裂解法均是蓄热裂解，即所需的热量由鼓入氧化剂燃烧部分原料油来提供，制气与加热两个阶段交替进行，它们的生产工艺基本相同。其装置形式常用的有单筒、双筒和三筒三种。无论哪一种气化装置，在反应器内放入催化剂，则为催化裂解，在反应器内仅充填格子砖，则为热裂解。

以三筒蓄热裂解工艺流程为例讲解热裂解制气过程，见图2-9。

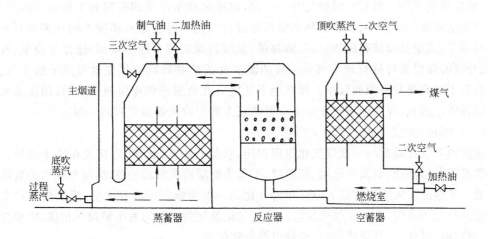

图2-9　三筒蓄热催化裂解工艺流程

三筒装置催化裂解的制气过程包括鼓风加热期和制气期，为了避免空气与燃气混合爆炸及提高燃气质量，其间还要用蒸汽吹扫。包括八个阶段进行：

（1）一顶吹阶段　吹扫蒸汽从空蓄器顶部引入，依次吹扫三个筒体后由主烟囱排出，把炉内含有燃气的剩余气体吹掉。

（2）一加热阶段　从燃烧室端部引入一加热油及二次空气在其中燃烧。同时在空蓄器顶部引入一次空气，通过格子砖预热后，作为一加热油燃烧的补充空气，并还用于烧除反应器中的积炭。一次空气和二次空气的比例可以根据需要调节。燃烧后的烟气经过空蓄器下部，并与反应器中催化剂及蒸蓄器中格子砖换热，然后从主烟囱排出。本阶段主要是提高反应器的催化剂床层温度。

（3）二加热阶段　从蒸蓄器顶部喷入二加热油和三次空气（有的不用三次空气），并与一次空气一起在蒸蓄器内燃烧。其主要目的是提高蒸蓄器上部空间和格子砖温度，同时烧除积炭。

（4）烧炭阶段　停止喷加热油，继续通入一次空气以烧除反应器内催化剂上的积炭。

（5）二顶吹阶段　与一顶吹操作相同，目的是吹除炉内残留的烟气。

（6）一底吹阶段　吹扫蒸汽从主烟囱底部引入，经依次吹扫三个筒体后由副烟囱排出，以吹扫上阶段未除尽的烟气。由于气流方向与上阶段相反，因而有利于吹尽死角的残气。

（7）制气阶段　从蒸蓄器顶部喷入的制汽油与从主烟囱底部引入的过程蒸汽混合，在蒸蓄器上部空间进行初步热裂解后再到反应器进行催化裂解。然后裂解气通过空蓄器被格子砖吸收显热,并由上部引出。

(8) 二底吹阶段 与一底吹的操作相同,一方面使未反应完的油蒸汽继续裂解,另一方面将炉中残余燃气送入冷却净化系统。

四、地下气化燃气的生产

(一) 概述

煤的地下气化是一种把煤的开采和转化结合起来,对地下煤层就地进行气化的工艺过程。煤在地下直接进行气化,省却了煤的采掘工作,大大减少甚至取消了地下作业量,变矿井作业为工厂作业,消除了对工人健康和生产安全的危险。地下气化工艺流程简单且连续生产,较容易实现生产过程的机械化和自动化,促进劳动生产率的提高和工作条件的改善。地下气化适用煤种广泛,褐煤和各种烟煤都可进行气化。特别是对那些无法开采或开采价值不高煤层,无论是埋藏很深的煤层、薄煤层、急倾斜煤层或多断层煤层,还是品位低、灰分高、硫分高的煤层都可进行地下气化。有的废矿井或矿井残留的煤柱也可用于地下气化。因而有利于提高煤炭资源回收率。煤在地下气化后残余灰渣仍滞留地下,减轻固体废渣对环境的污染。因此,煤的地下气化将来有可能成为部分取代煤炭开采的一项技术。

(二) 地下气化方法与工艺

煤的地下气化原理与一般煤气化原理相同,只是它的"气化炉"直接设在地下煤层。地下煤层是不会移动的,但其氧化层、还原层、干燥干馏层将横向缓慢移动,煤气化后的灰渣留在原处。从地面鼓入空气或富氧空气作为气化剂。因为煤层中含有水分,煤燃烧后产生的热量使其蒸发为蒸汽,参加水煤气反应。地下气化煤气的组成与发生炉煤气相仿,主要为氢气、一氧化碳、氮气、二氧化碳,还有少量甲烷及硫化氢。

煤的地下气化方法分为有井式和无井式两类。有井式需要进行地下作业,挖掘竖井和平巷;无井式只需从地面钻孔,不必进行井下作业,但它对地质条件有一定要求。

(1) 有井式 有井式地下气化方法的示意图如图 2-10 所示。这是一种 U 形炉结构形式。从地面到煤层钻掘两个竖井 A 和 B,竖井是沿煤层倾角开掘的。在两竖井底部沿煤层水平方向挖掘且它将两竖井连通组成气化通道。它所包围的区域就是待气化的煤区。沿着两竖井设有管道与平巷连通。气化剂从一端管道鼓入,生成的煤气由另一管道引出。

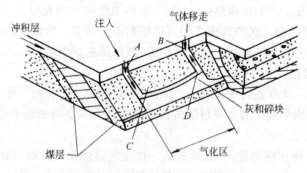

图 2-10 有井式地下气化简图

首先将木柴等燃料堆放在平巷一端,点火后鼓入空气助燃,生成的热烟气加热气化煤区下部,直至达到气化温度。在气化过程中,顺着气化煤层的水平方向,靠近鼓风的一端为氧化区,然后依次为还原区、干馏区和干燥区,如同一个平卧的固定床发生炉。生成的煤气则从另一竖井引出。随着煤层的气化,上层的煤自动成为碎块落入气化空洞中,火焰工作面由下向上逐渐移动,已气化的空间则被烧剩的煤渣所充填。

如果气化剂始终由 A 竖井鼓入,显然靠近 A 端的煤消耗快,两端灰渣高度相差也愈来愈大,为了避免此种情况,通常采用从两个竖井交替鼓风的办法。

以空气为气化剂时,有井式地下气化得到的煤气组成(容积%)约为:H_2:14~17;CO:15~19;CH_4:1.4~1.5;CO_2:9~11;N_2:53~55;O_2:0.2~0.3,煤气热值约为 3.8~4.2MJ/Nm^3。

有井式地下气化的主要缺点是仍需进行大量的地下作业。此外,在气化过程中,平巷空间愈来愈大,容易造成顶板崩塌,堵塞燃烧空间,致使气化反应不能正常进行。

(2)无井式 无井式地下气化方法只需在地面上钻孔操作,完全取消了地下作业。无井式气化又可分为单孔式和渗透式两种。

1)单孔式 这种方法较简单,一个单孔就是个气化炉。从地面向煤层钻孔,在孔内装上套管,套管内再设内管。管道底部敞开,并深入到被气化煤层内,如图 2-11 所示。空气从内管鼓入,在管道底端的煤层空腔内进行气化,生成煤气由套管引出。这种方法的主要缺点是能气化的区域很小,对管材要求较高,故难以推广使用。

2)渗透式 从地面向煤层钻相当数量的孔,并设法使孔与孔之间的煤层相互渗透。对变质程度浅的煤层(如褐煤),由于具有良好的透气性,不需要进行专门处理就能渗透。而对变质程度深的煤(如无烟煤),由于透气性差,需在两钻孔之间进行贯通,即沿着两钻孔底部建立气化通道,形成一个 U 形炉,如图 2-12 所示。气化时,水平巷道左侧用可燃物质引燃煤层,形成燃烧区(Ⅰ),空气由左侧竖巷道鼓入通过燃烧区、氧化区(Ⅱ)、干馏区(Ⅲ)、干燥区(Ⅳ),生成的煤气从右侧竖巷道排出。主要贯通方法有火力渗透法、水力破碎法、电力贯穿法和定向钻孔法。钻孔方法的选取视煤层的地质构造条件、性质和具体情况而定。如煤层渗透性差的不宜用火力渗透;水力破碎较简单,但不易控制;若煤的导电率不合适,电力贯通则无法进行;定向钻孔与煤的性质关系不大,但技术要求较高。

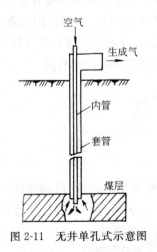

图 2-11 无井单孔式示意图

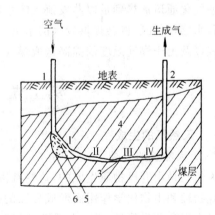

图 2-12 无井渗透式示意图
1、2—竖巷道;3—水平巷道;
4—拟气化的煤层;5—煤灰;6—碎煤及岩石

渗透式地下气化法用空气作气化剂时生成煤气的组成(容积%)大致为:H_2:17~20;

$CO:3\sim10$;$CH_4:1$;$CO_2:14\sim16$;$N_2:51\sim54$;$H_2S:2$,煤气热值约为 $3.8MJ/Nm^3$。

地下气化煤气站除了地下气化炉部分外,地面部分主要包括钻机及贯通设备、鼓风系统、煤气冷却净化系统及煤气输送管道等。

(三)影响地下气化的主要因素

影响煤地下气化的主要因素有煤层的水文地质条件,顶、底板和周围岩石性质,煤层构造,煤的种类以及操作条件。

(1)地下水 煤层中的地下水会流入气化区,直接影响气化温度。适当的水分可以促进气化过程的水煤气反应,提高煤气热值。但水分过多将降低气化温度,使气化过程进行得不完全,严重时甚至造成熄火使气化中断。

(2)煤层顶、底板及周围岩石的性质 当气化进行到一定程度时,煤层顶板在压力、重力和热应力作用下发生破碎、塌落,阻碍气流从煤层通过,甚至造成堵塞,影响气化正常进行。煤层周围岩石的透气性愈强,则气化剂和生成的煤气流失愈严重。岩石的导热性直接影响气化过程的热损失和气化温度。

(3)煤层构造 煤层的厚度、倾角及其地质构造对地下气化有影响。煤层愈厚气化生产能力愈大,煤田气热值愈高。但足够厚的煤层如用机械开采,会比地下气化经济。一般 $1.3\sim3.5m$ 厚的煤层,进行地下气化比较经济。

煤层倾角大小将决定其钻孔位置和燃烧方式。原则上说,任何倾角的煤层都可以进得地下气化,但试验证明 $35°$ 倾角的煤层最宜于地下气化。

(4)煤质及其种类 煤质松软、渗透性强、导热率高、反应性好及挥发分高的煤层容易贯通,气化反应强烈,生成的煤气质量好。膨胀性强的煤在加热时不易碎成小块,影响气化通道的畅通。褐煤和除焦煤以外的各种烟煤都可以进行地下气化。褐煤最适宜地下气化。虽然褐煤机械强度差,易于风化,水分高,热值低,开采价值低,但用于地下气化时,它反应性强,挥发分高,透气性好、热稳定性差、不粘结等性能都是有利的因素。

(5)操作条件 在地下气化的操作中,主要是鼓风速度。鼓风量的多少将决定气化区的温度和煤气的热值。鼓风速度的最佳值还与地下水流入速率和煤层厚度有关。鼓入的风量应使气化通道加热到足以蒸发流入的水量。厚煤层鼓风速度较大,这是因为煤层本身往往是蓄水层,厚煤层将会提供较大的水量。采用纯氧或富氧鼓风可以提高煤气热值,但氧气的渗漏以及由于煤气温度的提高造成煤气显热损失的增加将影响能量利用。

第二节 天 然 气

一、天然气的生成

(一)天然气的分类

天然气是由有机物质生成的,这些有机物质是海洋和湖泊中的动、植物遗体,在特定环境中经物理和生物化学作用而形成分散的碳氢化合物——天然气。天然气是可燃性气体,燃烧时有很高的发热量,是一种重要的能源,也是重要的化工原料。

天然气根据其矿藏特点进行分类,可分为油田伴生气和非伴生气。

油田伴生气是伴随原油共生,与原油同时被采出,非伴生气包括纯气田天然气和凝析气田天然气,两者在地层中为均一的气相。凝析气田天然气出井口流出后,经减压降温、分离为气、液两相。气相经净化后,成商品天然气,液相凝析液主要是凝析油,可能有部分被凝析的水分。

纯气田天然气主要成分是甲烷,还有少量的乙烷、丙烷、丁烷和非烃气体。凝析气田天然气(指井口流出物),除有甲烷、乙烷外还含有一定数量的丙烷、丁烷及戊烷以上短烃气体、芳香烃、天然气汽油、柴油等。油田伴生气的组成和除去凝析油以后的凝析气田天然气相类似。

天然气形成之后,储集在地下岩石的孔隙、裂缝中。能储存天然气并能使天然气在其内部流动的岩层,称为储气岩层,又叫储集层。储集层是天然气气藏形成不可缺少的重要条件。

(二)天然气气藏的形成

天然气生成之后,是呈分散状态存在于储集层中,要形成气藏,除了有良好的储集层外,还要有合适的盖层条件、气体的迁移和聚集过程等。

盖层是储集层以上的不渗透层,它能阻止天然气的逸散。常见的盖层有泥岩、页岩、岩盐及致密石灰岩和白云岩等。

天然气在地壳内的迁移,除了天然气本身具有流动性外,还有压力、水动力、重力、分子力、毛细管力、细菌作用以及岩石再结晶等多种外力因素作用的结果。

天然气的聚集是天然气生成和迁移过程的继续。在自然界中,天然气由分散而聚集起来的条件是:多孔隙、多裂缝的储集层,不渗透盖层所形成拱形面,在地层中形成各种圈闭。

当天然气在迁移过程中受到某一遮挡物而停止移动,并聚集起来。储集层中这种遮挡物存在的地段称为圈闭。因此,圈闭是储集层中能富集天然气的容器。当一定数量的天然气在圈闭内聚集后,就形成气藏。如果同时聚集了石油和天然气,则称为油气藏。

二、天然气的集输与分离

(一)天然气的集输

天然气的集输系统,是把气田上各个气井开采出来的天然气聚集起来,并经过加工处理送入输气干线,它主要由井场装置、集气站、矿场压气站、天然气处理厂和输气首站等部分组成。

(1)井场装置 一般设于气井附近。从气井开采出来的天然气,经过节流,进入分离器除去油、游离水和机械杂质等,通过计量后送入集气网。

(2)集气站 将集气网的天然气集中起来的地方就是集气站。在集气站上,对天然气再一次进行节流、分离、计量,然后送入集气管线。

(3)矿场压气站 在气田开采后期(或低压气田),当气层压力不能满足生产和输送要求时,需设置矿场压气站,将集气站输入的低压天然气增压至规定的压力,然后输送到天然气处理厂或输气干线。

(4)天然气处理厂 当天然气中硫化氢、二氧化碳、凝析油等含量和含水量超过管输标准或不能满足城市煤气的要求时,则需设置天然气处理厂,对外供天然气进行净化处理。

(5)输气首站 在输气干线起点设置压气站,则称为输气首站。它的任务是接收天然气处理厂来的净化天然气,经除尘、计量、增压后进入输气管线。

(二)天然气的分离

天然气分离基本上是物理过程,可以采用吸附法、吸收法和低温冷凝法三种。

（1）吸附法　吸附法是利用固体吸附剂对各种烃类吸附容量的不同而使各组分得以分离的方法。各种脱水吸附剂都可以用来吸附烃类，而活性炭是用得最广的分离烃类的吸附剂。吸附法多用于气体量小及含液态烃少（液态烃体积含量为 0.3%～1%）的天然气分离。吸附法工艺流程比较简单，不需使用特殊钢材，但吸附剂的再生耗能较多，生产运行成本较高。

（2）油吸收法　油吸收法主要是利用天然气的各组分在吸收油中溶解度不同而达到回收液态烃组分的目的。根据吸收温度的不同，油吸收法分离又可分为：常温吸收法及中温吸收法（吸收温度一般在 $-20℃$ 以上），一般适合于小型天然气加工厂；低温冷冻吸收法（一般在 $-40℃$ 左右），适用于大型天然气加工厂。20 世纪 70 年代以前，油吸收法，尤其是冷冻吸收法是分离天然气的主要方法。近年来由于低温冷凝法的发展，已逐步取代油吸收法。

（3）低温冷凝法　低温冷凝法是在低温和加压下，天然气中的较重组分会冷凝而与甲烷等轻组分分开。根据冷冻深度及制冷方式的不同，可分浅冷法（$-20～-40℃$）、深冷法（$-100℃$ 左右）及膨胀机法三种类型。膨胀机法是指高压天然气在膨胀机内作接近等熵膨胀时，将产生焓降。由于还同时输出外功，使焓降进一步增大，这时产生的温降比通过节流阀作绝热等焓膨胀时大得多。膨胀机法流程简单，设备少，占地小，投资低，操作方便，维修费用低，对天然气及产品组分变化的适应性大，是目前天然气加工工业的主要发展趋向。

三、天然气的净化处理

天然气中的杂质，随气田地质构造、成气条件和开采方式不同而异。其中的杂质可分为固态杂质、液态杂质和气态杂质。固态杂质主要是天然气中携带的泥砂、岩屑以及在输送过程中形成的水化物，液态杂质主要是水和凝析油，气态杂质主要是硫化物及二氧化碳等。

上述杂质的存在，会影响天然气的输送及用户的使用，因此必须进行净化处理。目前国内天然气的净化通常采用以下工艺流程：

来自井场的天然气→脱凝析油→脱硫及二氧化碳→脱水→用户。

（一）水化物的防止及解除

由于天然气在开采和集输过程中处于高压状态并被水蒸气所饱和。当处于一定温度时，会形成一种白色结晶物质——水化物。由于水化物的生成，将影响高压气井的开采和集输。为此，必须采取相应措施防止及解除水化物的生成。在生产中常采用以下几种方法：降低压力解堵法、加热天然气法和注入防冻剂法。

（二）凝析油的脱除

天然气中所含的凝析油，其主要成分是 $C_4～C_8$ 馏分，并含有少量的 C_3 馏分以及微量的 C_{11} 以上馏分。通常将含凝析油 $100g/Nm^3$ 以上的天然气称为富气，$100g/Nm^3$ 以下的称为贫气。通常凝析油含量在 $15g/Nm^3$ 以上的天然气都可以回收。回收后的凝析油经过一定处理后，就成为燃料或化工原料。另外，当天然气中含有硫化氢及二氧化碳时，假如在脱除硫化氢回收硫磺前不预先脱除凝析油，则将影响硫磺的质量。所以，天然气中所含的凝析油必须先脱除。从天然气中脱除凝析油的方法有压缩法、吸收法、吸附法和低温分离法等几种。

（1）压缩法　压缩法脱除凝析油是将天然气加压，使其中要回收的烃类的分压达到操作条件下的饱和蒸气压，使要回收的烃类凝结下来，然后再进行冷却、分离，就可以得到凝析油。压缩法适用于处理富气，在单独使用压缩法时，气体中凝析油含量超过 $150g/Nm^3$，在经济上才合算。所以，实践中主要把压缩法作为回收凝析油的第一步，其目的不仅是回收油，而是为了更有效地使用其他方法作准备。

压缩法的优点是操作简单,但动力消耗大,对设备要求较高。

(2) 吸收法 吸收法是用某些液体(吸收剂)选择性地吸收天然气中的凝析油。常用的吸收剂为石油或焦油的 200～320℃馏分。首先,使吸收剂与含油天然气接触,使天然气中的凝析油组分被吸收剂吸收,然后再通过蒸馏使吸收剂与凝析油分离,吸收剂经冷却后再循环使用。

吸收法根据压力和温度不同可分为常压和加压吸收法,常温与低温吸收法。显然,压力越大,回收率越高。要回收 C_4 以下的烃类,需在加压下进行吸收,此法可回收 70% 以上的丙烷及几乎全部重烃。低温吸收法是将吸收与吸收剂冷冻相结合的方法,可以回收包括乙烷在内的烃类。

(3) 吸附法 吸附法是指含油天然气通过装有某种吸附剂的吸附装置,利用吸附剂对凝析油的吸附作用,使天然气与凝析油分离,然后用水蒸气将凝析油从吸附剂中蒸脱出来,经冷却后予以回收。

常用的吸附剂有活性炭、硅胶、硅藻土等。这些吸附剂,对于烃类与水蒸气混合物的吸附具有选择性,只对 C_3 以上的烃类具有吸附能力。这也是用吸附法从天然气中回收凝析油的重要原因。

(4) 低温分离法 低温分离法是指在低温条件下,将天然气中呈气态的凝析油和水汽转变为液态的凝析油和水,然后进行分离的方法。对于高压天然气可通过使天然气节流膨胀来获得低温,对于低压天然气,则采取人工制冷来获得所需的低温。在低温分离装置中,为保证凝析油的充分回收,天然气必须冷却至生成天然气水化物的温度以下,但为了确保装置的正常运行,又需阻止天然气水化物的生成,为此常采用添加水化物抑制剂(如乙二醇)的办法来抑制天然气水化物的形成;或者不采用水化物抑制剂,而在生成水化物后将水化物进行分离。

(三)硫化物及二氧化碳的脱除

天然气中的硫化物主要是 H_2S。H_2S 和 CO_2 均属于酸性气体,因此可采用酸性气体的脱除方法将它们一并脱除。常用的脱除方法有下列几种:

(1) 醇胺法 从天然气中脱除 H_2S 和 CO_2 一般都采用醇胺类溶剂,其中最重要的是单乙醇胺和二乙醇胺。但是羰基硫及 CS_2 与单乙醇胺发生的是不可逆反应,使溶剂损耗,而与二乙醇胺则几乎不起反应,所以二乙醇胺采用较多。其他如二甘醇胺法是用二乙醇胺与甘醇相结合,能同时脱硫和脱水。

(2) 环丁砜法 环丁砜法采用的是一种混合溶剂,由环丁砜、二异丙醇胺和水组成。环丁砜是一种物理吸收溶剂,与酸性组分的结合是一种物理吸收作用。当酸性气体具有低分压成中等分压时,与环丁砜有较好的亲和力,当酸性气体分压高时,亲和力更高。二异丙醇胺是一种化学吸收剂,它与酸性组分的结合是一种酸碱反应,因此,基本上与分压无关,故这种混合溶剂兼具有化学溶剂和物理溶剂的特性。

环丁砜法的主要优点是,吸收酸性气体的能力强,溶剂循环量少,所需设备比醇胺法少,溶剂热容较低,故水、电、燃料等消耗低,溶剂无腐蚀性,不易发泡,结冰时不膨胀,脱除 COS、CS_2 和硫醇效果好,且溶剂降解率低。该法的缺点是环丁砜价格较贵,而且会吸收重质烃和芳烃。

(3) 铁碱法 铁碱法是一种液体吸收氧化法。H_2S 与碱性化合物(例如 Na_2CO_3 或

NH_3 等)反应,生成硫氢化物,再与氧化剂(如 Fe_2O_3)作用生成 Fe_2S_3。后者经再生并得到硫磺。

该法脱硫剂廉价易得,并能选择性地脱除 H_2S,脱硫容量比较高,不产生新的污染。但该法回收硫磺的纯度不高。

(4)蒽醌法 蒽醌法用碳酸钠和蒽醌二磺酸盐的水溶液和偏钒酸钠活化剂作溶剂,即 A、D、A 溶液。该法在城市煤气厂中广泛采用。

这种方法的最终结果是 H_2S 转化的硫磺,纯度可达 99%。该法在使用过程中除产生少量的硫代硫酸钠外,溶剂的化学稳定性也是很好的。

(四)脱水

天然气的脱水除可以采用前述的乙二醇(俗称甘醇)法、固体吸附剂脱水法外,还可以采用低温分离法。前面均已述及,此处不再赘述。

第三节 液化石油气

一、液化石油气的来源

液化石油气有两种来源,一种是在油田或气田开采中获得的,称为天然石油气;另一种来源于炼油厂,是在石油炼制加工过程中所获得的副产品,称为炼厂石油气。天然石油气中不含有烯烃,而炼厂石油气中则含有相当数量的烯烃,这是原油在二次加工时的裂解产物。

(一)天然石油气

天然石油气有油田气和凝析气田气两种。

油田气是与石油伴生的天然气,又称油田伴生气,包括气顶气和溶解气两种。气顶气是不溶于石油的气体,为保持井压这种气体不随便采出。而溶解气在开采石油时释放出来、伴随石油的开采而采出。油田气的组成和汽油比(m^3/t 原油)因地区和季节等条件而异。其组成大部是甲烷和乙烷,丙烷、丁烷仅占 10%~40% 左右,还有少量戊烷和重烃。汽油比一般在 20~500 范围内。在油井上设置油气分离器可使油田气与原油分离,然后从中提取液化石油气。

凝析气田气是一种深层的富天然气。C_1~C_{10} 的烷烃混合物储于 1500m 下的地层,井内压力约 10~42MPa,温度约 30~80℃。这时甲烷、乙烷处于临界温度之上,呈气相存在,C_3 以上烷烃则呈液相。开采时经地面节流后降压到 5~7MPa 并降温,部分 C_3、C_4、C_5 也呈气态。通过气液分离,凝析出的液体烃称为气田凝析油,分离出的气体为凝析气田气。这种气体的组在主要是甲烷,含量约为 85%~97%,C_3~C_5 仅含 2%~5%,从中再提取出液化石油气。

(二)炼厂石油气

炼厂石油气是在石油炼制及加工过程中得到的副产品。由于原油炼制加工有不同的工艺,因而就得到不同种类的炼厂气。炼厂气的产率一般为原油处理量的 4%~5%。

原油的一次加工是常减压蒸馏,得到的炼厂气称为蒸馏气。将一次加工得到的重质油品进一步作二次加工,即进行裂化、焦化等处理。按照二次加工的不同工艺相应得到热裂化气、催化裂化气、催化重整气及焦化气。

原油蒸馏仅是物理分离过程,并无化学反应,得到的蒸馏气仅是烷烃,二次加工的裂化工艺与原油裂解的操作温度不同。裂化工艺在 600℃ 以下进行,裂解工艺则在 600℃ 以上进行。由于烃类的裂解反应,在裂化气的组分中有相当含量的烯烃。

(1) 蒸馏气 原油在蒸馏过程中分离出若干组油品馏分,从蒸馏塔顶引出的原油拔顶气称为蒸馏气。蒸馏气的重量约占原料油的 0.15%～0.4%,其组分约含乙烷 2%～4%,丙烷 30%,丁烷 50%,其余为 C_5 及少量 C_5 以上重烃,且含硫低,它是一种高品质的液化石油气来源。

(2) 热裂化气 热裂化是在 500℃ 左右温度和 2.0～2.5MPa 压力条件下,将高沸点的重质油品裂化为分子量较小的烷烃,以制取汽油、柴油等。同时获得的气体产物为热裂化气,主要组分是 C_1～C_4 的烷烃和烯烃,此外往往含有氧气。它的产率约为原料油的 10%～12%。热裂化法生产的汽油质量较差,因此逐渐被催化裂化所代替。

(3) 催化裂化气 催化裂化是以粗柴油为原料,硅酸铝为催化剂,在 580℃ 左右温度和 0.08MPa 的减压反应器中进行裂化。裂化产物在分馏塔中分割为汽油、轻柴油等产品,同时得到 C_1～C_4 气体烃,即为催化裂化气。它的组分和产率因原料油性质、工艺过程和操作条件的不同而异。从中提取 C_3、C_4 组分即为液化石油气。

(4) 催化重整气 催化重整是用直馏汽油为原料,以铂或铂铼双金属为催化剂,通过对脂肪烃和环烷烃的重整反应制取产品芳香烃。催化重整反应器在 490～530℃ 的温度及 1.8～2.5MPa 压力下操作。由于催化剂的作用,在芳构化反应的同时还发生脂肪烃转化为丙烷、丁烷的反应。从重整轻油中分离得到的 C_3、C_4 烃类为主的气体,即为催化重整气。由它得到液化石油气的产率约为 3%～5%。

(5) 焦化气 在高温低压条件下以 70% 的减压塔底渣油和 30% 的热裂化渣油为原料进行焦化,可以制取焦炭和焦油产品。这时得到的副产气称为焦化气。它的产气率约为 6.5%～9%。

二、液化石油气的提取

在天然石油气和炼厂石油气中除了 C_3、C_4 烃类以外,还有甲烷、乙烷、戊烷和重烃,必须把它们分离出来。提取液化石油气的主要方法有压缩法、吸收法和吸附法。

(一) 压缩法

从烃类的气—液相平衡关系可知,在一定温度下,不同烃类的饱和蒸汽气压不同,含碳越高的烃类饱和蒸汽气压越低,当温度高于某种烃的临界温度时,无论多高压力都不能使其液化。同时,在一定压力下,不同烃类的冷凝温度不同,含碳越高的烃类冷凝温度越高。因而若将一定温度下的气态混合烃压缩,或者在一定压力下将其冷却,那么含碳高的烃类会成为液体。可从气态中分离出来,这就是压缩法提取液化石油气的基本原理。

气体在压缩过程中温度将升高,其中烯烃在高温下易形成聚合物,影响压缩机运行。为此通常采用分级压缩的方法,使每级压缩后气体温度控制在 140℃ 左右,然后将其冷却。

用压缩法提取液化石油气的工艺流程如图 2-13 所示。混有油料的原料气进入储罐 2,分离出汽油和其他油类。气体经水冷却器 3 进入分离器 4,分离出冷凝汽油至储罐 12。从分离器出来的气体进入压缩机 5 进行一级压缩,再经中间冷却器 6 和分离器 7,分离出的冷凝汽油进汽油储罐 10,以便进一步加工。分离器出来的气体经过二级压缩和终冷器 8 进入分离器 9。在其中分离出的液体即为液化石油气,但其中含有 C_5 以上烃类,需进一步加工。分离器出来的干气,主要为甲烷和乙烷。

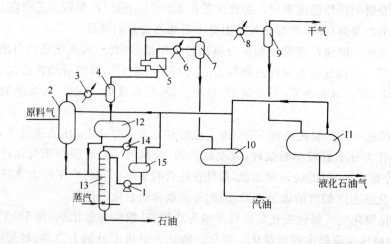

图 2-13　压缩法提取液化石油气工艺流程

1—泵；2、12—储罐；3、6、8、14—水冷却器；4、7、9—汽液分离器；5—压缩机；

10—汽油储罐；11—液化石油气储罐；13—蒸馏塔；15—回流罐

（二）吸收法

吸收法是利用吸收液对于不同气态烃具有选择吸收的能力而分离烃类的一种方法。汽油常用的吸收剂，愈重的烃类在汽油中溶解度愈大。提高压力和降低温度有利于吸收过程，所以吸收塔在加压、低温或常温下操作。此外，吸收剂中待吸收组分浓度愈低，吸收效率愈高。

为了提取液化石油气，一般先用吸收法把混合烃分离成 C_3 以上的重馏分和 C_2 以下的轻馏分及氢，然后再经过精馏，分离出 C_3、C_4 组分。从混合烃原料气中提取液化石油气的吸收—精馏工艺流程如图 2-14 所示。

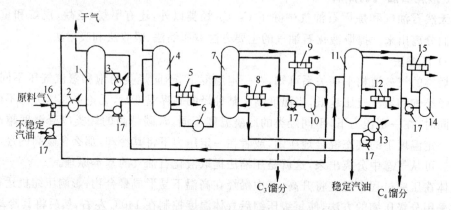

图 2-14　分离烃类气体的吸收精馏工艺流程

1—吸收塔；2—冷却器；3—吸收塔中间冷却器；4—脱乙烷塔；5—重热器；6—蒸汽加热器；7—脱丙烷塔；8—重热器；9—C_3 馏分冷凝冷却器；10—油气分离器；11—脱丁烷塔；12—重热器；13—稳定汽油冷凝器；14—塔 11 回流容器；15—丁烷冷凝冷却器；16—压缩机；17—泵

采用汽油作为吸收剂。脱除了 C_4 下的汽油称为稳定汽油，否则称为不稳定汽油。经过压缩的原料气与不稳定汽油一起冷却后进入吸收塔 1 底部。吸收塔在常温和 1.2～2.0MPa

压力下操作。稳定汽油从塔顶送入，在塔内吸收 C_4 以上烃类及大部分 C_3 和少部分 C_2。塔顶送出的干气为甲烷、C_2 和少量 C_3。塔底出来的被重馏分饱和的吸收液用泵 17 打入压力为 $3.5 \sim 4.0$ MPa 的脱乙烷塔 4 脱除 C_2，塔顶气送至原料气进口。吸收液再经过蒸汽加热器 6，进入 $1.2 \sim 1.4$ MPa 压力的脱丙烷塔 7。脱除的 C_3 经冷凝冷却器 9 后分离出液体 C_3 馏分。然后吸收液再送至 $0.4 \sim 0.6$ MPa 压力下操作的脱丁烷塔 11 中脱除 C_4。这时吸收液已成为仅溶解戊烷以上重烃的稳定汽油，送回吸收塔顶，盈余部分送至储罐。

（三）吸附法

吸附法是利用吸附剂具有选择性吸附和解吸的能力来分离混合烃中不同组分的方法。其工艺流程如图 2-15 所示。作为吸附剂的有活性炭、硅胶和分子筛等多孔材料。在液化石油气的提取中常采用活性炭作吸附剂。当气态混合烃与吸附剂接触时，不饱和烃比饱和烃容易被吸附，在同类烃中高分子烃容易被吸附。吸附法适用于分离含重烃很少的气态混合烃。利用活性炭的选择吸附来提取 C_3、C_4 等的连续式移动床工业装置又称超吸附装置。

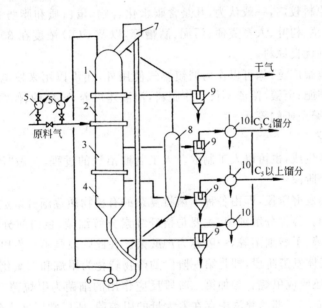

图 2-15　超吸附法工艺流程
1—吸附剂冷却器；2—吸附段；3—精馏段；4—汽提段；5—原料
与冷却器；6—气升鼓风机；7—塔顶分离器；8—反应器；9—旋风
分离器；10—冷凝器

活性炭吸附剂在塔内自上而下缓慢移动，原料气由下向上运动与活性炭逆流接触，原料气经吸附塔处理，类似于蒸馏塔内操作，上部得轻馏分，下部得重馏分，中间以侧位切割的形式引出相应馏分。首先，原料气经冷却后由吸附段下部进入，与冷却后的吸附剂接触，不易被吸收的甲烷、乙烷干气从吸附段上部排出。吸附了含量不多的 C_3、以上重烃的吸附剂落入精馏段。在精馏段内，由汽提段放出的重烃取代被吸附剂吸附的 C_3、C_4。解吸出的 C_3、C_4 与同时被带出的活性炭经旋风分离器 9 及冷凝器 10 冷凝后得到 C_3、C_4 馏分，然后吸附剂进入汽提段。在汽提段吹入水蒸气或热烃气体，汽提出被吸附剂吸附的 C_5 以上重烃，使吸附剂脱附。脱附后的活性炭用气升鼓风机 6 提升至塔顶分离器 7，与气体分离后进入吸附塔循环使用。由于活性炭在吸附塔内不仅吸附重烃，而且吸附其他杂质，仅依靠汽提段用蒸汽加热使吸附剂再生,并不能使其活性完全恢复,因此取出部分活性炭经再生反应器 8 加热恢复活性后再行使用。

第四节 其 他 燃 气

一、沼气

(一)概述

沼气,也称生物气,由于这种气体最先是在沼泽中发现的,所以称为沼气。沼气是有机物在隔绝空气和一定的温度、湿度、酸碱度等的条件下,经过沼气细菌的作用产生的一种可燃气体。它是一种混合气体,主要成分是甲烷(CH_4),其余为二氧化碳(CO_2)、氧气(O_2)、氮气(N_2)和硫化氢(H_2S)。其中甲烷含量约为 55%～70%,二氧化碳含量约为 30%～45%。沼气的低热值约为 $20～25MJ/Nm^3$。

生产沼气的原料较广,一般认为,凡是含碳水化合物、蛋白质和脂肪等有机物质的工农业废料如秸秆、杂草、树叶、人畜粪便、污泥、酒糟等,以及 COD 浓度在 3000mg/L 以上的废液都是制取沼气的优良原料。

沼气的用途也很广泛,除可以作为城镇燃气使用外,还可以用来发电、贮粮、水果保鲜、孵化和二氧化碳施肥;沼液、沼渣不仅用作肥料,沼液还可养鱼、浸种、作饲料和喷施果树,沼渣还可栽培蘑菇、繁殖蚯蚓等。

(二)制气工艺

沼气可以天然生成,也可以人工制取。人工制取沼气的过程,叫做"沼气发酵",发酵过程大体可分为两个阶段:

第一阶段为酸发酵阶段,即由各种细菌将复杂的有机物质逐渐分解成低级脂肪酸,例如丁酸、丙酸、乙酸等。各种分解细菌,主要是指纤维素分解细菌、蛋白质分解细菌、脂肪分解细菌、果酸分解细菌、丁酸细菌等,一般称为产酸菌。在此阶段是不产生甲烷的。

第二阶段为气体发酵阶段,即将第一阶段的产物转化为甲烷和二氧化碳,二氧化碳再经细菌作用,氧化或还原成甲烷。参加第二阶段反应作用的细菌为甲烷菌。在沼泽和阴沟污水、污泥以及人畜粪坑底部的粪渣中存在着大量的甲烷菌,所以常用这些东西加入新建的沼气池中,以提高产气量。

(1)沼气发酵的基本条件 制取沼气,必须给发酵细菌的生命活动创造一个良好的条件:

1)要有密闭的沼气发酵池。分解有机物质产生沼气的细菌,都是厌氧细菌,为此要求沼气发酵池严密不漏气,保证沼气细菌在厌氧条件下正常生活,以达到稳定产气的目的。

2)要引入足够数量的混合菌种。沼气发酵采用的都是自然界存在的混合菌种,经验证明,加大接种量,产气又快又多,第一次装料时必须引入足够数量的菌种,采用牛粪、马粪和发酵过的人畜粪肥接种,并配合使用污水、污泥等,效果较好。

3)要供给充足的发酵原料。发酵原料是沼气细菌的营养物质,也是制取沼气的原料;沼气细菌需要的营养物质一是碳素营养,二是氮素营养;沼气发酵时,原料不仅要充足,还应保持一定的碳氮比[(15～30):1)];其中,杂草、农作物的秸秆含有丰富的碳,人畜粪便中含较多的氮,但含碳较少。

4)要有适当的水分。沼气发酵池里,水分过少不利于沼气细菌的活动,发酵原料不易分解,产气慢而少;水分过多,发酵原料相应减少,影响单位体积中沼气产量,沼气也得不到充分利用。实践证明:池中的发酵物质含水量,控制在 80%~90% 为宜;配料时,杂草秸秆和人畜粪便等约占全池的一半,另一半为清水。

5)要有适当的温度。采用高温单级发酵,池温控制在 53~55℃ 之间,不能长时间超过 56℃,也不宜低于 10℃;新料冷却至 60℃ 左右补充入池,最高不能超过 65℃。

6)要保持适当的酸碱度。沼气细菌喜欢在中性或弱碱性环境中生长繁殖,沼气池中发酵液所需的 pH 值为 7 到 8 之间;如果酸度过大,可在发酵液中加入适量的石灰或草木灰;如果碱度过大,则应加入一些鲜草、水草、树叶和水等。

(2)沼气的产率　普通发酵原料的沼气产量见表 2-3。

一些发酵原料的沼气产量 表 2-3

原料名称	沼气产量(m³/吨干物)	甲烷含量(体积%)	原料名称	沼气产量(m³/吨干物)	甲烷含量(体积%)
牲畜厩肥	260~280	50~60	树　叶	210~294	58
青　草	630	70	向日葵梗	300	58
亚麻梗	359	59	废物污泥	640	50
麦　秆	342	59	酒厂废水	300~600	58

(3)沼气生产工艺流程　利用酒精废糟液发酵生产沼气工艺流程如图 2-16 所示。

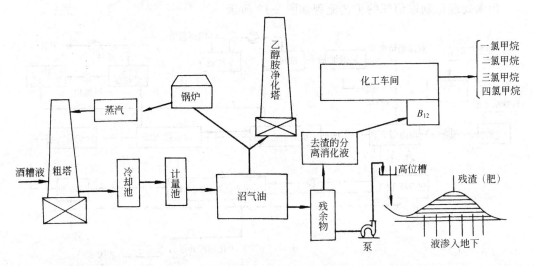

图 2-16　利用酒精废糟液发酵生产沼气的工艺流程

酒精废糟液经换热器冷却后进入沉淀池沉淀,分离泥沙,然后用泵送至冷却器继续冷却,达到发酵温度后进入主发酵池发酵 5 天左右,再流入后发酵池发酵 2 天,消化污泥经脱水后作为肥料出售,废水进一步处理,以达到国家排放标准。从发酵池顶部出来的沼气洗涤降温后进行脱硫,沼气中硫化氢含量由 800mg/m³ 降至 20mg/m³。最后贮气进入输配系统。

二、垃圾及污水处理制气

(一)概述

城市垃圾及污水当中有机成分丰富。这些废料中含有淀粉、蛋白质、粗纤维、脂肪等物质,如向其中加入霉菌和酵母等微生物,是制取可燃气体的优质原料。

（二）制气工艺

（1）原料准备 由城市输出的垃圾及污水,送到制气厂内的均衡调节池的内池中,经初步沉淀后与外池混合溶液充分混合。

（2）厌氧消化 厌氧消化即是制酸制气的阶段。含有机物的废料在厌氧细菌的作用下转变为沼气,同时废液中的大量污染物质被大量除去。

厌氧消化池由厌氧污泥床、Ⅰ级厌氧过滤器和Ⅱ级厌氧过滤器组成。原料在均衡调节池中经初步处理后,由泵打入消化池的厌氧污泥床底,通过布料系统均匀地布入污泥床中,再经Ⅰ级厌氧过滤器和Ⅱ级厌氧过滤器,由上部溢流出消化池,由消化池出来的废水进入湿式贮气柜的底部,在此作厌氧消化并使废水得以沉降净化。为了尽可能减少菌体的流失和调节进料液的 pH 值,将沼气池内部分废液回流,用泵打入进料管中与进料液一起进入厌氧消化池。

（3）输气系统 输气系统包括输气和气搅两部分。在厌氧消化过程中,大量的沼气生成并连续地收集在贮气柜中,经砂砾过滤器净化后,大部分沼气由鼓风机输送至脱硫系统,与水煤气掺混后一起进行脱硫净化,最后输入城市煤气管网。小部分沼气由气体压缩机压入高压储气罐中,当贮存压力达到 0.7MPa 时,即自动释放到厌氧消化池中进行气搅,提高沼气池的产气率。

污水处理厂制取沼气的工艺流程如图 2-17 所示。

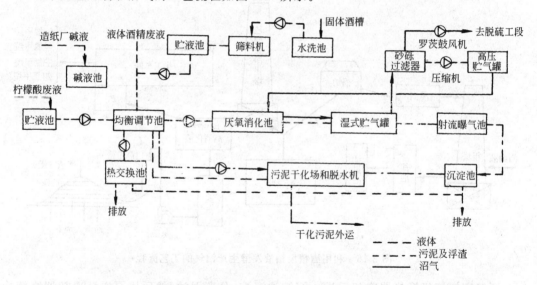

图 2-17 污水处理厂沼气生产工艺流程

三、煤层气和矿井气

（一）概述

在煤生成和变质过程中地下会伴生煤层气,当采煤时这些气体从煤体和岩体中涌出。煤田的煤层气与渗入煤层的井巷空气相混就成为矿井气。煤层气中主要组成是甲烷,此外还伴有二氧化碳、一氧化碳等气体。当它们涌出至井巷时又被空气所稀释。在地下井巷中的矿井气如不予合理抽取,会造成井巷操作人员窒息致死,甚至引起爆炸。为了保证安全生产,必须及时将井下的矿井气抽除。当抽出的矿井气中甲烷含量达到 35%～40% 时,可以作为城镇燃气使用。

矿井气是否真有利用价值,可根据其涌出量或正常条件下单位采煤量的矿井气产量来确定。矿井气的组成和热值除了取决于甲烷含量之外,还与抽取时带入的空气量多少有关。

(二) 制气工艺

(1) 煤层气的生成　煤炭生成过程中,有机物质在特定的环境中,经过生物化学作用会形成甲烷气体。通常煤层上面的岩层并不致密,因而在生物化学作用及成煤变质作用过程中生成的大量甲烷气体,即煤层气会逸散至大气,仅有一小部分以游离状态和吸附状态存在于煤层或岩层的孔隙、裂隙和孔洞中,当这些气体从煤体和岩体中涌出时就得到煤层气。

煤层气的涌出量不仅决定于甲烷的生成量,也与煤层顶板及围岩的致密程度有关。如果围岩对煤层气的逸散能力很强,那么采煤过程中基本无煤层气;反之,如围岩致密,煤层气难以穿过,采煤时便大量涌出。

在煤体中的煤层气大部分以吸附状态存在,小部分以游离状态存在。游离状态的煤层气存在于煤体或岩体的孔隙、孔洞和裂缝中,其存在量决定于岩石或煤体的孔隙率和外界的温度、压力。吸附状态的煤层气吸附在煤体表面或留存于整个煤体内部,其存在量不仅决定于外界温度、压力,更重要的是与煤体本身的组分和显微构造有关。游离状态和吸附状态煤层气在一定条件下会发生转化。当外界压力升高或温度降低时,部分游离状态煤层气会转化成吸附状态煤层气,如外界压力降低或温度升高,则会相反方向转化。

当煤体被采掘形成自由空间或出现孔隙时,煤层气会首先向这些压力较低的空间或孔隙移动而放出。这时煤体内部的气体压力因游离状态煤层气的散逸而降低,于是吸附状态的煤层气向游离状态转化,并释放出来。如果这个转化与逸出的过程均匀而缓慢地进行称之为煤层气的"涌出"。

(2) 矿井气的抽取　游离状态的煤层气并非处于完全封闭的状态,而是沿孔隙不断慢慢地移动并穿过地层逸入大气。为使煤层气能大量地从煤体中放出,必须在煤体中造成较大的空间或孔隙,并使空间部分的气体压力低于煤体中的气体压力。另外,为扩大煤层气放出范围,还要尽可能在煤体中造成丰富的、深入的气体通路——裂隙。一般用钻孔法抽取矿井气可达到这些要求。在完整的煤体或岩体进行钻孔,钻孔周围的煤体或岩体受影响而松裂,于是就能从中抽出大量矿井气。

在含有煤层气的地层中,当原来呈均衡状态的地层压力发生变化时,煤层气就会从煤体或岩体中涌出。这些涌出的煤层气不仅来自被采煤层本身,而且也来自被采煤层的顶板和底板。如在开采煤层之上存在含有煤层气的邻近层时,来自顶板的煤层气往往成为主要来源。如在采掘影响范围内开凿巷道或钻孔,并使之与采掘时产生的裂隙沟通起来,则这些巷道和钻孔将成为抽取矿井气的良好通路。为了大量抽出矿井气,还必须使采掘空间空气中甲烷分压力低于煤体中的甲烷压力。并且压差越大,越容易抽取煤体中的矿井气。为此通常将管道接至于此,并在管路上设置真空泵或抽风机。

矿井气的抽取方式应根据煤层气含量、涌出量大小、矿井气存在地带及开采条件、煤层和煤质本身条件等来加以选择。

按矿井气在抽取前存在的状况,可分为原生矿井气和次生矿井气两类。从原来存在的煤层或岩层中直接抽出的是原生矿井气。如果矿井气只存在于单一开采的煤层中，可以直接从开采煤层的煤体中抽出；如果矿井气主要存在于开采煤层顶部的邻近层中，可以利用专门开在顶板岩层中的巷道或开在含矿井气的不可采薄煤层中的巷道，将其收集并抽出。也可利用开采煤层的某些巷道，向顶板打一些穿至邻近层的钻孔，以抽取邻近层的矿井气。抽取原生矿井气需要较高的负压，所得到的矿井气中甲烷含量较高。

原生矿井气从原来存在的地点解脱后，积聚在某些空间就成了次生矿井气。它主要积聚在采空区或已废弃的巷道中。抽取次生矿井气不需要高的负压。如负压过高，会把过多的空气抽入，降低甲烷浓度，影响矿井气质量。一般次生矿井气甲烷含量较低。

矿井气抽放系统包括钻场、集气支管、集气干管、燃气泵和储气罐。为了防止回流，燃气泵前后均设有安全设备。抽出的矿井气以甲烷含量多少作为质量指标。如果管道密闭性好，甲烷含量就高，即矿井气质量好；如管道密闭性差，抽取时会带入较多空气，矿井气质量就差。

第五节　燃气的净化工艺

一、燃气净化的任务

燃气净化的任务，一是脱除燃气中的有害组分和杂质，以保证城镇燃气输配系统和应用系统的安全正常运行；二是对生产的燃气中夹带的一些宝贵化工产品回收利用；三是冷却降温，降低湿度，便于输送和应用。从燃气中脱除下来的一些有害组分和杂质，经进一步加工处理，即是宝贵的化工产品。以干馏炉生产出来的煤气为例：

硫化氢腐蚀设备、管道，其燃烧产物污染大气，净化脱除的硫化氢是生产单体硫和硫酸的原料。

氰化氢严重污染水质，回收氰化氢制取黄血盐钠（亚铁氰化钠）或黄血盐钾（亚铁氰化钾）。

氨腐蚀设备、管道，回收氨制取硫酸铵或生产浓氮水，也可以制取无水氨。

粗焦油、萘、粉尘堵塞设备和管道，净化回收的粗焦油、萘等是宝贵的化工原料。

煤气中的粗苯一般作为化工原料加以回收利用。

一氧化氮在粗煤气中的含量约 $3 \sim 8 cm^3/Nm^3$（即百万分之几），当焦炉装煤采用水蒸气喷射时其含量增高。一氧化氮与氧作用可生成过氧化氮，它是一种聚合媒介，能与煤气中的不饱和物，如丁二烯、苯乙烯、环戊二烯或氧茚等聚合为成分极复杂的化合物，以胶质粒子悬浮于煤气中，沉积下来称为煤气胶。煤气胶易堵塞煤气输送加压设备。

二、燃气净化工艺的设计

（1）燃气净化工艺的选择　应根据燃气的种类、处理量和燃气中杂质的含量，并结合当地条件和燃气掺混情况等因素，经技术经济方案比较后确定最佳。

（2）燃气净化设备的能力　应按小时最大燃气处理量和其相应的杂质含量确定。

（3）燃气净化装置的设计　应做到当净化设备检修和清洗时，出厂燃气中杂质含量应符合城镇燃气的质量要求。

（4）燃气净化工艺设计　应与化工产品回收设计相结合。

三、燃气净化工艺的基础资料

（1）燃气产量　燃气产量主要是指天然气源产地集气站输出的气量、人工制气装置出口的气量或者余气利用工程中工矿输出的气量。燃气产量应包括最大、最小及平均小时产气量，并说明进净化系统前的燃气温度和压力。

（2）燃气组成　燃气组成资料包括：燃气成分、低热值、杂质含量。由几种气体混合的燃气，其组成应按不同气种分别提出。

（3）净化气质量　净化气质量包括对净化气的热值、CO含量和杂质含量的要求，专线供应工业用的净化气质量指标应根据专线用户的要求单独提出。

（4）回收产品方案　回收产品方案包括：确定从燃气中应回收的杂质和加工为产品的种类，对产品质量的要求以及数量，并应提出产品销售去向和自用量。

四、净化工艺流程

各种燃气的净化工艺应根据其杂质含量及净化要求确定，如天然气的气质较干净，相应其净化工艺也较简单，只需脱除粗煤气中的硫化氢和水分，就能满足净化燃气的要求。而人工燃气中杂质含量较多，相应其净化工艺流程也较复杂，对于不同的粗燃气就需要配置不同的净化工艺流程。

例如采用生产硫酸铵的净化回收工艺流程（干馏煤气）见图2-18。未经净化的煤气称为粗煤气或荒煤气。

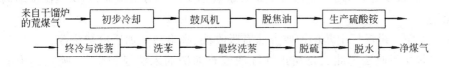

图 2-18　采用生产硫铵的净化工艺流程

（1）初冷工序　粗煤气的初步冷却工序有间接冷却，直接冷却和间、直混合冷却三种流程。间接冷却的流程产生污水少，冷凝水中含氨浓度高，可减少废水处理量，并能提高蒸氨设备的效率；直接冷却的流程冷却和洗涤粗煤气的效果较好，但是产生大量污水；间、直冷流程是将粗煤气先间冷后直冷，可兼得间冷和直冷的优点。

（2）焦油脱除工序　粗煤气中的焦油雾在冷凝冷却过程中，除大部分进入冷凝液中外，尚有一部分焦油雾以焦油气泡或粒径 $1\sim7\mu m$ 的焦油雾滴悬浮于粗煤气气流中。为保证后续净化系统的正常运行，在冷凝鼓风工段设计中应选用电捕焦油器清除粗煤气中的焦油雾。

电捕焦油器不得少于2台，并应并联设置。电捕焦油器按沉淀极的结构形式分为管式、同心圆（环板）式和板式三种。我国通常采用的是前两种电捕焦油器。

虽然可以采用机捕焦油器捕除煤气中的焦油雾，但是效率不甚理想，目前国内新建煤气厂中已不采用。

（3）氨的脱除工序　按洗涤溶液分类的洗氨方法，常用的有水吸收法、硫酸吸收法和磷酸吸收法等几种。

水吸收法，即用大量水与粗煤气充分接触，使氨降低到规定的含量。吸收氨后的水成为氨水，可作为制取浓氨水或硫铵的原料。

硫酸吸收法，又可分为直接法、间接法和半直接法三种。

1)直接法是指从集气管出来的干馏粗煤气不经过冷凝冷却而直接进入硫铵饱和器,与硫酸反应生成硫铵。由于粗煤气未经冷凝冷却脱除焦油,故操作不便,一般不采用此法。

2)间接法是将冷凝氨水和洗涤氨水混合后送入氨蒸馏塔得到氨气,再将氨气引入饱和器与母液反应生成硫铵。

3)半直接法是将冷凝冷却粗煤气过程中得到的冷凝氨水进行蒸馏,蒸出的氨气和粗煤气一起进入饱和器与母液反应生成硫铵。其中,半直接法生产硫铵是我国各煤气厂、焦化厂普遍采用的成熟工艺,它不仅回收煤气中的氨,而且也能回收煤气冷凝水中的氨。

磷酸吸收法(也称弗萨姆法),是指用磷酸溶液吸收粗煤气中的氨,生成磷酸二氢铵溶液,然后把溶液加热解析。解析出来的氨气经蒸馏后制取含氨99.99%的无水氨或30%的浓氨水。

(4)煤气的最终冷却 我国绝大多数煤气厂、焦化厂的粗煤气最终冷却是采用直接式冷却工艺的,它具有设备简单,投资低等优点。采用直接冷却时,终冷水难以有效地将粗煤气中的萘冲刷下来,反而要有大量有害污水外排。所以近年来采用间接式横管冷却器作终冷手段的厂逐渐增多。为了防止间接式冷却器中萘的沉积,有的工厂采用喷洒轻质焦油除萘。

粗煤气经最终冷却后,其温度宜小于270℃。终冷器出口煤气温度的高低,是决定煤气中萘在终冷器内净化和粗苯在洗涤塔内被吸收效果的极其重要因素。萘的脱除与煤气出终冷器温度有关,其温度越低,终冷后煤气中萘含量就越少。而对粗苯而言,煤气温度越高,吸收效率越差。

(5)脱苯工序 粗煤气中苯的回收方法有吸收法、吸附法和加压冷却法等。

目前普遍采用吸收法。此法是用焦油洗油或石油洗油来洗涤粗煤气,吸收其中的苯。吸苯后的洗油经蒸馏后得到粗苯或轻苯、重苯两种产品。脱苯后的洗油循环洗涤粗煤气。

吸附法是用活性炭作为吸附剂来吸收粗煤气中的苯。

加压冷却法是将粗煤气在加压和冷却的状态下使粗煤气中的苯冷凝下来,从而予以回收得到苯类产品。

(6)萘的最终脱除 方法宜采用溶剂常压吸收法。洗萘用的洗萘油应为低萘溶剂,宜采用直馏轻柴油或含萘量小于2%的低萘焦油洗油。直馏轻柴油型号视使用厂所在地区的寒冷程度,一般选用0号或10号。

(7)脱硫 脱硫工序的主要任务是脱除硫化氢。脱除的方法有干法和湿法两种。

1)干法脱硫 干法脱硫,是指用固态的脱硫剂(或吸附剂)与硫化物直接反应(或吸附),从而脱除煤气(或其他工业气体)中硫化物的方法。根据脱硫剂(或吸附剂)的不同,又可分为氧化铁法、氧化锌法、活性炭法和分子筛法等几种。

目前国内的焦化厂、煤气厂主要使用氧化铁法和活性炭法来脱硫,而在合成氨工业中还常采用氧化锌法和分子筛法作为脱除有机硫和精细脱硫的方法。

干法脱硫具有工艺简单、成熟可靠的特点,除能脱除煤气中的硫化氢外,还能脱除氰化物及焦油雾等杂质。干法脱硫的净化程度较高,此外对脱除煤气中的氧化氮也有较好的作用。但此法尚存在设备笨重,更换脱硫剂时劳动强度大,污染环境,占地面积大以及废脱硫剂难以利用等问题。

2)湿法脱硫 湿法脱硫,是指将煤气(或其他工业气体)通入到可再生循环的溶液中,使其中的硫化物与溶液反应或直接被吸收的脱硫方法。在湿法脱硫中煤气中的含硫量不受限制，并能生产纯元素硫。

湿法脱硫按溶液的吸收与再生性质不同又可分为氧化法、化学吸收法及物理吸收法。

氧化法是借溶液中载氧体的催化作用，把被吸收的硫化氢氧化成硫磺，使溶液获得再生。主要有砷碱法、改良砷碱法、改良蒽醌二磺酸钠法（即改良 A·D·A 法）、萘醌法、液相氨水催化法和铁碱法等。

化学吸收法是以稀碱溶液为脱硫剂与硫化氢进行化学反应而形成化合物，当富液温度升高压力降低时，该化合物即能分解，使硫化氢放出，溶液得到再生。在这类方法中有烷基醇胺法和碱性盐溶液法等。

物理吸收法常用有机溶剂，是纯物理过程。当压力增高时吸收液吸收效果好，而当富液降低压力时，硫化氢即能释放出，如低温甲醇洗涤法等。

近年来发展起来的环丁砜法是属于物理与化学吸收相结合的方法。

3）干法脱硫与湿法脱硫相比，脱硫净化度高，操作简单可靠。通常适用于日产气量较低的中、小型制气厂脱硫工段，以及粗煤气中硫含量较低的脱硫工段。当粗煤气中硫含量高时，可采用湿法脱硫或湿法、干法结合的流程，即先经湿法脱硫后再进行干法脱硫。

（8）脱水

常用的方法有以下两种：

1）乙二醇（俗称甘醇）法

这是应用最早且最广泛的脱水方法。可用二甘醇、三甘醇和四甘醇脱水。三甘醇具有挥发性小，热稳定性和化学稳定性好的特点，再生的三甘醇浓度可大于 99%，故脱水效率高。其缺点是作吸收剂黏度大，故吸收温度不能太低，最好不要低于 0℃。操作过程中还容易起泡，当有酸性气体存在时，还会产生降解产物，导致腐蚀。后来发展了浓三甘醇法，可以使脱水后的组分露点降低。

2）固体吸附剂脱水法

利用多孔性吸附剂能选择性地吸附燃气中的水分而达到干燥的目的，但由于吸附剂的投资费用及再生费用都比较高，所以只有在燃气中含水量不太大而又要求深度脱水的场合才宜使用。常用的吸附剂有活性氧化铝、硅胶、分子筛等三种。

活性氧化铝是一种坚硬的水合氧化铝，经加热活化脱除水分后成多孔结构，制成粒状或粉末状，吸足水分后经过活化脱水再生，又能反复使用。

硅胶的吸水量也很大，常用于湿含量较大的气体脱水。通常加入钴盐作指示剂，未吸水前呈兰色，吸水后逐渐变为淡红色，失去吸水能力后的硅胶加热到 180~200℃ 左右，可以再生，反复使用。

分子筛是一种人工合成的泡沸石，与天然泡沸石一样，是水合硅铝酸盐的晶体，在结构中有许多孔径均匀的孔道与排列整齐的孔穴，分子的直径小于孔径时可以进入孔道，比孔径大的分子则不能进入，故分子筛好像一个筛子可以把大小不同的分子分开。分子筛的比表面积大于一般的吸附剂，在燃气水含量低时分子筛对于水仍具有很高的吸水能力，因此该法比较适用于要求深度干燥的过程中。但它的吸附水容量比活性氧化铝和硅胶都低，故在脱含水量较高的气体时，可采用活性氧化铝与分子筛串联的脱水流程。气体中大量水分由活性氧化铝脱除，残余的少量水分再用分子筛来脱除，以达到深度干燥气体的目的。

第三章 燃气的供需工况及调节

第一节 燃气供应量

一、燃气用户

城市、乡镇或居民点使用燃气的用户主要有下面几种情况：

（一）居民生活用户（简称民用户）

民用户用气主要用于炊事和日常生活用热水，这类用户是燃气供应的主要对象，也是优先安排和保证连续稳定供气的用户。

（二）商业用户

也称公共建筑用户、公共福利用户，是指除民用户外但与居民生活密切相关的一类用户，也是燃气供应的主要对象。这类用户一般包括下列几个方面：

（1）食堂、宾馆、饭店、酒店、旅馆、招待所等饮食服务机构；

（2）医院、卫生院、门诊部、疗养院、妇幼保健院等医疗机构；

（3）各类学校、机关、科研院所、实验室等；

（4）其他，如咖啡馆、茶社、理发店、美容厅、洗染店等。

（三）工业企业用户（简称工业用户）

工业用户，一般是指那些不适于自建气源厂、站，生产工艺要求必须使用燃气，节能显著，环保要求较高的工业企业用户。

（四）供热通风和空调用户

随着燃气气源的逐渐丰富和充足，这类用户越来越多，所占供气比例也越来越大。但是，这类用户的用气必须经过技术论证后才能实施。

（五）汽车用户

汽车工业在不断发展，汽车拥有量在迅速增加，但汽车尾气对大气环境的污染也进一步加剧。随着燃气工业的发展特别是天然气资源的开发利用，为改善汽油、柴油燃烧后对环境造成的污染，以燃气为动力的汽车在世界上许多国家都得到了广泛的推广和应用。因此汽车用户正逐渐成为燃气用户的重要组成部分。但汽车用气并不是通过管网直接供气，而是通过汽车燃气加气站来供气的，而且只适用于液化石油气和天然气。

二、各类用户的用气定额

用气定额，也称用气量指标，是指单位用户在单位时间内所需要的用气量。用气定额是计算或推算各类用户用气量的重要参数之一。

（一）居民生活用气定额

影响居民生活用气定额的因素很多，如住宅内用气设备的设置情况，公共生活服务网（食堂、熟食店、饮食店、浴室、洗衣房等）的发展程度，居民的生活水平和生活习惯，居民每户平均人口数,当地的气象条件,燃气价格,住宅内有无集中采暖设备和热水供应设备等。

上述各种因素对居民生活用气定额的影响无法精确确定。通常根据对各种典型用户用气进行调查和测定,并通过综合分析得到平均用气量,作为用气定额。表3-1为我国某些城市居民生活用气定额。

某些城市居民生活用气定额

表3-1

城　　市	用气定额[MJ/(人·年)]		城　　市	用气定额[MJ/(人·年)]	
	无集中采暖设备	有集中采暖设备		无集中采暖设备	有集中采暖设备
北　京	2510～2930	2720～3140	南　京	2300～2510	—
天　津	2510～2930	2720～3140	上　海	2300～2510	—
哈 尔 滨	2590～2820	2800～2980	杭　州	2300～2510	—
沈　阳	2550～2780	2760～2960	广州、深圳	2930～3140	
大　连	2450～2680	2680～2900			

注:1. 集中采暖系指非燃气采暖。

2. 燃气热值按低热值计算。

对于新建燃气供应系统的城市,其居民生活用气定额可以根据当地的燃料消耗量、生活习惯、气候条件等具体情况,并参照相似城市的用气定额确定。

(二)商业用户用气定额

影响商业用户用气定额的主要因素是用气设备的性能、热效率、加工食品的方式和当地的气候条件等。表3-2为几种常见商业用户的用气定额。

几种商业用户的用气定额

表3-2

类　　别		单　　位	用 气 定 额
职 工 食 堂		MJ/(人·年)	1884～2303
饮 食 业		MJ/(座·年)	7955～9211
幼儿园 托儿所	全　托	MJ/(人·年)	1884～2512
	半　托	MJ/(人·年)	1256～1675
医　院		MJ/(床位·年)	2931～4187
招待所 旅馆	有 餐 厅	MJ/(床位·年)	3350～5024
	无 餐 厅	MJ/(床位·年)	670～1047
高 级 宾 馆		MJ/(床位·年)	8374～10467
理 发 馆		MJ/(人·次)	3.35～4.19

注:1. 职工食堂的用气定额包括作副食和热水在内。

2. 燃气热值按低热值计算。

(三)供热通风和空调用气定额

建筑物的供热通风和空调用气定额,可按国家现行标准《城市热力网设计规范》(CJJ 34)或当地建筑物耗热量指标确定。表3-3为某些建筑物供热用气量定额。

某些建筑物供热用气定额

表 3-3

房屋类别	用气定额[kJ/(m²·h)]	房屋类别	用气定额[kJ/(m²·h)]
工业厂房	418.68~628.02	商店	210.27~314.01
住宅	167.47~251.21	单层住宅	293.08~376.81
办公楼、学校	209.34~293.08	食堂、餐厅	418.68~502.42
医院、幼儿园	230.27~293.08	影剧院	334.94~418.68
旅馆	209.34~251.21	大礼堂、体育馆	418.68~586.15
图书馆	167.47~272.14		

注：对总建筑面积大、外围护结构好、窗户面积小的，采用较小的数值；反之，采用较大的数值。

（四）工业用户用气定额

表 3-4 为部分工业产品的用气定额，表 3-5 为天然气用作化工原料气时的用气定额。

部分工业产品的用气定额 表 3-4

序号	产品名称	加热设备	产品产量单位	单位产品耗热量(MJ)	备注
1	炼铁（生铁）	高炉	t	2930~4600	由矿石炼铁
2	化铁（生铁）	冲天炉	t	4600~5020	将生铁熔化
3	炼钢	平炉	t	6280~7540	包括辅助车间
4	化铝	化铝锅	t	3140~3350	
5	盐（NaCl）	熬盐锅	t	17580	
6	洗衣粉	干燥器	t	12560~15070	仅干燥用热
7	二氧化钛	干燥器	t	4180	仅干燥用热
8	黏土耐火砖	熔烧窑	t	4810~5860	
9	混凝土转	熔烧窑	t	8370~12770	
10	石灰	熔烧窑	t	5280	
11	白云石	熔烧窑	t	10260	
12	玻璃制品	熔化、退火等	t	12560~16750	
13	玻璃熔化	罐式炉	t	18420~24700	最多六个罐
14	玻璃保湿	罐式炉	t	10050~13400	最多六个罐
15	浴槽加热	玻璃浴槽炉	t	14240~23860	
16	玻璃退火	退火炉	t	335~419	
17	卫生陶瓷	间歇式窑	t	8370~29730	
18	排水管	间歇式窑	t	8370~13400	
19	陶瓷釉面砖	双层辊道窑	t	2512	素烧
20	陶瓷釉面砖	双层辊道窑	t	1880	釉烧
21	白炽灯	熔化、退火等	万只	15070~20930	
22	日光灯	熔化、退火等	万只	16750~25120	
23	织物烧毛	烧毛机	万 m	795~840	
24	织物预烘热熔	染色预烘热熔机	万 m	4190~5020	

序 号	产品名称	加热设备	产品产量单位	单位产品耗热量(MJ)	备 注
25	的确良	热定型机	万 m	4190~5020	
26	钢件淬火	周期加热炉	t	3450	
27	钢件回火	周期加热炉	t	1390	
28	钢件退火	连续加热炉	t	1680	
29	锻件调质	周期热处理炉	t	4170	
30	锻件退火	周期热处理炉	t	1980	
31	自由锻件	锻造加热炉	t	28470	重矿行业
32	自由锻件	锻造加热炉	t	25120	一般行业
33	模锻件	锻造加热炉	t	18420	
34	水压机锻件	锻造加热炉	t	36840	
35	蒸汽	锅炉	t	3135~3344	
36	电力	发电机	kWh	11.7~16.7	
37	动力	燃气轮机	kWh	9.33~10.59	
38	面包	烘烤	t	3260~3344	食品
39	糕点	烘烤	t	4180~4598	食品

天然气作为化工原料时的用气定额　　　　　　　表 3-5

序 号	化工产品	产品用气定额(m³/t)	序 号	化工产品	产品用气定额(m³/t)
1	合成氨	1000	7	聚丙烯(人造羊毛)	4800
2	氰氨酸	1720	8	维尼龙	4500
3	三氯甲烷	500	9	聚氯乙烯	2870
4	浓乙炔	5000~6000	10	丙酮	1300~1500
5	甲醛(29%)	5300	11	槽法炭黑	45000~50000
6	合成橡胶	5640	12	炉法炭黑	7000

（五）燃气汽车用气定额

一般应根据当地燃气汽车种类、车型和使用量的统计数据分析确定。当缺乏用气量的实际统计资料时，可按已有燃气汽车城镇的用气定额分析确定。

三、燃气供应量

燃气供应量一般以年用气量表示，分别计算各类用户的年用气量，其总和即为该城镇的燃气供应量。

（一）居民生活及商业用户用气量

在计算居民生活及商业用户用气量时，需要确定用气人数。居民用气人数取决于城镇居民人口数及气化百分率（城镇居民使用燃气的人口数占城镇总人口的百分数），气化百分率的确定要根据城镇总体规划、城镇建筑、道路状况、气源种类和规模、城镇燃气规划分期年限等因素，通过调查研究和分析来确定；商业用户的用气人数取决于城镇居民人口数和公共建筑设施标准，如：一千居民中入托儿所、幼儿园的人数，为一千居民设置的医院、旅馆床位数等。

根据用气定额、居民人口数及气化百分率可以计算出居民生活年用气量,而根据用气定额、居民人口数、气化百分率及公共建筑设施标准可以计算出各类商业用户年用气量。

(二)建筑物供热通风和空调用气量

建筑物供热用气量与建筑面积、耗热指标和供热期长短有关,其计算公式如下:

$$Q_y = \frac{F q_f n}{H_i \eta} \times 100 \qquad (3-1)$$

式中　Q_y——年用气量(Nm³/年);

　　　F——使用燃气供热的建筑面积(m²);

　　　q_f——建筑物的供热用气定额(kJ/(m²·h))见表3-3;

　　　η——供热系统的效率(%);

　　　H_i——燃气的低热值(kJ/Nm³);

　　　n——供热最大负荷利用小时数(h)。

空调(单冷)用气量与建筑面积、空调冷负荷及设备的制冷系数有关;冷暖两用空调的用气量则为制冷与供热用气量之和。表3-6为部分建筑物空调冷负荷的估算指标,表3-7为几种使用燃气的空调冷气机及冷暖两用机的用气量。

部分建筑物空调冷负荷的估算指标(W/m²)

表3-6

序　号	建筑类型及房间名称		室内人数(人/m²)	总冷负荷(W/m²)
1	旅游旅馆	客　房	0.063	114
2		酒吧、咖啡厅	0.50	256
3		西餐厅	0.50	277
4		中餐厅	0.67	360
5		宴会厅	0.80	410
6		中厅、接待	0.13	191
7		小会议厅	0.33	235
8		大会议厅	0.67	358
9		理发、美容	0.25	208
10		健身房、保龄球	0.20	272
11		弹子房	0.20	176
12		棋牌室	0.05	274
13		舞　厅	0.33	256
14		办　公	0.10	131
15		商店、小卖部	0.20	151
16	科研、办公楼		0.20	151
17	商场	底　层	1.00	365
18		二　层	0.83	307
19		三层及三层以上	0.50	225
20	影剧院	观众席	2.00	447

序　号	建筑类型及房间名称		室内人数(人/m²)	总冷负荷(W/m²)
21		休 息 室	0.50	370
22		化 妆 室	0.25	180
23	体 育 馆	比赛馆(看台)	0.40	205
24		观众休息厅	0.50	203
25		贵 宾 室	0.13	173
26	图 书 馆	阅 览 室	0.10	121
27		展览厅、陈列室	0.25	177
28	会堂、报告厅		0.50	269
29	公寓、住宅		0.10	158
30	医 院	高级病房	—	110
31		一般手术室	—	150
32		洁净手术室	—	300
33		X光、CT、B超	—	150
34	餐 馆		—	300

几种使用燃气的冷气机和冷暖两用机的用气量(kW)　　　　表 3-7

	燃气冷气机 AC		燃气冷暖两用机 AY		燃气冷气机 RTC 新产品		
	ACD36-00	ACC60-00	AYD36-110	AYC60-165	RTCB120-000	RTCB180-000	RTCB240-000
暖气热能(kW)	—	—	25.8 22170	38.7 33264	—	—	—
燃气耗量(kW)	—	—	32.3 27720	48.4 41580	—	—	—
制冷能力(kW)	10.6	17.5	10.6	17.5	35	52.8	70.3
燃气耗量(kW)	26.3	36.7	26.3	36.7	73.3	110	146

（三）燃气汽车用气量

计算汽车用气量时,可根据汽车用燃气加气站的数量、等级,首先计算出其燃气的日销售量,然后确定年用气量。如:压缩天然气一级加气站按给公交车加气,平均每辆车按5瓶50L/瓶计算,日加气车次为200～300辆,则天然气的日销售量为10000～15000Nm³,年用气量为3650000～5475000Nm³。

（四）其他用气量

其他用气量主要包括两部分:一部分是管网的燃气漏损量;另一部分是发展过程中未预见的供气量。前一部分可以从调查统计资料中得出参考性的指标数据;后一部分可根据当地的发展规划或经济发展状况估算,一般按总用气量的3%～5%计算。

另外,当电站(厂)采用燃气发电或供热时,还应包括电站(厂)用气量。

第二节 燃气需用工况

各类用户的用气情况是不均匀的,每时、每日、每月都有变化。这种用气的不均匀性是燃气供应的一大特点。用气不均匀性可分为月不均匀性(或季节不均匀性)、日不均匀性和时不均匀性。

一、月用气工况

居民生活用气月不均匀性的主要影响因素是气候条件。一般来讲,气温低的月份用气量大,气温高的月份用气量小。这是因为,气温低时人们要吃热食、用热水,因而用气量大;反之,气温高时用气量就小。

商业用户用气的月不均匀性规律,与各类用户的性质有关,但与居民生活用气的不均匀性情况基本相似;建筑物供热及空调用气的月不均匀性与当地的气候有关;工业用户用气的月不均匀性则主要取决于生产工艺的性质。

各月的用气不均匀情况用月不均匀系数表示。由于每个月的天数是在 28～31 天的范围内变化,因此月不均匀系数 K_1 值应按下式确定:

$$K_1 = \frac{该月平均日用气量}{全年平均日用气量} \tag{3-2}$$

十二个月中平均日用气量最大的月,即月不均匀系数值最大的月,称为计算月。并将月最大不均匀系数 K_1^{max} 称为月高峰系数。表 3-8 为几个城市的居民生活用气月不均匀系数。

几个城市居民生活用气月不均匀系数

表 3-8

城 市	一 月	二 月	三 月	四 月	五 月	六 月	七 月	八 月	九 月	十 月	十一月	十二月
哈 尔 滨	1.09	1.03	1.02	0.97	0.95	0.94	0.93	0.94	0.97	1.02	1.05	1.08
北　京	1.05	1.03	0.93	0.99	1.03	0.94	0.88	0.91	1.01	1.01	1.07	1.15
上　海	1.12	1.32	1.12	1.03	0.97	0.91	0.91	0.91	0.91	0.92	0.91	0.98
广　州	1.16	1.05	1.09	0.98	0.98	0.88	0.86	0.86	0.89	0.97	1.04	1.22

二、日用气工况

在一个月或一周中,日用气的波动主要取决于居民生活习惯,工业企业的工作和休息制度以及室外气温变化等。

根据实测的资料,居民生活和商业用气从星期一至星期五变化较少,星期六和星期天用气量较多,节日前和节假日用气量较大;工业企业用气在平日波动较小,在轮休日和节假日波动较大;供热、空调及汽车用户波动不大。

日用气不均匀情况用日不均匀系数 K_2 表示:

$$K_2 = \frac{该月中某日用气量}{该月平均日用气量} \tag{3-3}$$

计算月中,日最大不均匀系数 K_2^{max} 称为日高峰系数,日高峰系数 K_2^{max} 一般按 1.05～1.2 选用。表 3-9 为一般城市居民用气的日不均匀系数。

星　　　期	一	二	三	四	五	六	天
日不均匀系数	0.835	0.876	0.923	0.876	1.067	1.163	1.182

三、小时用气工况

各类用户的小时用气工况均不相同。居民生活和商业用户的小时用气不均匀性最为显著；工业用户小时用气波动很小；对于供热和空调用户，如为连续供热和供冷，小时用气波动很小，若为间歇供热和供冷，小时用气波动则较大。

小时用气不均匀情况用小时不均匀系数 K_3 表示：

$$K_3 = \frac{该日某小时用气量}{该日平均小时用气量} \qquad (3-4)$$

计算月中最大日的小时最大不均匀系数 K_3^{max} 称为小时高峰系数，小时高峰系数 K_3^{max} 一般按 2.2～3.2 选用。表 3-10 为一般城市的小时不均匀系数。

一般城市的小时不均匀系数　　　　　　　表 3-10

时　间	居民生活及商业用户	工 业 用 户	时　间	居民生活及商业用户	工 业 用 户
1～2	0.31	0.64	13～14	0.67	1.27
2～3	0.40	0.54	14～15	0.55	1.33
3～4	0.24	0.71	15～16	0.97	1.26
4～5	0.39	0.77	16～17	1.70	1.31
5～6	1.04	0.60	17～18	2.30	1.33
6～7	1.17	1.17	18～19	1.46	1.17
7～8	1.25	1.15	19～20	0.82	1.08
8～9	1.24	1.31	20～21	0.51	1.04
9～10	1.57	1.57	21～22	0.36	1.16
10～11	2.71	0.93	22～23	0.31	0.57
11～12	2.46	1.16	23～24	0.24	0.66
12～13	0.98	1.21	24～1	0.32	0.47

第三节　燃气的供需调节

用户的用气是不均匀的，但气源的供应量不可能完全按照用气量的变化而随时变化，因而必须对燃气的生产与使用进行调节。

一、调节的方法和途径

（一）改变气源的生产能力

焦炉煤气由于受焦炭生产的限制，通常是不能改变的。直立式连续炭化炉煤气的产量可以有少量的变化幅度，主要是通过改变投料量、干馏时间等手段来实现。油制气、发生炉煤气及液化石油气混空气等气源具有机动性,设备启动和停产比较方便,负荷调整范围大,可以调节月(或季节)及日用气的不均匀性,甚至可以平衡小时用气不均匀性。采用天然气做气源时,一般由气源方(即供气方)来统筹调度,以平衡月、日的用气不均匀性。

当采用改变气源的生产能力时,必须综合考虑气源运转和停止的难易程度、生产负荷变化的可能性和幅度、供气的安全可靠性及技术经济的合理性等诸多因素,并经科学的论证后才能实施。

（二）采用机动气源调节

有条件的地方可以设置机动气源,用气高峰时供气,用气低峰时储气、停产或作他用。采用这种方式时应根据当地的实际情况,充分考虑机动气源与主气源的置换性,并作综合的技术经济论证方可。

（三）利用缓冲用户进行调节

一些大中型工业企业、锅炉房等可使用多种燃料的用户都可以作为燃气供应的缓冲用户。在夏季用气低峰时,把余气供给他们使用。在冬季用气高峰时,这些用户可以改烧固体燃料或液体燃料。在节假日用气高峰时,可以有计划的停供大中型工业企业用气。这些大中型工业企业也应尽可能在这段期间内安排进行大修。

（四）利用液化石油气进行调节

在用气的高峰期,特别是节假日,可用液化石油气进行调节。一般的做法是,直接将汽车槽车运至输配管网的罐区,通过储气罐的进气管道充入储气罐混合后外供。当然,使用的液化石油气应符合质量要求,特别是含硫量,以避免腐蚀储气罐和燃气输配系统。

（五）利用储气设施调节

（1）地下储气 地下贮气库储气量大,可用以平衡季节不均匀用气和一部分日不均匀用气,但不能用来平衡采暖、空调日不均匀用气及小时不均匀用气,因为急剧增加采气强度,会使贮气库的投资和运行费用增加,很不经济。

（2）液态储存 液态储存主要适用于液化石油气和天然气,其他燃气由于很难液化,因此极少采用这种储气方式。液化的天然气或石油气通常储存在金属贮罐、预应力钢筋混凝土贮罐或洞穴贮气库中,当用气高峰时,经气化后供出。液态储存储气量大、负荷调节范围广,适于调节各种不均匀用气。

（3）管道储气 高压燃气管束储气及长输干管末端储气,是平衡小时不均匀用气的有效办法。高压管束储气是将一组或几组管道埋在地下,对管内燃气加压,利用燃气的可压缩性储气;长输干管末端储气是在夜间用气低峰时,燃气储存在管道中,这时管道内压力增高,白天用气高峰时,再将管内储存的燃气送出。

（4）贮气罐储气 贮气罐一般用来平衡日不均匀用气和小时不均匀用气。

二、储气量的确定

（一）根据计算月的日或周用气工况确定

当气源产量能够根据需用量改变一周(或一月)内各天的生产工况时,储气量以计算月最大日的燃气供需平衡确定,否则应按计算月平均周的燃气供需平衡确定。具体的计算方法举例如下。

【例 3-1】 某城市计算月最大日用气量为 360000m^3/d,气源在一日内连续均匀供气。每小时用气量占日用气量的百分数如表 3-11 所示,试计算所需的储气量。

小　时	0～1	1～2	2～3	3～4	4～5	5～6	6～7	7～8	8～9	9～10	10～11	11～12
％	1.90	1.51	1.40	2.05	1.58	2.91	4.12	5.08	5.18	5.21	6.32	6.42
小　时	12～13	13～14	14～15	15～16	16～17	17～18	18～19	19～20	20～21	21～22	22～23	23～24
％	4.90	4.81	4.75	4.75	5.82	7.60	6.16	4.57	4.48	3.25	2.77	2.46

【解】　计算步骤：

1. 计算小时平均供气量：$\frac{1}{24} \times 100\% = 4.17\%$；

2. 计算燃气供应量的累计值；

3. 计算燃气消耗量的累计值；

4. 计算燃气供应量的累计值与燃气消耗量的累计值之差，即为每小时末燃气的储存量；

5. 每小时末燃气储存量的最高值与最低值的绝对值之和即为所需储气量。

根据上述步骤，将所有的计算列于表 3-12。则所需储气量为：

$$360000 \times (13.70\% + 4.02\%) = 360000 \times 17.72\% = 63792 m^3$$

燃气储存量计算表　　表 3-12

小　时	燃气供应量的累计值	燃气消耗量		燃气的储存量	小　时	燃气供应量的累计值	燃气消耗量		燃气的储存量
		该小时内	累计值				该小时内	累计值	
0～1	4.17	1.90	1.90	2.27	12～13	54.17	4.90	48.58	5.59
1～2	8.34	1.51	3.41	4.93	13～14	58.34	4.81	53.39	4.95
2～3	12.50	1.40	4.81	7.67	14～15	62.50	4.75	58.14	4.36
3～4	16.67	2.05	6.86	9.81	15～16	66.67	4.75	62.89	3.78
4～5	20.84	1.58	8.44	12.40	16～17	70.84	5.82	68.71	2.13
5～6	25.00	2.91	11.35	13.65	17～18	75.00	7.60	76.31	−1.31
6～7	29.17	4.12	15.47	13.70	18～19	79.17	6.16	82.47	−3.30
7～8	33.34	5.08	20.55	12.79	19～20	83.34	4.57	87.04	−3.70
8～9	37.50	5.18	25.73	11.77	20～21	87.50	4.48	91.52	−4.02
9～10	41.67	5.21	30.94	10.73	21～22	91.67	3.25	94.77	−3.10
10～11	45.84	6.32	37.26	8.58	22～23	95.84	2.77	97.54	−1.70
11～12	50.00	6.42	43.68	6.32	23～24	100.00	2.46	100.00	0

（二）根据工业用气量与民用用气量的比例估算储气量

当没有用气量变化的具体数据时，储气量可参照表 3-13 选取。

储气量占计算月平均日供气量的百分数　　表 3-13

工业用气量占日用气量的百分数	民用气量占日供气量的百分数	储气量占计算月平均日供气量的百分数
50％	50％	40％～50％
＞60％	＜40％	30％～40％
＜40％	＞60％	50％～60％

三、储气罐几何容积的确定

（一）低压储气罐几何容积的确定

确定低压储气罐几何容积时,应考虑供气量的波动、用气负荷的误差、气温等外界条件的变化以及储气设备的安全操作要求等因素,因此储罐的实际容积应有一定的富裕。具体的计算公式如下:

$$V_c = \frac{V}{\varphi} \tag{3-5}$$

式中　V_c——储气罐的几何容积（m^3）；

V——所需储气量（m^3）；

φ——储气罐的活动率,一般取 0.75～0.85。

（二）高压储气罐几何容积的确定

高压储气罐几何容积按下式计算:

$$V_c = \frac{V}{P_1 + P_2} \tag{3-6}$$

式中　V_c——储气罐的几何容积（m^3）；

V——所需储气量（m^3）；

P_1——储气罐的最高工作压力（10^5Pa）；

P_2——储气罐的最低工作压力（10^5Pa）。

四、长输管线储气能力的确定

长输管线末端排出的燃气量是不断变化的,其压力也是变化的,因此应按燃气流动的不稳定工况进行计算。工程上一般采用下列公式作近似计算:

$$V = V_c (P_{m \cdot max} - P_{m \cdot min}) \tag{3-7}$$

$$P_{m \cdot max} = \frac{2}{3}\left(P_{1max} + \frac{P_{2max}^2}{P_{1max} + P_{2max}}\right) \tag{3-8}$$

$$P_{m \cdot min} = \frac{2}{3}\left(P_{1min} + \frac{P_{2min}^2}{P_{1min} + P_{2min}}\right) \tag{3-9}$$

式中　V——管道储气量（m^3）；

V_c——管道的几何容积（m^3）；

$P_{m \cdot max}$——储气结束时（即管道中燃气量最大时）的平均绝对压力（10^5Pa）；

$P_{m \cdot min}$——储气开始时（即管道中燃气量最小时）的平均绝对压力（10^5Pa）；

P_{1max}——储气结束时的起点压力（10^5Pa）；

P_{2max}——储气结束时的终点压力（10^5Pa）；

P_{1min}——储气开始时的起点压力（10^5Pa）；

P_{2min}——储气开始时的终点压力（10^5Pa）。

第四章 燃气的长距离输送系统

燃气的长距离输送系统,是指燃气(一般为天然气)从气源(气田或油田)输送到城镇或工业区的这段系统,简称输气系统。城镇或工业区内的燃气系统则称为城镇燃气管网系统,用以与输气系统相区别。

第一节 输气系统的构成

输气系统通常由集输管网、燃气净化处理厂、输气站、配气站、输气干线、输气支线、管理维修站、通讯与遥控设备、阴极保护站(或其他电保护装置)等组成。

一、集输管网

集输管网的任务是将天然气田各气井生产的天然气进行分离、计量,集中起来输送到天然气处理厂或直接进入输气干线。集输管网一般有两种形式:单井集输管网和多井集输管网。

(一)单井集输管网

单井集输管网的流程如图4-1所示。气体自井口采出,在井场经减压、加热、分离杂质、计量后,进入集气干线,送至气体净化处理厂或输气干线起点的输气首站。这种流程的优点是集气管网操作压力较低、机动灵活;缺点是每口井需设置一套集气装置,因而投资大且维修管理不便。

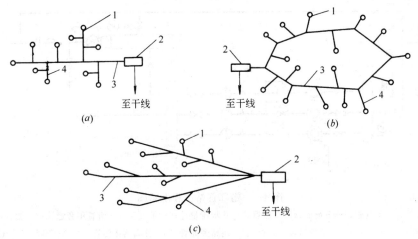

图4-1 单井集输管网示意图

(a)枝状单井集输管网;(b)环状单井集输管网;(c)放射状单井集输管网

1—气井;2—集气站;3—集气干线;4—集气支线

(二)多井集输管网

多井集输管网的流程如图4-2所示。气体自井口采出,在井场减压后送至集气站,再经加热、分离杂质、计量后,送至气体净化处理厂或输气干线起点的输气首站。与单井集输流程相比,其操作压力较高,但生产管理方便、需要的人员较少;特别是在气田开发后期,气体压缩机设在集气站上,可以几口井共同使用,便于调节,容易实现集输自动化。

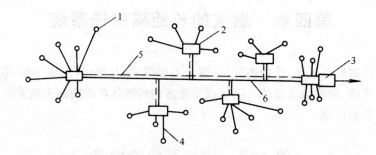

图 4-2 多井集输管网示意图
1—气井;2—集气站;3—处理厂;4—集气支线;
5—凝析油集输线;6—集气干线

二、输气站

输气站是输气系统中各类工艺站场的总称。一般包括输气首站、输气末站、压气站、燃气接收站、燃气分输站等站场。

输气首站,是输气管道的起点站,也称起点压气站。其主要任务是保持输气压力平稳,对燃气压力进行自动调节,计量燃气流量以及除去燃气中的液滴和机械杂质;当输气管线采用清管工艺时,为便于集中管理,还在站内设置清管球发射装置。图 4-3 为目前常采用的天然气输气首站的流程示意图。

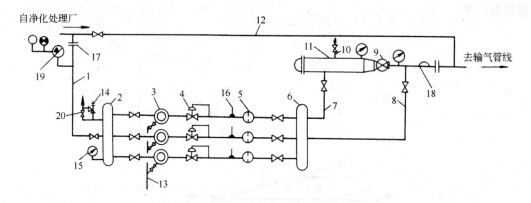

图 4-3 输气首站流程示意图

1—进气管;2—汇气管;3—分离器;4—调压器;5—孔板流量计;6—汇气管;7—清管用旁通管;8—燃气输出管;
9—球阀;10—放空管;11—清管球发送装置;12—越站旁通管;13—分离器排污管;14—安全阀;15—压力表;
16—温度计;17—绝缘法兰;18—清管球通过指示计;19—带声光讯号的电接点式压力表;20—放空阀

输气末站,是输气管道的终点站,也称终点压气站。其主要任务是根据储气设备的种类及城市管网的压力进行调压,如地下储气,则应根据储气构造及储气量要求,将燃气净化、加压后储入地下储气库;同时具有分离、计量等功能;当输气管线采用清管工艺时,还可在站内设置清管球接收装置。

压气站,一般是指中间压气站,即在输气管道沿线,为用压缩机对燃气增压而设置的站。中间压气站的数目应通过技术经济计算确定,一般为每隔100～150km设置一个。

燃气接收站,是指在输气管道沿线,为接收输气支线来气而设置的站,一般具有分离、调压、计量、清管等功能。

燃气分输站,是指在输气管道沿线,为分输燃气至用户而设置的站,一般具有分离、调压、计量、清管等功能。

三、配气站及贮罐站

配气站,是指在输气干线或支线的末端,为向城镇、工业区供应燃气而设置的站,亦称燃气分配站、终点调压计量站、城市门站。

配气站既是输气管线的终点站,又是城镇燃气管网的气源站,其任务是接收输气管线输送来的燃气,经过除尘,将燃气压力调至城市高压环网或用户所需的压力,计量和加臭后送入城镇或工业区的管网。

贮罐站及前述输气站中的输气末站、燃气分输站经常与配气站合并设置,有时也单独设置。

图4-4为进行一级调压的燃气配气站流程。根据进口燃气压力的大小和高压贮气罐压力以及城镇管网或工业区用户所需压力的要求,在配气站进行一级调压或者二级调压,出站燃气管道可为一种压力级,也可有两种不同的压力级。

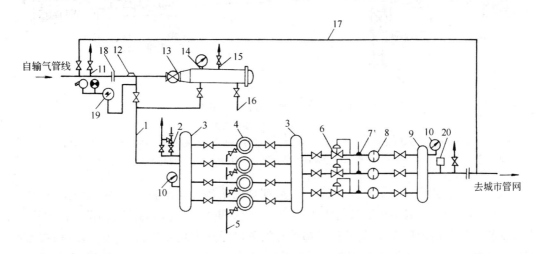

图4-4　燃气配气站(门站)流程示意图

1—进气管;2—安全阀;3—汇气管;4—除尘器;5—除尘器排污管;6—调压器;7—温度计;8—孔板流量计;
9—汇气管;10—压力表;11—干线放空管;12—清管球通过指示计;13—球阀;14—清管球接收装置;15—放空管;
16—排污管;17—越站旁通管;18—绝缘法兰;19—电接点式压力表;20—加臭装置

四、输气管道及附属装置

输气管道压力高、管径大,一般均采用钢管,材质多为10号、20号优质碳素钢和16Mn、09Mn2V等低合金钢,也可采用普通碳素钢制成的钢管,连接方法为焊接。

输气管道的附属装置主要有:清管装置、凝水器、阀室、阴极保护站等。

（一）清管装置

清管的主要作用是清除管线施工后积存于管内的泥土、水、石块、焊渣、遗忘的小型零件等杂物以及管线运行过程中积存的凝析物、管壁锈蚀物、灰尘等。另外,通过清管还可以查找管径偏差、测量管壁厚度、检查泄漏点、置换管道介质及为管道内壁作涂层等。

清管器一般有三种形式:清管球、皮碗清管器和塑料清管器。清管球一般为橡胶空心球,其直径比清洗管内径大 2%～5%,壁厚为 30～50mm;皮碗清管器是在一个轴上安装一个皮碗,皮碗可做成平面、锥面或球面等形式,然后用万向连轴节将几个装有皮碗的轴连在一起而制成;塑料清管器则为表面涂有聚氨酯外壳的塑料制品。

清管装置一般设在输气站或配气站内,以便管理。收发站的间距一般为 50～80km。清管装置包括发送筒、接收筒、工艺管线、阀门以及装卸工具和通过指示仪等辅助设备等。其构造及工艺流程如图 4-5 所示。

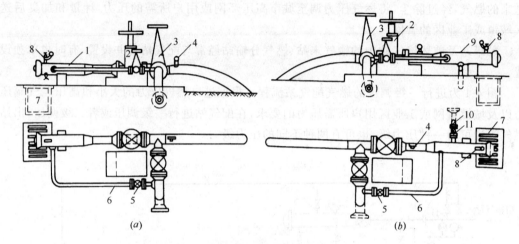

图 4-5　清管球装置的工艺流程

(a) 发送装置;(b) 接收装置

1—发送筒;2—发送(接收)阀;3—线路主阀;4—通过指示器;5—平衡阀;6—平衡管;7—清洗坑;
8—放空管和压力表;9—接收筒;10—排污管;11—排污阀

收发筒是清管装置的主要构成部分,一般朝球的滚动方向倾斜 8°～10°,筒径一般比管径大 1～2 级,长度一般不小于筒径的 3～4 倍,接收筒更长些;接收筒的底部设有排污管,放空管安装在接收筒的顶部,两管的接口都焊有挡条以阻止大块物体进入,避免堵塞;接收筒前应有清洗排污坑,排出的污水贮在污水池内;从主管引向收发筒的连通管起平衡导压作用,可选用较小的管径;主管三通之后和接收筒异径管前的直管上,应设通过指示器,以确定清管器是否已经发入管道和进入接收筒;收发筒上还须安装压力表,面向盲板开关操作者的位置;快速开关盲板设在收发筒的开口端,一般为个牙嵌式或挡圈式,另一端经过偏心异径管和一段直管与一个全通径阀(球阀)连接,全通径阀必须有准确的阀位指示。

(二)凝水器

凝水器的作用是收集并排出管道内的凝结水,以确保线路畅通。

凝水器在线路上的分布,应按线路起点气体温度和线路上各点的温度变化,并计算出凝析水量后确定。凝水器的布置应结合线路地形条件,一般设置在线路的局部低点。

常用的凝水器有直通式、扩大管式和转角式三种,其结构如图 4-6～图 4-8 所示。

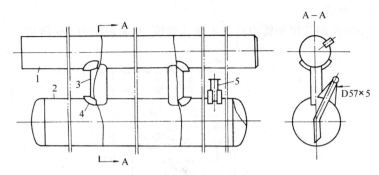

图 4-6　直通式凝水器

1—管道；2—积水器；3—连接管；4—加强圈；5—排水管接口

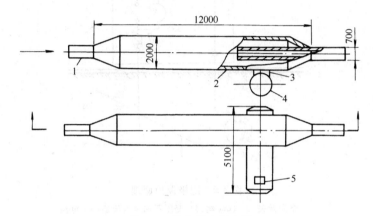

图 4-7　扩大管式凝水器

1—管道；2—出口管；3—连接管；4—积水器；5—排水管接口

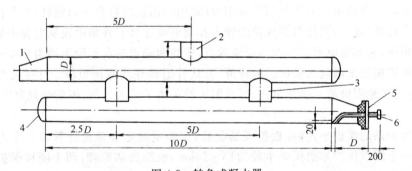

图 4-8　转角式凝水器

1—偏心大小头进口；2—出口管；3—连接管；4—积水器；5—清扫口；6—排水口

（三）阀室

穿、跨越大型河流、铁路干线的管段，其两端应设阀室。除此之外，为便于检修、维护、抢修以及为检修时减少天然气放散量，需在一定距离内设置阀室。一般 20～30km 设一个阀室，对人口稠密，交通频繁地区应取下限值，空旷地区取上限值。

阀室分地上式和地下式两种。阀室内的阀门前后均应设放散管，放散管管径一般取主管的 1/4～1/2。阀门通常采用球阀或闸阀，驱动方式有手动、电动、气动、电液联动和液动等。

（四）阴极保护站

阴极保护站的作用是保护管道免受土壤的腐蚀,其原理如图4-9所示。

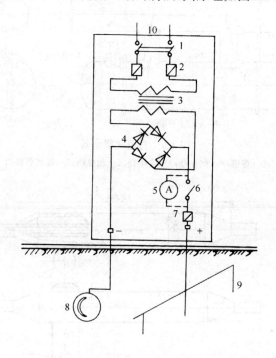

图4-9　阴极保护原理

1—电源开关;2—保险丝;3—变压器;4—整流器;5—电流
表;6—开关;7—保险丝;8—管道;9—接地阳极;10—电源

阴极保护站直流电源的正极与接地阳极(常用的阳极材料有废旧钢材,永久性阳极材料有石墨和高硅铁)连接,负极与被保护的管道在通电点连接。外加电流从电源正极通过导线流向接地阳极,它和通电点的连线与管道垂直,连线两端点的水平距离约为 $300\sim500m$ 。直流电由接地阳极经土壤流入被保护的管道,再从管道经导线流回负极。这样使整个管道成为阴极,而与接地阳极形成腐蚀电池,接地阳极的正离子流入土内,不断受到腐蚀,管道则受到保护。

阴极保护站的保护半径,应根据现场经验,实验室测定和理论计算等三个方面综合考虑。一般一个阴极保护站的保护半径为 $15\sim20km$,根据叠加原理,两个阴极保护站之间的保护距离则为 $40\sim60km$ 。

第二节　输气工艺与输气线路

一、输气工艺

（一）一般要求

进入输气管道的气体必须清除机械杂质;水露点应比输送条件下最低环境温度低 $5℃$;烃露点应低于或等于最低环境温度;气体中硫化氢含量不应大于 $20mg/m^3$ 。当被输送的气体不符合上述要求时,必须采取相应的保护措施。

输气管道的设计压力应根据最优工艺参数、气源条件、用户的需要、管材质量、施工水平及地区安全等因素经技术经济比较后确定。

输气管道应做好防腐设计,以保证输气管道的使用寿命,避免事故发生。

输气管道应设清管设施。有条件的地方宜采用管道内涂技术。

（二）工艺设计

工艺设计一般包括下列主要内容:确定输气工艺流程;确定输气站的工艺参数;确定输气站的数量和站间距;确定输气管道的直径、设计压力及压气站的站压比。

工艺设计应根据气源条件、输送距离、输送量及用户的特点和要求,经综合分析和技术经济对比后确定。

（三）工艺计算

作输气管道的工艺计算需具备下列资料:管输气体的组成;气源的数量、位置、供气量及其可调范围;气源的压力及其可调范围,压力递减速度及上限压力延续时间;沿线用户的数量对供气压力、供气量及其变化的要求。

计算公式如下:

当输气管道计算段的相对高差 $\Delta h \leqslant 200$m 时,采用下式计算:

$$q_V = 11522 E d^{2.53} \left[\frac{P_1^2 - P_2^2}{ZTL\Delta^{0.961}} \right]^{0.51} \tag{4-1}$$

式中　q_V——气体$(P_0 = 0.101325\text{MPa}, T = 293\text{K})$的流量$(\text{m}^3/\text{d})$;

　　d——输气管道内径(cm);

P_1, P_2——输气管道计算管段起点和终点的绝对压力(MPa);

　　Z——气体的压缩系数;

　　T——气体的平均温度(K);

　　L——输气管道计算管段的长度(km);

　　Δ——气体的相对密度;

　　E——输气管道的效率系数(当管道公称直径为 $DN300 \sim DN800$ 时,E 为 0.8～0.9;当管道公称直径大于 $DN800$ 时,E 为 0.91～0.94)。

当输气管道沿线的相对高差 $\Delta h > 200$m 时,采用下式计算:

$$q_V = 11522 E d^{2.53} \left\{ \frac{P_1^2 - P_2^2(1 + \alpha \Delta h)}{ZTL\Delta^{0.961} \left[1 + \frac{\alpha}{2L} \sum_{i=1}^{n} (h_i + h_{i-1})L_i \right]} \right\}^{0.51} \tag{4-2}$$

式中　α——系数(m^{-1}),$\alpha = \dfrac{2g\Delta}{R_a ZT}$;

　　R_a——空气的气体常数,在标准状况下 $R_a = 287.1 \text{J}/(\text{kg} \cdot \text{K})$;

　　Δh——输气管道计算段的终点对计算段的起点的标高差(m);

　　n——输气管道沿线计算管段数;

h_i, h_{i-1}——各计算管段终点和对该段起点的标高差(m);

　　L_i——各计算管段长度(km)。

水力摩阻系数,宜按下式计算:

$$\frac{1}{\sqrt{\lambda}} = -2.011g\left[\frac{K}{3.71d} + \frac{2.51}{\mathrm{Re}\sqrt{\lambda}}\right] \tag{4-3}$$

式中　λ——水力摩阻系数；

K——钢管内壁绝对粗糙度(m)；

d——钢管内径(m)；

Re——雷诺数。

（四）输气管道的安全泄放

输气干线截断阀上下游均应设置放空管，放空管应能迅速放空两截断阀之间管段内的气体，放空阀直径与放空管直径应相等。

输气站应在进站截断阀之前和出站截断阀之后设置泄压放空设施；输气站的受压设备和容器，也应设置安全阀，安全阀泄放的气体可引入同级压力的放空管线。

放空气体应经放空竖管排入大气，并应符合环境保护和安全防火要求。放空竖管的设置应符合下列基本要求：第一，放空竖管直径应满足最大的放空量要求；第二，严禁在放空竖管顶端装设弯管；第三，放空竖管底部弯管和相连接的水平放空引出管必须埋地，弯管前的水平埋设直管段必须进行锚固；第四，放空竖管应有稳管加固措施。

输气干线放空竖管应设置在不致发生火灾危险和危害居民健康的地方，其高度应比附近建、构筑物高出 2m 及以上，且总高度不应小于 10m。

输气站放空竖管应设在围墙外，距离围墙不应小于 10m，其高度应比附近建、构筑物高出 2m 及以上，且总高度不应小于 10m。

二、输气线路

（一）线路选择

输气线路的选择应遵守下列原则：

（1）线路走向应根据地形、工程地质、沿线主要进气、供气点的地理位置以及交通运输、动力等条件，经多方案对比后，确定最优线路。

（2）线路宜避开多年生经济作物区域和重要的农田基本建设设施。

（3）大中型河流穿（跨）越工程和压气站位置的选择，应符合线路总走向；局部走向应根据大、中型穿（跨）越工程和压气站的位置，进行调整。

（4）线路必须避开重要的军事设施、易燃易爆仓库、国家重点文物保护单位的安全保护区。

（5）线路应避开飞机场、火车站、海（河）港码头、国家级自然保护区等区域。

（6）线路不应通过铁路或公路的隧道和桥梁（管道专用公路的隧道、桥梁除外），当受条件限制管道必须通过时，应与有关部门协商并采取相应的安全保护措施。

（7）输气管道宜避开滑坡、岩堆、沼泽地、泥石流地段、冲沟、海滩、沙漠、震区等不良工程地质地段；当避开确有困难时，应选择合适的位置、方式并采取相应的安全保护措施。

（二）线路敷设

输气管道应采用埋地方式敷设，特殊地段也可以采用土堤、架空等方式敷设；当采用土堤敷设时，应根据地形、工程地质、水文地质、土壤类别及性质等确定土堤的位置和尺寸。

埋地管道覆土层最小厚度应符合表 4-1 的规定；在不能满足要求的覆土厚度或外荷载过大、外部作业可能危及管道之处，均应采取保护措施。

最小覆土层厚度（m）　　　　　　　　　　　　　　　表 4-1

地　区　等　级	土　　壤　　类		岩　石　类
	旱　　地	水　　田	
一　　级	0.6	0.8	0.5
二　　级	0.6	0.8	0.5
三　　级	0.8	0.8	0.5
四　　级	0.8	0.8	0.5

输气管道与各种建（构）筑物的安全防火距离应遵守表 4-2 的规定。

输气管道与各种建（构）筑物的安全防火距离（m）　　　　　　表 4-2

建（构）筑物类型	安全防火级别	输气管道类型								
		$P<1.6MPa$			$P=1.6\sim4.0MPa$			$P>4.0MPa$		
		$DN<$ 200	$DN=$ 200～400	$DN>$ 400	$DN<$ 200	$DN=$ 200～400	$DN>$ 400	$DN<$ 200	$DN=$ 200～400	$DN>$ 400
特殊的建（构）筑物,特殊防护地带,军事设施,易燃易爆仓库,飞机场,火车站等	I	与相关部门协商确定,但不得小于 200								
社会公共建筑(如学校、医院等),30 户以上的居民建筑,工矿企业,汽车站、港口、码头,重要水工建筑,重要物资仓库,铁路干线等	II	50	100	150	75	150	175	100	175	200
与管线平行的≥110kV 架空电力线,铁路专用线	III	50	75	100	75	100	100	100		
与管线平行的 35kV 架空电力线,一级通讯电路	IV	10	15	20	15	20	25	25		
与管线平行的 10kV 架空电力线,二级通讯电路	V	8			10			15		
与管线平行的埋地电力电缆,通信电缆及其他埋地管道	VI	5								

　　埋地输气管道与其他管道交叉时,其垂直净距不应小于 0.3m(当小于 0.3m 时,两管间应设置坚固的绝缘隔离物;两条管道在交叉点两侧各延伸 10m 以内的管段,应采用特加强绝缘防腐等级);管道与电力、通信电缆交叉时,其垂直净距不应小于 0.5m,交叉点两侧各延伸 10m 以内的管段和电缆,也应采用特加强绝缘防腐等级。

　　输气管道跨越道路、铁路时,其净空高度应符合表 4-3 的规定。

输气管道跨越道路、铁路净空高度（m）　　　　　　　　　表 4-3

道　路　类　型	净　空　高　度	道　路　类　型	净　空　高　度
人　行　道　路	2.2	普　通　铁　路	6.0
公　　　路	5.5	电　气　化　铁　路	11.0

　　输气管道沿线应设置里程桩、转角桩、交叉和警示牌等永久性标志。其中,里程桩应沿

气流前进方向左侧从管道起点到终点,每公里连续设置(阴极保护测试桩可同里程桩结合设置);管道与公路、铁路、河流和地下构筑物的交叉处两侧应设置标志桩(牌);对易于遭到车辆碰撞和人畜破坏的管段,应设置警示牌,并采取相应的保护措施。

第三节　输气系统的运行与管理

一、输气管道的试压与吹扫

(一)输气管道的试压

试压包括强度试验和严密性试验两个方面。输气管道必须分段进行强度试验和整体严密性试验。经试压合格的管段间相互连接的焊缝经射线照相检验合格、全线接通后,可不再进行试压;输气站和穿(跨)越大中型河流、铁路、二级以上公路、高速公路的管段,应单独进行试压。

(1)强度试验

1)试验介质:位于一、二级地区的管段可采用气体或水作试验介质;位于三、四级地区的管段及输气站内的工艺管道应采用水作为试验介质。(注:地区等级的划分参见《输气管道工程设计规范》GB 50251—94)

2)试验压力:一级地区内的管段不应小于设计压力的 1.1 倍;二级地区内的管段不应小于设计压力的 1.25 倍;三级地区内的管段不应小于设计压力的 1.4 倍;四级地区内的管段和输气站内的工艺管道不应小于设计压力的 1.5 倍。

3)时间:试验的稳压时间不应少于 4h。

(2)严密性试验　严密性试验应在强度试验合格后进行;用气体作为试验介质时,其试验压力应为设计压力并以稳压 24 小时不泄漏为合格。

(二)输气管道的吹扫

输气管道在施工过程中或运行中积存下来的污、杂物如水、泥、石、砂、焊渣等会影响气质,降低输气能力,堵塞仪表,故应在管道投产前或检修时进行吹扫。

吹扫介质可采用干燥和清洁的压缩空气或天然气。吹扫长度不宜超过 5km,吹扫的流速越大,污物排除越干净,一般不应小于 20m/s。若用天然气吹扫管道,需首先置换管内空气,置换空气时应保持 5m/s 以下速度,以防止混合段因管内碰撞、摩擦产生的火花而引起爆炸,直至管道内天然气的含氧量小于 2% 方为合格。

埋地管线只有在回填土以后,才能进行吹扫。吹扫口必须设在允许排放和点火燃烧而不危及环境安全的地方。吹扫完毕后吹扫口一定要装设封头以保持管道内部清洁。

二、燃气的加臭

为了便于发现漏气,保证输送和使用的安全,须在无味的燃气中注入加臭剂。

城镇燃气加臭剂应符合下列基本要求:

(1)与燃气混合在一起后应具有特殊的臭味;

(2)不应对人体、管道或与其接触的材料有害;

(3)其燃烧产物不应对人体呼吸有害,并不应腐蚀或伤害与此燃烧产物经常接触的材料;

(4)溶解于水的程度不应大于 2.5%(质量分数);

（5）应达到在空气中能察觉的加臭剂含量指标；

（6）不易被土壤吸附，廉价而不稀缺。

经常使用的加臭剂有四氢噻吩（THT）、乙硫醇（C_2H_6SH）、三丁基硫醇（TBM）等。由于加臭剂多为硫化物，通常具有一定的腐蚀性，故添加量要适当。

加臭的地点一般为长输管线的起点站或末端的燃气配气站。

加臭的装置有滴入式和吸收式两类。滴入式加臭装置是将液体加臭剂以单独的液滴或细液流的状态加到燃气管道中去，在此蒸发并与燃气流混合；吸收式加臭装置则是使部分燃气进入加臭器，被蒸发的加臭剂在燃气中加臭剂达到饱和，然后再返回主管道进行混合。加臭装置一般安装在降压或调压装置之后。图 4-10 为滴入式加臭装置的示意图。

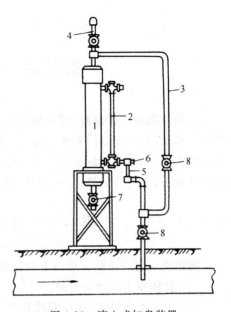

图 4-10　滴入式加臭装置

1—加臭剂储槽；2—液位计；3—压力平衡管；

4—加臭剂充填管；5—观察管；6—针形阀；

7—泄出管；8—阀门

三、输气系统的日常管理

为了最大限度地发挥管线输气能力，尽可能延长管线的使用寿命，保证气质，减少损耗，安全可靠地供气，加强系统的日常管理是非常必要的。

日常管理的主要内容包括：监控管内燃气的压力、流量、温度等主要参数，检测管道的气密性，检查管内是否有积液、污物、水化物等的堵塞，以及其他方面如防腐绝缘层、阴极保护站等的维护管理。

压力和流量是输气中两个最重要的参数，且相互影响。管线是否正常工作，主要通过这两个参数来分析。压力监控应符合下列规定：

（1）应对进、出压气站的气体压力进行监控；

（2）压力调节宜优先采取自力式调节方式；

（3）对连续供气的管线宜采取双回路或多回路的压力调节系统。气体流量的监控应在气体装置上显示气体流量的瞬时和累积值。

在严寒地带，温度是影响正常输气的重要参数。气流温度太低，将引起管内形成水化物或积液结冰，造成堵塞而影响输气；温度太高会破坏管道绝缘层，也不允许。所以必须掌握输气管道的温度变化规律并实时监控。

输气管线的堵塞情况，应定期检查。管线堵塞一般有三种可能：

（1）管线施工时带入大量泥土、石块及工具，输气或清管时在急弯之处被挤到一起造成堵塞；

（2）输气中将气井或脱硫厂的水分、污物带至管线，在低洼及高坡下面集聚，造成很大阻力，特别是严寒地区，容易结冰堵塞；

（3）在气候严寒的地区，高压输送容易造成水化物堵塞。

总之，为尽量提高和保持管道的输气能力，管道设备必须定期检查维护和修理，配备专用的检测仪器，不断提高生产技术水平和管理工作质量，降低各项经营费用。

第五章　城镇燃气管网系统

系统应保证不间断地、可靠地给用户供气,在运行管理方面应是安全的,在维修检测方面应是简便的,在抢修或发生故障时,可关断某些部分或管段而不致影响整个系统的工作。在一个系统中,宜采用标准化和系列化的站室、构筑物和设备。采用的系统方案应具有最大的经济效益,并能分阶段地、一部分一部分地建造和投入运行。

第一节　城镇燃气管网系统的组成

城镇燃气管网系统一般由下列几部分组成:

(1) 各种压力的燃气管网;

(2) 用于燃气输配、储存和应用的燃气分配站、储气站、压送机站、调压计量站等各种站室;

(3) 监控及数据采集系统。

一、燃气管道及其类型

燃气管道的作用是为各类用户输气和配气。其分类如下:

(一) 根据管道材质分类

(1) 钢燃气管道。

(2) 铸铁燃气管道。

(3) 塑料燃气管道。

(4) 复合材料燃气管道。

有关管材的论述详见本书第十一章第一节"燃气工程常用材料及配件"部分。

(二) 根据输气压力分类

根据我国《城镇燃气设计规范》(GB 50028—93)(2002 年修订版)的规定,城镇燃气管道按照输气压力分为四种(高压、次高压、中压、低压)七级(高压 A、B,次高压 A、B,中压 A、B,低压),具体分类参见表 5-1。

城镇燃气设计压力(表压)分级　　　　　　　　　　　　　表 5-1

名　称		压力(MPa)	名　称		压力(MPa)
高压燃气管道	A	2.5<P≤4.0	中压燃气管道	A	0.2<P≤0.4
	B	1.6<P≤2.5		B	0.01≤P≤0.2
次高压燃气管道	A	0.8<P≤1.6	低压燃气管道		P<0.01
	B	0.4<P≤0.8			

(三) 根据敷设方式分类

(1) 埋地燃气管道　一般在城市中常采用埋地敷设。

72

（2）架空燃气管道　在工厂区内、特殊地段或通过某些障碍物时，常采用架空敷设。

（四）根据用途分类

（1）长距离输气管道　其干管及支管的末端连接城市或大型工业企业，作为该供应区的气源点。

（2）城镇燃气管道　包括：

1）分配管道　其作用是将燃气分配给各个用户。分配管道包括街区的和庭院的分配管道。

2）用户引入管　将燃气从分配管道引到用户室内。

3）室内燃气管道　通过用户管道引入口的总阀门将燃气引向室内，并分配到每个燃气用具。

（3）工业企业燃气管道　包括：

1）工厂引入管和厂区燃气管道。将燃气从城市燃气管道引入工厂，分送到各用气车间。

2）车间燃气管道　从车间的管道引入口将燃气送到车间内各个用气设备（如窑炉）。车间燃气管道包括干管和支管。

3）炉前燃气管道　从支管将燃气分送给炉上各个燃烧设备。

二、燃气管道的附属设施

燃气管道的附属设施主要有补偿器、排水器、放散管、检漏管及井室等。

（一）补偿器

补偿器是作为调节管段胀缩量的设备，多用于架空管道和大跨度的过河管段上。另外，还常安装在阀门的出口端，利用其伸缩性能，方便阀门的拆卸和检修。燃气管线上所用的补偿器主要有波形补偿器和波纹管两种，在架空燃气管道上偶尔也用方形补偿器。

波形补偿器俗称调长器，其构造如图5-1所示，是采用普通碳钢的薄钢板经冷压或热压而制成半波节，两段半波焊成波节，数波节与颈管、法兰、套管组对焊接而成波形补偿器。因为套管一端与颈管焊接固定，另一端为活动端，故波节可沿套管外壁作轴向移动，利用连接两端法兰的螺杆可使波形补偿器拉伸或压缩。波形补偿器可由单波或多波组成，但波节较多时，边缘波节的变形大于中间波节，造成波节受力不均匀，因此波节不宜过多，燃气管道上用的一般为二波。

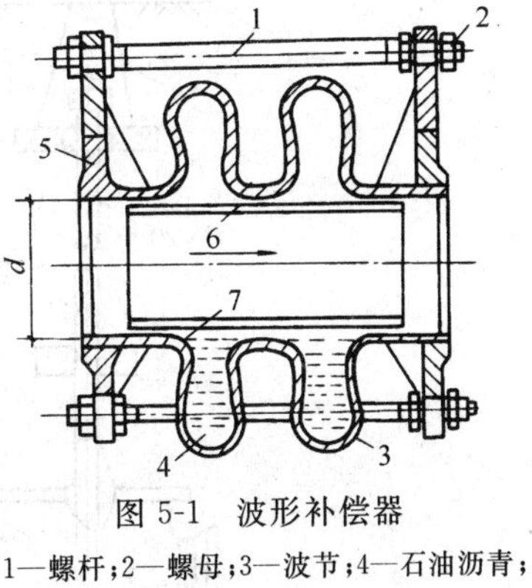

波纹管是用薄壁不锈钢板通过液压或辊压而制成波纹形状，然后与端管、内套管及法兰组对焊接而成补偿器。燃气管道上用的波纹管补偿器一般不带拉杆，如图5-2所示。

图5-1　波形补偿器

1—螺杆；2—螺母；3—波节；4—石油沥青；5—法兰；6—套管；7—注入孔

方形补偿器又称∏形补偿器，常用四种类型，如图5-3所示。方形补偿器一般用无缝钢管煨弯而成；当管径较大时常用焊接弯管制成。它的补偿能力大、制造方便、严密性好、运行可靠、轴向推力小。

补偿器与管道或阀门的连接一般采用标准法兰连接，中间垫圈选用橡胶石棉板制作，表面涂黄油密封，螺栓两端应加垫平垫圈和弹簧垫圈。补偿器一般设置于水平位置上，其轴线

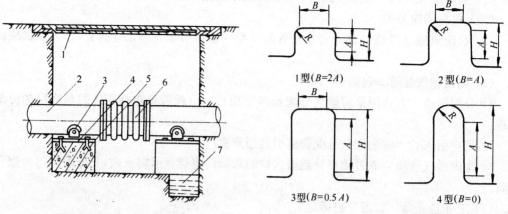

图 5-2　波纹管安装示意图

图 5-3　方形补偿器

1—闸井盖;2—燃气管道;3—滑轮组;4—预埋钢板;
5—钢筋混凝土基础;6—波纹管;7—集水坑

与管道轴线重合,大口径的管道在与补偿器连接的两侧管道上,应各设一滑动支座,既起支点作用,又使两侧管道伸缩时能有一定的自由度,不致卡死,使补偿器失去作用。

(二)排水器

人工燃气或气相液化石油气中含有一定的水和其他液态杂质。因此,输送湿燃气的燃气管道施工时,应保持一定的坡度,并在管段最低点设置排水器,及时排出管道中的冷凝水和积液,保证管道畅通,否则,会影响管道的流量甚至出现管堵,造成事故。

排水器根据材料不同可分为铸铁排水器和钢制排水器。铸铁排水器一般为定型标准产品,可根据管材规格和接口形式选用,主要用于中、低压燃气管道上,其接口形式有承插式柔

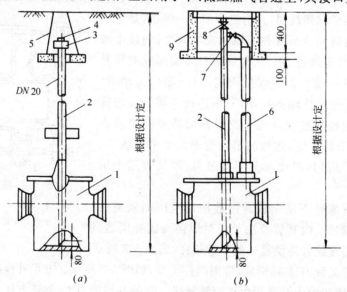

图 5-4　铸铁排水器

(a)中压;(b)低压

1—凝水罐;2—排水管;3—管箍;4—丝堵;5—铸铁护罩;
6—循环管;7—旋塞;8—排水阀;9—井墙

性机械接口式及法兰式等,如图 5-4 所示;而钢制排水器多用于高中压的焊接钢管和聚乙烯管工程中,一般可根据设计要求进行制作,如图 5-5 所示。

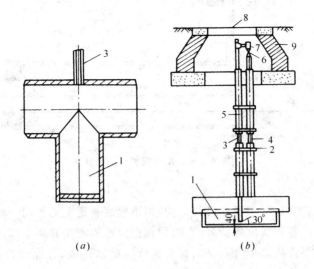

图 5-5　钢制排水器
(a) 低压单管立式;(b) 高中压双管卧式
1—凝水罐;2—管卡;3—排水管;4—循环管;5—套管;
6—旋塞;7—丝堵;8—铸铁井盖;9—井墙

凝水罐的结构形式有立式和卧式两种,卧式凝水罐多用于管径较大的燃气管道上。凝水罐上的排水装置分单管式和双管式,单管排水装置用于冬季没有冰冻期的地区或低压燃气管道上,双管排水装置则用于冬季具有冰冻期的高中压燃气管道或尺寸较大的卧式凝水罐上。

对于架空敷设的燃气管道,则常用图 5-6 所示的自动连续排水器排除管道中的水分及其他液体,同时,管道应有一定的坡度坡向排水器。

（三）放散管

放散管是用来排放管道中的燃气或空气的装置,它的作用主要有两方面:一是在管道投入运行时,利用放散管排空管内的空气或其他置换气体,防止在管道内形成爆炸性混合气体;二是在管道或设备检修时,利用放散管排空管道内的燃气。放

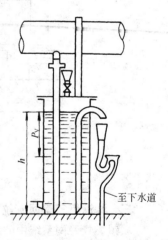

图 5-6　自动连续排水器

散管一般安装在阀门前后的钢短管上,在单向供气的管道上则安装在阀门之前的钢短管上。放散管也可根据管线敷设实际情况利用排水器抽液管代替,不再单独设置。

（四）套管及检漏管

燃气管道在穿越铁路或其他大型地下障碍时,需采取敷设在套管或地沟内的防护措施进行施工。为判明管道在套管或地沟内有无漏气及漏气的程度,需在套管或地沟的最高点(比空气密度轻的燃气)或最低点(比空气密度重的燃气)设置检查装置,即检漏管。套管及检漏管的做法如图 5-7 所示。

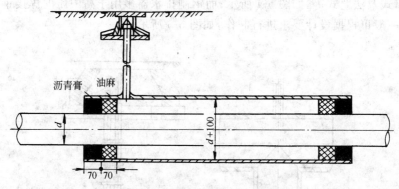

图 5-7　套管及检漏管安装示意图

（五）井室

为保证管网的安全运行与操作维修方便，地下燃气管道上的阀门一般都设置在井室中，凝水器、补偿器、法兰等附属设备、部件有时根据需要也需砌筑井室予以保护，井室作为地下燃气管道的一个重要设施，应坚固结实，具有良好的防水性能，并保证检修时有必要的操作空间。井室的砌筑目前大多采用钢筋混凝土底板和砖墙结构的砌筑方法，重要地段或交通繁重地段，宜采用全钢筋混凝土结构。井室结构如图 5-8 所示。

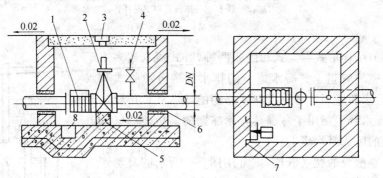

图 5-8　方形阀井结构图

1—波纹管补偿器；2—阀门；3—井盖；4—放散阀；
5—阀门底支座；6—填料层；7—爬梯；8—集水坑

三、城镇燃气管网系统中的各种站室

城镇燃气管网系统中的站室主要有燃气分配站、储气站、压送机站、调压计量站、阴极保护站等。这些站室可单独设置，也可合并设置（或部分合并设置）。其详细内容参见相关章节。

四、监控及数据采集系统

现代化的城镇燃气管网系统一般均应设置先进的监控及数据采集系统（简称 SCADA 系统），以实现整个系统的自动化运行，提高管理水平，并能安全、可靠、经济地对各类用户供气。SCADA 系统应采用电子计算机为基础的装备和技术，其设计应符合我国现行的标准，并与同期的计算机技术水平相适应。系统一般由主站、远端站、分级站、通信系统及其他附属设施组成。

主站（MTU）一般由微型计算机（主机）系统为基础构成。主机应具有图像显示功能，以使主站适合于管理监视的要求，应配有专用键盘以便于操作和控制，还需有打印机设备输出定时记录报表、事件记录和键盘操作命令记录,以提供完善的管理信息。主站应设在燃气企业调度服务部门,并宜与城市公用数据库连接。

远端站(RTU)一般由微处理机(单板机或单片机)加上必要的存储器和输入/输出接口等外围设备构成,完成数据采集或控制调节功能,有数据通信能力。所以,远端站是一种前端功能单元,应该按照气源点、储配站、调压站或管网监测点的不同参数测、控或调节需要确定其硬件和软件设计。远端站宜设置在区域调压站、专用调压站、管网压力监测点、储配站、门站和气源厂等。

对于规模较大的系统,在 MTU 和 RTU 之间有时还需增设中间层次的分级站,以减少MTU 的连接通道,节省通信线路投资。

SCADA 系统的应用软件宜配备实时瞬态模拟软件,对系统进行调度优化、泄漏检测定位、工况预测、存量分析、负荷预测及调度员培训等;设置监控及数据采集设备的建筑应符合现行的国家标准《计算机场地技术要求》(GB 2887)和《电子计算机机房设计规范》(GB 50174)以及《计算机机房用活动地板技术条件》(GB 6550)的有关规定;主站机房应设置可靠性较高的不间断电源和后备电源;远端站的设置应符合不同地点防爆、防护的相关要求。

第二节　城镇燃气管网的类型及选择

一、城镇燃气管网的压力级制

压力级制是指高压、次高压、中压、低压等不同压力级别管道的不同组合。据此,城镇燃气管网可分为:

(1) 一级系统:仅用低压管网来分配和供给燃气;

(2) 二级系统:由低压和中压 A 或中压 B 二级管网组成;

(3) 三级系统:由低压、中压 A、次高压 A 或 B 三级管网组成;

(4) 多级系统:由低压、中压 A、中压 B、次高压 A、次高压 B(或高压)等多级管网组成。

城镇燃气管网采用不同的压力级制,其原因如下:

管网采用不同的压力级制是比较经济的。因为燃气由较高压力的管道输送,管径可以选得小一些,单位长度的压力损失可以选得大一些,以节省管材。如由城市的一地区输送大量燃气到另一地区,则应采用较高的压力比较经济合理。有时对城市里的大型工业企业用户,也可敷设压力较高的专用输气管线。当然管网内燃气的压力增高了,输送燃气所消耗的能量也随之增加。

各类用户所需要的燃气压力不同。如居民用户和小型商业用户需要低压燃气,即使有单户调压器或楼栋调压装置时,一般也只与压力小于或等于中压的管道相连。而大多数工业企业则需要中压甚至高压燃气。

在城市未改建的老区,建筑物密集、街道狭窄、人口密度大,不宜敷设高压、次高压或中压 A 管道,只能敷设中压 B 和低压管道。同时大城市的燃气系统的建造、扩建和改建过程是要经过许多年的,所以在城市的老区原来燃气管道的压力,大都比近期建造的管道的压力为低。

二、城镇燃气管网系统的选择

城镇燃气管网系统的选择应本着安全可靠、经济合理的原则,综合考虑以下各种因素:

（1）气源情况，包括燃气的类型、性质、组分，供气量和供气压力，气源的布局、发展或更换气源的规划。

（2）城市规模、远景规划情况、街区和道路的现状和规划、建筑特点、人口密度、居民用户的分布情况。

（3）城市地理地形条件，敷设燃气管道时遇到天然和人工障碍物（如河流、湖泊、铁路等）的情况，以及城市地下管线和地下建筑物、构筑物的现状和改建、扩建规划。

（4）原有的城市燃气供应设施及储气设备情况。

（5）对不同类型用户的供气方针、气化率及不同类型的用户对燃气压力的要求。

（6）发展城市燃气事业所需的材料及设备的生产和供应情况。

全面考虑上述诸因素后，并经过技术、经济、环境等方面的综合比较和论证，确定最佳方案。

三、城镇燃气管网系统举例

（一）低压一级管网系统

如图 5-9 所示。燃气由气源厂进入低压储气罐，然后经稳压器，最后进入低压管网。

低压一级管网系统的特点是：

（1）输配管网为单一的低压管网，系统简单，维护管理容易；

（2）无需压送费用或只需少量的压送费用，当停电或压送机故障时，基本上不妨碍供气，供气可靠性好；

（3）对于供应区域大或供应量多的城镇，需敷设较大管径的管道，因而不经济。

因此，低压一级管网系统一般只适用于供应区域小，供气量不大的小城镇。

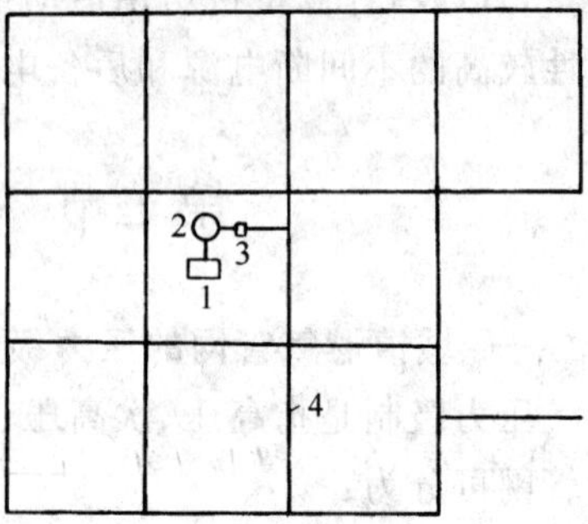

图 5-9　低压一级管网示意图
1—气源厂；2—低压储气罐；
3—稳压器；4—低压管网

（二）中压（A 或 B）—低压二级管网系统

图 5-10 为中压 B—低压二级管网系统。低压气源厂和储气柜供应的燃气经压送机加至中压，由中压管网输气，再通过区域调压器调至低压，由低压管道供给燃气用户。一般在系统中设置储配站以调节小时用气不均匀性。

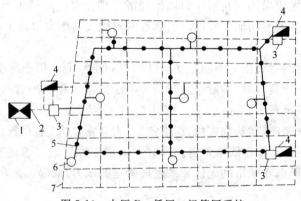

图 5-10　中压 B—低压二级管网系统
1—气源厂；2—低压管道；3—压送机站；4—低压储气罐站；
5—中压 B 管网；6—区域调压室；7—低压管网

78

中—低压二级管网系统的特点是：

（1）因输气压力高于低压一级管网系统，输气能力较大，可取较小的管径输送较多数量的燃气以减少管网的投资费用；

（2）只要合理设置中—低压调压器，就能维持比较稳定的供气压力；

（3）管网系统有中压和低压两种压力级别，而且设有压送机和调压器，因而维护管理复杂，运转费用较高；

（4）由于压送机运转需要动力，一旦储配站停电或其他事故，将会影响正常供应。

因此，中—低压二级管网系统适用于供应区域较大，供气量较大，采用低压一级管网系统不经济的大中型城镇。

（三）三级管网系统

图 5-11 为次高、中、低压三级管网系统。次高压燃气从气源厂或城市的天然气接收站（天然气门站）输出，由次高压管网输气，经次高—中压调压器调至中压，输入中压管网，再经中—低调压器调成低压，由低压管网供应燃气用户。一般在燃气供应区域内设置储气柜，用以调节小时不均匀性，但目前国外多采用管道储气调节用气的不均匀性。

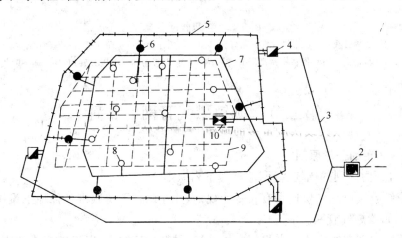

图 5-11　次高、中、低压三级管网系统

1—长输管线；2—天然气门站或气源厂；3—郊区次高压管道；4—储气罐站；5—城市次高压管网；
6—次高—中压调压站；7—中压管网；8—中—低压调压站；9—低压管网；10—煤气厂（低压）

（四）多级管网系统

图 5-12 为某特大型城市的多级管网系统。其气源是天然气，该城市的供气系统用地下贮气库、高压贮气罐站以及长输管线储气，天然气通过几条长输管线进入城市管网，两者的分界点是城市燃气配气站（门站），天然气的压力在该站降到 2.0MPa，进入城市外环的高压管网。该城市管网系统的压力分为五级，即低压、中压 A、中压 B、次高压 B 和高压 B，各级管网分别组成环状。

上述几种管网系统中，均采用区域调压站向低压环网供气的方式。此外，也可不设区域调压室，而在各街坊内设调压装置或设楼栋调压箱，向居民和公共建筑用户供应低压燃气。在有些国家允许采用中压或更高压力的燃气管道进户的供气方式，将调压器设在楼内或用气房间内，燃气经降压后直接供燃具使用。

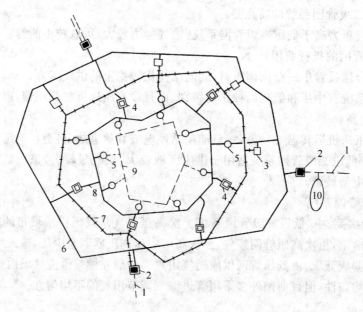

图 5-12　多级管网系统

1—长输管线；2—城市燃气配气站(门站)；3—调压计量站；4—储气罐站；5—调压站；
6—2.0MPa 的高压 B 环网；7—次高压 B 管网；8—中压 A 管网；9—中压 B 管网；10—地下贮气库

第三节　城镇燃气管网的布置

一、管网布置的一般原则

布置各种压力级别的燃气管网，应遵循下列原则：

（一）应结合城市总体规划和有关专业规划，并在调查了解城市各种地下设施的现状和规划基础上，布置燃气管网。

（二）管网规划布线应按城市规划布局进行，贯彻远近结合、以近期为主的方针；在规划布线时，应提出分期建设的安排，以便于设计阶段开展工作。

（三）应尽量靠近用户，以保证用最短的线路长度，达到最好的供气效果。

（四）应减少穿、跨越河流，水域、铁路等工程，以减少投资。

（五）为确保供气可靠，一般各级管网应成环路布置。

二、管网布置的依据

燃气管网在具体布置时，应考虑下列基本情况：

（一）管道中燃气的压力。

（二）地下管线及其他障碍物的密集程度与布置情况。

（三）道路交通量和路面结构情况，以及运输干线的分布情况。

（四）所输送燃气的含湿量，必要的管道坡度，街道地形变化情况。

（五）与该管道相连接的用户数量及用气量情况，以及该管道是主要管道还是次要管道。

（六）土壤性质、腐蚀性能和冰冻线深度。

（七）该管道在施工、运行和发生故障时,对交通、生产、生活等的影响。

三、高、中压管网的平面布置

高、中压管网的主要功能是输气,中压管网还有向低压管网各环网配气的作用。两者既有共同点,也有不同点。一般按以下原则布置:

（一）高压（或次高压）管道宜布置在城市边缘或市内有足够埋管安全距离的地带,并应连接成环网,以提高高压供气的可靠性。

（二）中压管道应布置在城市用气区便于与低压环网连接的规划道路上,但应尽量避免沿车辆来往频繁或闹市区的主要交通干线敷设,否则对管道施工和管理维修造成困难;中压管网一般也应布置成环网,以提高其输气和配气的安全可靠性。

（三）高、中压管道的布置,应考虑对大型用户直接供气的可能性,并应使管道通过这些地区时尽量靠近这类用户,以利于缩短连接支管的长度。

（四）高、中压管道的布置应考虑调压室的布点位置,尽量使管道靠近各调压室,以缩短连接支管的长度。

（五）从气源厂连接高压或中压管网的管道应采用双线敷设。

（六）长输高压管线不得与单个居民用户连接。

（七）由高、中压管道直接供气的大型用户,其用户支管末端必须考虑设置专用调压室的位置。

（八）高、中压管道应尽量避免穿越铁路或河流等大型障碍物,以减少工程量和投资。

（九）高、中压管道与建筑物、构筑物以及其他各种管道之间应保持必要的水平净距,见表 5-2。如受地形限制布置有困难,而又无法解决时,经与有关部门协商,采取行之有效的防护措施后,表中的净距可适当缩小,但次高压燃气管道距建筑物外墙面不应小于 3.0m,中压管道距建筑物基础不应小于 0.5m 且距建筑物外墙面不应小于 1m。

（十）高、中压管道是城市输配系统的输气和配气主要干线,必须综合考虑近期建设与长期规划的关系,以延长已经敷设的管道的有效使用年限,尽量减少建成后改线、增大管径或增设双线的工程量。

（十一）当高、中压管网初期建设的实际条件只允许布置成半环形,甚至为枝状管时,应根据发展规划使之与规划环网有机联系,防止以后出现不合理的管网布局。

四、低压管网的平面布置

低压管网的主要功能是直接向各类用户配气,是城市供气系统中最基本的管网。据此特点,低压管网的布置一般应考虑下列各点:

（一）低压管道的输气压力低,沿程压力降的允许值也较低,故低压管网的成环边长一般宜控制在 300~600m 之间。

（二）低压管道直接与用户相连,而用户数量随着城市建设发展而逐步增加,故低压管道除以环状管网为主体布置外,也允许存在枝状管道。

（三）为保证和提高低压管网的供气稳定性,给低压管网供气的相邻调压室之间的连通管道的管径,应大于相邻管网的低压管道管径。

（四）有条件时,低压管道宜尽可能布置在街坊内兼作庭院管道,以节省投资。

（五）低压管道可以沿街道的一侧敷设,也可以双侧敷设。在有轨电车通行的街道上,当街道宽度大于 20m、横穿街道的支管过多、或输配气量大,而又限于条件不允许敷设大口径管道时,低压管道可采用双侧敷设。

（六）低压管道应按规划道路布线,并应与道路轴线或建筑物的前沿相平行,尽可能避免在高级路面的街道下敷设。

（七）低压管道与建筑、构筑物以及其他各种管道之间也应保持必要的水平净距,见表5-2。如受地形限制布置有困难,而又无法解决时,经与有关部门协商,采取行之有效的防护措施后,表中规定的净距,均可适当缩小。

地下燃气管道与建筑物、构筑物或相邻管道之间的水平净距（m） 表 5-2

项 目		地下燃气管道				
		低 压	中 压		次 高 压	
			B	A	B	A
建筑物的	基 础	0.7	1.0	1.5	—	—
	外墙面(出地面处)	—	—	—	4.5	6.5
给 水 管		0.5	0.5	0.5	1.0	1.5
污水、雨水排水管		1.0	1.2	1.2	1.5	2.0
电力电缆 (含电车电缆)	直 埋	0.5	0.5	0.5	1.0	1.5
	在导管内	1.0	1.0	1.0	1.0	1.5
通 信 电 缆	直 埋	0.5	0.5	0.5	1.0	1.5
	在导管内	1.0	1.0	1.0	1.0	1.5
其他燃气管道	$DN \leqslant 300mm$	0.4	0.4	0.4	0.4	0.4
	$DN > 300mm$	0.5	0.5	0.5	0.5	0.5
热 力 管	直 埋	1.0	1.0	1.0	1.5	2.0
	在管沟内(至外壁)	1.0	1.5	1.5	2.0	4.0
电杆(塔)的基础	$\leqslant 35kV$	1.0	1.0	1.0	1.0	1.0
	$> 35kV$	2.0	2.0	2.0	5.0	5.0
通信照明电杆(至电杆中心)		1.0	1.0	1.0	1.0	1.0
铁路路堤坡脚		5.0	5.0	5.0	5.0	5.0
有轨电车钢轨		2.0	2.0	2.0	2.0	2.0
街树(至树中心)		0.75	0.75	0.75	1.2	1.2

五、管道的纵断面布置

（一）地下燃气管道埋设深度,宜在土壤冰冻线以下,管顶覆土最小厚度（路面至管顶）还应满足下列要求:

（1）埋设在车行道下时,不得小于 0.9m;

（2）埋设在非车行道（含人行道）下时,不得小于 0.6m;

（3）埋设在庭院（指绿化地及载货汽车不能进入之地）内时,不得小于 0.3m;

（4）埋设在水田下时,不得小于 0.8m;

当然,如果采取了行之有效的防护措施并经技术论证后,上述规定均可适当降低。

（二）输送湿燃气的管道,不论是干管还是支管,其坡度一般不小于 0.003。布线时,最好能使管道的坡度和地形相适应。在管道的最低点应设排水器。两相邻排水器之间的间距一般不大于 500m。在道路中间、交叉路口以及操作困难的地方，排水器应设置在附近合适的地点。

（三）燃气管道不得在建筑物和大型构筑物（架空的建筑物和构筑物除外）下面穿过，也不得在堆积易燃、易爆材料和具有腐蚀性液体的场地下面穿越。

（四）燃气管道不宜与其他管道或电缆同沟敷设；当需要同沟敷设时，必须采取相应的防护措施。

（五）燃气管道与其他各种构筑物以及管道相交时，应保持的最小垂直净距列于表 5-3。在距相交构筑物或管道外壁 2m 以内的燃气管道上不应有接头、管件和附件。

（六）地下燃气管道不宜穿过其他管道或沟槽本身，当必须穿过排水管、热力管沟、联合地沟、隧道及其他各种用途沟槽时，应将燃气管道敷设于套管内。套管伸出构筑物外壁的长度不应小于表 5-2 中燃气管道与该构筑物的水平净距。套管两端应采用柔性的防腐、防水材料密封。

地下燃气管道与构筑物或相邻管道之间的垂直净距(m)　　　　　　　　表 5-3

项　　目		地下燃气管道（当有套管时，以套管计）
给水管、排水管或其他燃气管道		0.15
热力管的管沟底（或顶）		0.15
电　缆	直　埋	0.50
	在导管内	0.15
铁 路 轨 底		1.20
有轨电车轨底		1.00

六、架空燃气管道的布置

城镇燃气管道一般为埋地敷设，当在工厂区内、特殊地段，或通过某些障碍物时，方采用架空敷设。室外架空的燃气管道，可沿建筑物外墙或支柱敷设，并应遵守下列规定：

（一）中压和低压燃气管道，可沿建筑耐火等级不低于二级的住宅或公共建筑的外墙敷设；次高压 B、中压和低压燃气管道，可沿建筑耐火等级不低于二级的丁、戊类生产厂房的外墙敷设。

（二）沿建筑物外墙的燃气管道距住宅或公共建筑门、窗洞口的净距：中压管道不应小于 0.5m，低压管道不应小于 0.3m。燃气管道距生产厂房建筑物门、窗洞口的净距不限。

（三）输送湿燃气的管道应采取排水措施，在寒冷地区还应采取保温措施。燃气管道坡向凝水罐的坡度不宜小于 0.002。

（四）架空燃气管道与铁路、道路及其他管线交叉时的垂直净距不应小于表 5-4 的规定。对于厂区内部的架空燃气管道，在保证安全的情况下，管底至道路路面的垂直净距可降至 4.5m；管底至铁路轨顶的垂直净距可降至 5.5m；另外，架空电力线与燃气管道的交叉垂直净距尚应考虑导线的最大垂度。

（五）在车辆和人行道以外的地区，可在从地面到管底高度不小于 0.35m 的低支架上敷设燃气管道。

（六）厂区内部的燃气管道沿支架敷设时，除遵守前述规定外，尚应符合现行的国家标准《工业企业煤气安全规程》GB 6222 的规定。

架空燃气管道与铁路、道路、其他管线交叉时的垂直净距　　　　表 5-4

建筑物和管线名称		最小垂直净距（m）	
		燃气管道下	燃气管道上
铁路轨顶		6.0	—
城市道路路面		5.5	—
厂区道路路面		5.0	—
人行道路路面		2.2	—
架空电力线	3kV 以下	—	1.5
	3~10kV	—	3.0
	35~66kV	—	4.0
其他管道	$DN \leqslant 300mm$	同管道直径，但不小于 0.10	同左
	$DN > 300mm$	0.30	0.30

七、燃气管道穿越铁路、河流等大型障碍物时的敷设要求

（一）燃气管道穿越铁路和高速公路

燃气管道不应与铁路和高速公路平行敷设，宜垂直穿越。穿越时，燃气管道外应加套管，套管的做法和要求如下：

（1）套管宜采用钢管或钢筋混凝土管；

（2）套管内径应比燃气管道外径大 100mm 以上；

（3）套管埋设的深度：穿越铁路时，铁路轨底至套管顶不应小于 1.20m，并应符合铁路管理部门的要求；穿越高速公路时，不应小于 0.9m；

（4）套管两端与燃气管的间隙应采用柔性的防腐、防水材料密封，其端部应装设检漏管，如图 5-7 所示；

（5）套管端部距铁路路堤坡脚外距离不应小于 1.20m，距高速公路边缘不应小于 1.0m。

（二）燃气管道穿越电车轨道和城镇主要干道

燃气管道宜垂直穿越电车轨道和城镇主要干道，并敷设在套管内，套管的做法和要求与前相同。也可敷设在地沟（也称过街沟）内，地沟的具体做法参见图 5-13。地沟两端应密封，在重要地段的地沟端部还应装设检漏管。

（三）燃气管道穿越河流

燃气管道通过河流时，可采用河底穿越、管桥跨越和沿桥敷设三种形式。

（1）河底穿越

燃气管道穿越河底时，应符合下列要求：

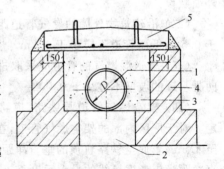

图 5-13　燃气管道地沟示意图

1—燃气管道；2—原土夯实；

3—填砂；4—砖墙沟壁；5—盖板

1）燃气管道宜采用钢管；

2）应尽可能从直线河段穿越，并与水流轴向垂直，从河床两岸有缓坡而又未受冲刷，河滩宽度最小的地方经过；

3）宜采用双管敷设，若管网可由另侧保证供气，或以枝状管道供气的工业用户在过河管检修期间，可用其他燃料代替的情况下，允许采用单管敷设；

4）穿越重要河流的燃气管道，应在两岸设置阀门；

5）燃气管道至规划河底的覆土厚度，应根据水流冲刷条件确定，对不通航河流应大于0.5m，对通航河流应大于1.0m，还应考虑疏浚和投锚的深度；

6）对水下部分的燃气管道应采取稳管措施，并经计算确定；

7）输送湿燃气的管道，应有不小于0.003的坡度，坡向河岸一侧，并在最低点处设排水器；

8）在埋设燃气管道位置的河流两岸上、下游应设立标志。

河底穿越的优点是不需保温与经常维修，缺点是施工费用高、损坏时修理困难。这种方式主要适用于气温较低的北方地区而且水流速度较小、河床和河岸较稳定的水域。

（2）管桥跨越

当燃气管道通过水流速度大于2m/s，而河床和河岸又不稳定的水域时，一般采用管桥跨越方式。常采用的管桥形式有：桁架式、拱式、悬索式、栈桥式等。

管桥跨越时，除应符合架空燃气管道敷设的一般要求外，还须采取如下的安全防护措施：

1）燃气管道应采用加厚的无缝钢管或焊接钢管，尽量减少焊缝，并对焊缝进行100%无损探伤；

2）燃气管道的支架（座）应采用不燃材料制做；

3）燃气管道应设置必要的补偿和减震措施；

4）跨越通航河流的燃气管道标高，应符合通航净空的要求，管架外侧应设置护桩；

5）过河架空的燃气管道向下弯曲时，向下弯曲部分与水平管夹角宜采用45°形式；

6）对管道应做较高等级的防腐保护。

（3）沿桥敷设

沿桥敷设，即将燃气管道敷设于已有的道路桥梁之上而跨越河流。当条件许可，并经技术经济比较后，可采用这种方式。

沿桥敷设时，应遵守架空燃气管道敷设的相关规定，及管桥跨越时应采取的安全防护措施，同时还须符合下列要求：

1）管道内燃气的输送压力不应大于0.4MPa；

2）在确定管道位置时，应与沿桥敷设的其他可燃的管道保持一定的间距；

3）对于采用阴极保护的埋地钢管与沿桥管道之间应设置绝缘装置。

沿桥敷设的特点是工程费用低，便于检查和维修；但安全性差，易受破坏，气温低时还需保温。因此，这种方式在我国的南方地区较多采用。

第四节　城镇燃气管网的水力计算

燃气管网的水力计算，即根据管道中燃气的性质、流动状态、计算流量及计算压力降等，最后确定管径的过程。

一、水力计算的基本公式

(一) 低压燃气管道

低压燃气管道的单位长度摩擦阻力损失应按下式计算：

$$\frac{\Delta P}{l} = 6.26 \times 10^7 \lambda \frac{Q^2}{d^5} \rho \frac{T}{T_0}$$

(5-1)

式中　ΔP——燃气管道的摩擦阻力损失(Pa)；

λ——燃气管道的摩擦阻力系数；

l——燃气管道的计算长度(m)；

Q——燃气管道的计算流量(m^3/h)；

d——管道内径(mm)；

ρ——燃气的密度(kg/m^3)；

T——设计中所采用的燃气温度(K)；

T_0——标准状态下的温度(273.15K)。

低压燃气管道的摩擦阻力系数 λ 宜按下式计算：

$$\frac{1}{\sqrt{\lambda}} = -2\lg\left[\frac{K}{3.7d} + \frac{2.51}{Re\sqrt{\lambda}}\right]$$

(5-2)

式中　$\lg$——常用对数；

K——管壁内表面的当量绝对粗糙度(mm)；

Re——雷诺数(无量纲)，$Re = \dfrac{d\omega}{\nu}$；

ω——燃气的流速(m/s)；

ν——标准状态下燃气的运动黏度(m^2/s)。

当摩擦阻力系数 λ 采用手算时，根据燃气在管道中不同的运动状态，其单位长度的摩擦阻力损失宜按下列公式计算：

(1) 层流状态：$Re \leqslant 2100$

$$\lambda = \frac{64}{Re}$$

(5-3)

$$\frac{\Delta P}{l} = 1.13 \times 10^{10} \frac{Q}{d^4} \nu\rho \frac{T}{T_0}$$

(5-4)

(2) 临界状态：$Re = 2100 \sim 3500$

$$\lambda = 0.03 + \frac{Re - 2100}{65Re - 10^5}$$

(5-5)

$$\frac{\Delta P}{l} = 1.9 \times 10^6 \left(1 + \frac{11.8Q - 7 \times 10^4 d\nu}{23Q - 10^5 d\nu}\right)\frac{Q^2}{d^5}\rho\frac{T}{T_0}$$

(5-6)

(3) 湍流(紊流)状态：$Re > 3500$

1) 钢管

$$\lambda = 0.11\left(\frac{K}{d} + \frac{68}{Re}\right)^{0.25}$$

(5-7)

$$\frac{\Delta P}{l} = 6.9 \times 10^6 \left(\frac{K}{d} + 192.2 \frac{d\nu}{Q} \right)^{0.25} \frac{Q^2}{d^5} \rho \frac{T}{T_0} \tag{5-8}$$

2）铸铁管

$$\lambda = 0.102236 \left(\frac{l}{d} + 5158 \frac{d\nu}{Q} \right)^{0.284} \tag{5-9}$$

$$\frac{\Delta P}{l} = 6.4 \times 10^6 \left(\frac{l}{d} + 5158 \frac{d\nu}{Q} \right)^{0.284} \frac{Q^2}{d^5} \rho \frac{T}{T_0} \tag{5-10}$$

（二）次高压、中压燃气管道

次高压、中压燃气管道的单位长度摩擦阻力损失应按下式计算：

$$\frac{P_1^2 - P_2^2}{L} = 1.27 \times 10^{10} \lambda \frac{Q^2}{d^5} \rho \frac{T}{T_0} Z \tag{5-11}$$

式中 P_1——燃气管道起点的绝对压力(kPa)；

  P_2——燃气管道终点的绝对压力(kPa)；

  Z——压缩因子，当燃气压力（表压）小于 1.2MPa 时，Z 取 1；

  L——燃气管道的计算长度(m)。

摩擦阻力系数 λ 宜按式(5-2)计算，当采用手算 λ 时，应根据燃气管道的不同材质分别按下列公式计算单位长度的摩擦阻力损失：

（1）钢管：λ 按式(5-7)计算：

$$\frac{P_1^2 - P_2^2}{L} = 1.4 \times 10^9 \left(\frac{K}{d} + 192.2 \frac{d\nu}{Q} \right)^{0.25} \frac{Q^2}{d^5} \rho \frac{T}{T_0} \tag{5-12}$$

（2）铸铁管：λ 按式(5-9)计算：

$$\frac{P_1^2 - P_2^2}{L} = 1.3 \times 10^9 \left(\frac{l}{d} + 5158 \frac{d\nu}{Q} \right)^{0.284} \frac{Q^2}{d^5} \rho \frac{T}{T_0} \tag{5-13}$$

（三）高压燃气管道

高压燃气管道的单位长度摩擦阻力损失应按现行的国家标准《输气管道工程设计规范》GB 50251 的有关规定计算。

二、燃气管道水力计算图表

为简化燃气管道的水力计算，通常将摩阻系数 λ 值的公式代入基本计算公式，并据此制成计算图表或数表。参见附录 3 至附录 8。

三、局部阻力和附加压头

（一）局部阻力

当燃气流经三通、四通、弯头、变径异形管、阀门等管路附件时，会产生额外的压力损失，称局部阻力或局部压力降。在进行城镇燃气管网计算时，局部阻力一般以沿程阻力的5%～10%估算；而有些情况如室内、厂、站等的燃气管道，由于管路附件较多，局部损失所占的比例较大，需详细计算。计算公式如下：

$$\Delta P = \Sigma \zeta \frac{W^2}{2} \rho_0 \tag{5-14}$$

式中 ΔP——局部阻力(Pa)；

W——燃气流速(m/s);

ρ_0——燃气密度(kg/Nm³);

$\Sigma\zeta$——管段中局部阻力系数的总和。ζ值通常通过实验求得,各种常用管件及附件的局部阻力系数可参考表5-5。

用公式(5-14)计算局部阻力比较复杂,实际计算时常采用下面的简化公式:

$$\Delta P = \Sigma\zeta\alpha Q_0^2 \tag{5-15}$$

式中　ΔP——局部阻力(Pa);

Q_0——燃气流量(Nm³/h);

$\Sigma\zeta$——管段中局部阻力系数的总和;

α——与燃气密度、管径有关的常数,当$\rho=0.71\ kg/Nm^3$,$T=273K$,对应各种管径的α值如表5-6所示。

局部阻力系数ζ值　　　　　　　　　　　　表 5-5

局部阻力名称		ζ　值					
90°直角弯头	直径	15	20	25	32	40	≥50
	ζ值	2.2	2.1	2.0	1.8	1.6	1.1
90°光滑弯头		0.3					
三通直流		1.0					
三通分流		1.5					
四通直流		2.0					
四通分流		3.0					
异径管(大小头)	变径比	0~0.50		0.55~0.70		0.75~0.85	0.90~1.00
	ζ值	0.50		0.35		0.20	0
旋塞阀	直径	15	20	25	32	40	≥50
	ζ值	4	2	2	2	2	2
截止阀(内螺纹)	直径	25~40		50		≥65	
	ζ值	6.0		5.0		4.0	
闸板阀(楔式)	直径	50~100		125~200		≥300	
	ζ值	0.50		0.25		0.15	
止回阀(升降式)		7.0					
排水器		$DN50\sim125$,$\zeta=2.0$;$DN150\sim600$,$\zeta=0.50$					

局部阻力的α值　　　　　　　　　　　　表 5-6

管径(mm)	15	20	25	32	40	50
α	0.879	0.278	0.114	0.0424	0.0174	0.00712
管径(mm)	75	100	150	200	250	300
α	0.00141	4.45×10^{-4}	8.79×10^{-5}	2.78×10^{-5}	1.14×10^{-5}	5.49×10^{-6}

也可用当量长度法来计算局部阻力,当量长度 L_2 可按下式确定:

$$\Delta P = \Sigma \zeta \frac{W^2}{2} \rho_0 = \lambda \frac{L_2}{d} \cdot \frac{W^2}{2} \rho_0$$

$$L_2 = \Sigma \zeta \frac{d}{\lambda} \tag{5-16}$$

对于 $\zeta = 1$ 时各不同直径管道的当量长度可按下法求得:根据管段内径,燃气流速及运动粘度求出 Re,判别流态后采用不同的摩阻系数 λ 的计算公式,求出 λ 值,而后可得

$$l_2 = \frac{d}{\lambda} \tag{5-17}$$

实际工程中通常根据此式,对不同种类的燃气制成图表,见图 5-14,可查出不同管径、不同流量时的当量长度。管段的计算长度则为

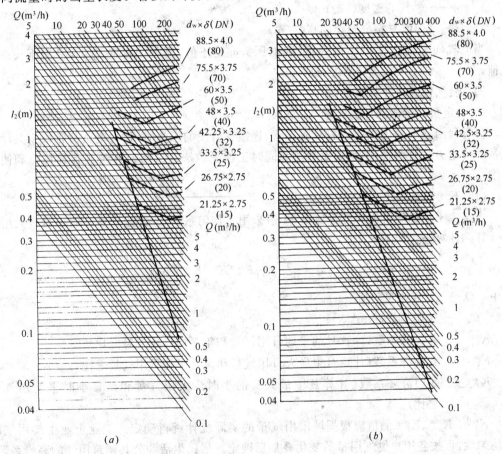

图 5-14 当量长度计算图($\zeta = 1$)

(a) 人工燃气(标准状态时 $\nu = 25 \times 10^6 \, \text{m}^2/\text{s}$);($b$) 天然气(标准状态时 $\nu = 15 \times 10^6 \, \text{m}^2/\text{s}$)

d_w—管道外径(mm);δ—管壁厚度(mm);DN—公称直径(mm)

$$L = L_1 + L_2 = L_1 + \Sigma \zeta l_2 \tag{5-18}$$

式中　L_1——管段的实际长度(m)。

计算室内燃气管道的局部阻力时,也可以沿程阻力的百分数估算,下列数据可供参考:

引入管——25%;

立管——20%；

支管（1～2m）——450%；支管（3～4m）——200%；支管（5～7m）——120%；支管（8～12m）——50%。

（二）附加压头

由于燃气与空气的密度不同，当管段始末两端存在高差时，在燃气管道中将产生附加压头（也称附加压力）。附加压头可由下式计算：

$$\Delta P = g(\rho_a - \rho_g)\Delta H \tag{5-19}$$

式中　ΔP——附加压头（Pa）；

　　　g——重力加速度（m/s²）；

　　　ρ_a——空气的密度（kg/m³）；

　　　ρ——燃气的密度（kg/m³）；

　　　ΔH——管段末端与始端的高差（m）。

当燃气向上流动时，ΔH 值为正，附加压头亦是正值；反之，ΔH 值为负，附加压头亦为负值。

四、燃气管道的计算流量

（一）定负荷管段的计算流量

当管段沿途不输出燃气，用户（或支管）连接在管段的末端时，称为定负荷管段。其计算流量的确定方法有两种：不均匀系数法和同时工作系数法。这两种方法各有其特点和使用范围。

（1）不均匀系数法

确定主干线燃气管道的计算流量，一般采用不均匀系数法，即按计算月的小时最大用气量计算。计算公式如下：

$$Q = \frac{Q_a}{365 \times 24} K_1^{max} K_2^{max} K_3^{max} \tag{5-20}$$

式中　Q——计算流量（Nm³/h）；

　　　Q_a——年用气量（Nm³/a）；

　　　K_1^{max}——月高峰系数（计算月的平均日用气量和年平均日用气量之比）；

　　　K_2^{max}——日高峰系数（计算月中最大日用气量和该月平均日用气量之比）；

　　　K_3^{max}——小时高峰系数（计算月中最大日的小时最大用气量和该日小时平均用气量之比）。

K_1^{max}、K_2^{max}、K_3^{max} 的值应根据城市用气量的实际统计资料确定。工业企业生产用气的不均匀性，可按各用户燃气用量的变化叠加后确定。居民生活和公共建筑用气的高峰系数，当缺乏用气量的实际统计资料时，结合当地具体情况，可按下列范围选用：K_1^{max} 取 1.1～1.3，K_2^{max} 取 1.05～1.2，K_3^{max} 取 2.2～3.2。

（2）同时工作系数法

确定庭院燃气支管和室内燃气管道的计算流量时，应根据所有燃具的额定流量及其同时工作系数确定。计算公式如下：

$$Q = \Sigma K_0 Q_n N \tag{5-21}$$

式中　Q——计算流量（Nm³/h）；

K_0——同类型燃具或同类型组合燃具的同时工作系数,按总户数选取,参见表 5-7 和表 5-8;

N——同类型燃具或同类型组合燃具数;

Q_n——同类型燃具或同类型组合燃具的额定流量(Nm^3/h)。

居民生活用双眼灶和热水器的同时工作系数 K_0 表 5-7

同类型燃具数目 N	燃气双眼灶	燃气双眼灶和快速热水器	同类型燃具数目 N	燃气双眼灶	燃气双眼灶和快速热水器
1	1.00	1.00	40	0.39	0.18
2	1.00	0.56	50	0.38	0.178
3	0.85	0.44	60	0.37	0.176
4	0.75	0.38	70	0.36	0.174
5	0.68	0.35	80	0.35	0.172
6	0.64	0.31	90	0.345	0.171
7	0.60	0.29	100	0.34	0.17
8	0.58	0.27	200	0.31	0.16
9	0.56	0.26	300	0.30	0.15
10	0.54	0.25	400	0.29	0.14
15	0.48	0.22	500	0.28	0.138
20	0.45	0.21	700	0.26	0.134
25	0.43	0.20	1000	0.25	0.13
30	0.40	0.19	2000	0.24	0.12

注:1. 表中"燃气双眼灶"是指一户居民装设一个双眼灶的同时工作系数;当每一户居民装设两个单眼灶时,也可参照本表计算。

2. 表中"燃气双眼灶和快速热水器"是指一户居民装设一个双眼灶和一个快速热水器的同时工作系数。

居民生活用热水器的同时工作系数 K_0 表 5-8

燃具数 N	1	2	3	4	5	6	7	8	9	10
同时工作系数 K_0	1.00	0.56	0.44	0.38	0.35	0.31	0.29	0.27	0.26	0.25
燃具数 N	15	20	30	40	50	90	100	200	1000	2000
同时工作系数 K_0	0.22	0.20	0.18	0.15	0.14	0.13	0.12	0.11	0.10	0.09

(二) 变负荷管段的计算流量

管道沿途输出燃气的管段称为变负荷管段。这种情况多见于低压分配管网,由于连在低压管道上各用户用气负荷的原始资料通常很难详尽和确切,而只能知道街坊或区域的总的用气负荷。在确定这种管段的计算流量时,将沿程输出的燃气流量称为途泄流量(Q_1),流经管段送至末端不变的流量称为转输流量(Q_2)。

在燃气管网计算中可以认为,途泄流量是沿管段均匀输出的,则管段单位长度的途泄流量为

$$q = \frac{Q_1}{L} \tag{5-22}$$

式中　q——单位长度的途泄流量$[Nm^3/(m \cdot h)]$；

　　　Q_1——途泄流量(Nm^3/h)；

　　　L——管段长度(m)。

途泄流量只包括大量的居民用户和小型公共建筑用户，如果用气负荷较大的用户也连在该管段上，则应看作集中负荷来进行计算。假定在供气区域内居民用户和小型公共建筑用户是均匀分布的，则途泄流量可按下述步骤计算：

（1）在供气的范围内，按不同的居民人口密度划分成小区；

（2）分别计算各小区的用气量，以居民人口数乘以每人每小时的燃气计算流量$e(Nm^3/$人·h$)$，e值与生活水平、用气规律、用气设备类型、有无集中采暖和供热水等因素有关；

（3）计算出各管段的单位长度途泄流量q；

（4）确定管段的途泄流量，即单位长度途泄流量e乘以管段长度L（如该管段向两侧区域均需供气，则应是两边的单位长度途泄流量之和乘以管长）。

计算出途泄流量和转输流量后，即可确定管段的计算流量。确定计算流量的原则是，以计算流量Q求得的管段压力降与实际压力降相等。其计算公式如下：

$$Q = \alpha Q_1 + Q_2 \tag{5-23}$$

式中　Q——计算流量(Nm^3/h)；

　　　Q_1——途泄流量(Nm^3/h)；

　　　Q_2——转输流量(Nm^3/h)；

　　　α——与途泄流量和转输流量之比、沿途支管数有关的系数，一般取 0.55。

五、燃气管道的计算压力降

（一）低压管网的计算压力降

在城镇燃气管网中，用户一般和低压管网直接连接。由于管网负荷是随着时间而变化的，当调压器出口压力为定值时，随着负荷的降低，管道中流量减小，压力降也随之减小，因而用户处的压力将增大；当管网负荷增加，管网中的流量达到计算工况时，管道中压力降达到最大，管网末端处用户的压力将降到最小；当负荷为零时，所有用户的压力都将等于调压器的出口压力，达到最大值。因而管网的计算压力降等于用户处压力的最大波动范围。

用户处的最大压力和最小压力分别为燃具的最大允许压力和最小允许压力，若用燃具的额定压力乘以一系数表示，则可写成：

$$P_{\max} = k_1 P_n, \quad P_{\min} = k_2 P_n \tag{5-24}$$

式中　$P_{\max}$、$P_{\min}$——燃具的最大和最小允许压力；

　　　k_1、k_2——最大压力系数和最小压力系数；

　　　P_n——燃具的额定压力。

$$\Delta P = P_{\max} - P_{\min} = (k_1 - k_2)P_n \tag{5-25}$$

通过实验研究表明，一般保证在用燃具正常工作，同时考虑到在高峰期一部分燃具不宜在过低负荷下工作，k_1 取 1.5，k_2 取 0.75 比较合适。这样低压管网压力降为

$$\Delta P = (k_1 - k_2)P_n = (1.5 - 0.75)P_n = 0.75 P_n$$

低压燃气管网总计算压力降及其分配可参考表 5-9。

低压燃气管网的计算压力降及分配　　　　　　　　　　表 5-9

燃气类别	燃具额定压力 (Pa)	总压降 (Pa)	干管压降 (%)	支管压降 (%)	燃气表压降 (%)	表后管压降 (%)
人工燃气	800~1000	600~750	50~60	20~25	10~15	10~15
天然气	2000	1500	50~60	20~25	10~15	10~15
液化石油气	2800~3000	2100~2250	50~60	20~25	10~15	10~15

（二）高、中压管网的计算压力降

高、中压管网只有通过调压器才能与低压管网或用户相连。因此，高、中压管网中的压力波动，实际上并不影响低压用户的燃气压力。

确定高、中压管网末端最小压力时，应保证和其相连接的调压站能通过用户在高峰时的用气量。当高、中压管网与中压引射式燃烧器连接时，燃气压力需保证这种燃烧器的正常工作。中压引射式燃烧器的额定压力见表 5-10。此外，还要考虑专用调压装置的压力降及工业用户管道阻力损失，通常取 $(0.5 \sim 1.0) \times 10^5$ Pa，这样即可确定高、中压管网的最小压力。

由高、中压管网的最大压力（始端压力）与最小压力即可求得其计算压力降。在具体设计时，还应考虑到个别管段可能发生故障，故在选择计算压力降时应根据具体情况留有适当的压力储备。

中压引射式燃烧器的燃气额定压力(kPa)　　　　　　　表 5-10

人　工　燃　气	天　然　气	液　化　石　油　气
10 或 30	20 或 50	30 或 100

六、燃气管网的水力计算步骤

（一）枝状燃气管网的水力计算

枝状燃气管网的水力计算一般可按下列步骤进行：

（1）对管网的节点和管段编号；

（2）根据管线的平面和纵断面布置图及用气情况，确定管网各管段的计算流量；

（3）根据给定的允许压力降及由于高程差而造成的附加压头确定管线单位长度的允许压力降；

（4）根据管段的计算流量及单位长度允许压力降选择管径；

（5）根据所选定的标准管径，求沿程阻力和局部阻力，计算总的压力降；

（6）检查计算结果。若总的压力降未超过允许值，并趋近允许值，则认为计算合格，否则应适当变动管径，重新计算，直到总压力降小于并尽量趋近允许值为止。

（二）环状燃气管网的水力计算

环状管网由一些封闭成环的管道组成，输送到某管段的燃气同时可由一条或几条管道供给，因而其流量可以任意分配。另外，在环状管网中变更某一管段的直径时，会引起所有其他管段流量的重新分配，并改变管网内各点的压力值。所以，环网的计算与枝状管网有很大的不同，一般采用如下步骤：

（1）在已知用户用气量和已定管网平面布置图的基础上，计算整个供气范围内集中负荷的用气量和单位长度的途泄流量；

（2）计算管网各管段的途泄流量；

（3）假定环网各管段中的燃气流向；确定燃气流向时，首先确定零点，选择零点的原则是使从供气点到用户的燃气流经的距离为最短，气流方向总是流离供气点，而不应逆向流动；

（4）根据拟定的燃气流向，从零点开始，逐一推算各管段的计算流量；

（5）由管网的允许压力降和供气点至零点的管道长度，求得单位长度平均压力降（局部阻力损失通常取沿程阻力损失的10％），据此可选择各管段的管径；

（6）根据选定的管径，计算各管段的实际压力降以及各环的闭合差；由于选择管径时每段管段不可能完全符合单位长度平均压力降的要求，则初步计算所得结果也不可能符合环网压力降闭合差为零的条件，因此必须进行环网的平差计算；

（7）进行校正计算（即水力平差计算），使所有封闭环网压力降的代数和等于零或接近于零，达到工程容许的误差范围；

（8）绘制水力计算图，图中标明各管段的编号、长度、管径、流量、压降等。

高、中压环网与低压环网的计算方法，没有原则性的区别。高（中）压环网各管段的计算流量中通常没有途泄流量，而只有集中负荷，只给大型用户或调压室供气，这是与低压环网的不同点。另外对高（中）压环网的工作可靠性要求也较高，必须考虑到能引起水力工况改变的各种事故发生的可能性，因为发生事故时必须立即关断管网的某些部分，并转为事故情况下的工况。而低压环网发生事故时对用户影响较小，因为低压管网在消除大多数事故时不必关断管段，而在有必要关断时，宜将主要的修复工作改在对用户影响最小的时间内进行。

第五节　城镇燃气管网的运行管理

将燃气安全地、不间断地供给所有用户是城镇燃气管网运行管理的基本任务。管网在投入运行前需进行置换，投入运行后应经常对管道及其附属设施检查、维护，出现事故或故障时及时抢修，以保证燃气管道及设施的完好并确保用户的燃气供应。

一、燃气管道的置换

新建燃气管道投入使用前，要将燃气输入管道内，并将管内空气排出去。此时，燃气管道内将出现混合气体，所以对管道内混合气体的置换必须在严密的安全技术措施保证前提下方可进行。

（一）置换方法

置换的方法有两种：直接置换法和间接置换法。直接置换法是指直接将燃气输入管道内对管内空气进行置换；间接置换法则是用惰性气体（如氮气、二氧化碳等）先将管内空气置换，然后再输入燃气置换。前者操作方便、迅速，在新建管道与原有燃气管道连通后，可利用燃气的工作压力直接排放管内空气，当置换到管道内燃气含量达到合格标准（取样合格）后，即可正式投产使用，因而在工程中得到广泛应用；后者比较安全可靠，但是费用较高、程序复杂，当置换量大时惰性气体很难供应，故一般很少采用。

（二）置换的安全要求

用燃气直接置换管内空气时,燃气与空气的混合气体随着燃气输入量的增加,其浓度可达到爆炸极限,此时遇到火种就会发生爆炸,所以必须采取相应的安全措施。首先,置换空气的速度须控制在 5m/s 以下(速度的大小是通过压力来控制的),因为如果流速过高,气流会与管壁摩擦产生静电,同时,残留在管内的碎石、铁渣等硬块会随着高速气流在管道内滚动、碰撞,产生火花,为燃气爆炸创造条件;当然,流速也不宜过低,因为过低会延长置换时间。此外,还应采取一些其他的安全措施,具体如下:

(1)各置换放散点要按规定围出一定区域,闲杂人员不得围观。

(2)所使用的各种工具,必须是不能发生火星的工具。

(3)各放散点至少应有两人以上,并配置对讲机及时联系。

(4)阀门井内操作必须遵守阀井操作规程:第一,必须用风力灭火机向井下吹 5min 后,方可下井;第二,下井人员必须系安全带、戴长管呼吸器,当阀门井内闻到燃气臭味时,应用肥皂水检漏,找出漏点,及时处理;第三,井上必须有人监护;第四,阀门井井盖必须全部打开。

(5)放散点上空有架空电力、电缆线时,应将放散管延伸避让。

(6)在置换时,燃气的压力不能快速升高;因为当阀门快速开启时容易在置换管道内产生涡流,出现燃气抢先至放散(取样)孔排出,会产生取样合格的假象。因此,开启阀门时应缓慢逐渐进行,边开启边观察压力变化情况。

(7)置换工作不宜选择在夜间与阴雨天进行,因阴雨天气压较低,置换过程中放散的燃气不易扩散,故一般选择在天气晴朗的上午为好。大风天气虽然能加速气体扩散,但应注意下风侧的安全措施。

(8)遇雷雨天则必须暂停置换。

(9)发现异常现象,应及时报告现场指挥部,及时处理。

(10)现场安全措施落实。对邻近放散点居民、工厂单位逐一宣传并检查,清除火种隐患。并发布安民告示,在置换时间杜绝火种,关闭门窗,建立放散点周围 20m 以上的安全区。

(三)置换的顺序

管道置换的顺序一般为:首先置换门站或储配站,其次是高压管道,然后是中压,最后置换低压管道及室内。

(四)管道试样的检测

当嗅到燃气臭味时,即可用橡皮袋取样进行检测,试样检测合格后,置换工作方告结束。判断试样合格的标准是:当管内混合气体中燃气含量(容积)已大于爆炸上限时,为合格;反之,为不合格。判断的方法一般有两种:

(1)点火检验。将放散管上取到燃气的橡皮袋,移至远离现场安全距离外,然后点燃袋内的燃气,若不能点燃或火焰呈预混式燃烧(蓝色火焰),说明管道内还有较多的空气,置换不合格;若火焰呈扩散式燃烧(桔黄色火焰),则说明管内空气已基本置换干净,达到合格标准。

(2)检测混合气体的含氧量。取样后,用氧气检测仪检验,若含氧量小于 1%,为合格;含氧量大于 1%,为不合格。

实践中,为保证结果的准确性,一般要重复检测 3 次。每次均合格后,停止置换。

置换工作完成后,应立即关闭放散阀、拆除放散管、拆下安装的压力表并检漏,防止压力表连接处漏气。最后,要对通气管道作全线检查,并重点检查距离居民住宅较近的管道,看是否有燃气泄漏现象。一旦发现问题,应及时处理,不留隐患。

二、燃气管道及附属装置的日常维护

对燃气管道及附属装置的日常维护,应制订巡查周期和维修制度。巡查和维修周期,应根据管材、工作压力、防腐等级、连接形式、使用年限和周围环境(人口密度、地质、道路情况、季节变化)等因素综合考虑。

(一)燃气管道的维护

管道维护的内容主要是巡查和检查。燃气管道巡查应包括下列内容:

(1)管道安全保护距离内不应有土壤塌陷、滑坡、下沉、人工取土、堆积垃圾或重物、管道裸露、种植根深植物及搭建建(构)筑物等;

(2)管道沿线不应有燃气异味、水面冒泡、树草枯萎和积雪表面有黄斑等异常现象或燃气泄出声响等;

(3)不应有因其他工程施工而造成管道损坏、管道悬空等,施工单位应向城镇燃气主管部门申请现场安全监护;

(4)不应有燃气管道附件丢失或损坏;

(5)应定期向周围单位和住户询问有无异常情况。

在巡查中发现上述现象,应及时采取有效的保护措施,并查清情况记录上报。

燃气管道检查应符合下列规定:

(1)泄漏检查可采用仪器检测或地面钻孔检查。当道路结构无法钻孔时,也可从管道附近的阀井、窨井或地沟等地下构筑物检测;

(2)对设有电保护装置的管道,应定期测试检查;

(3)管道达到设计使用年限一半时,应对管道选点检查;管道超过使用年限,应加强定期检查,估测其继续使用年限,并加强巡查和泄漏检查;

(4)供气高峰季节应选点测查管网高峰供气压力,分析管网运行工况,发现故障应及时排除,对供应不良的管网应提出改造措施。

(二)管道附件和设备的维护

(1)调压器的维护 调压器的巡查内容,应为调压器运行压力工况,调压器附属装置、仪器、仪表运行工况和调压室内有无泄漏等异常情况;调压器及其附属设备应定期进行清洗、校验,对易损部件应按时更换、保养;新投入运行和保养修理后的调压器,必须经过调试,达到技术标准后方可投入运行;

(2)阀门的维护 阀门的巡查内容,应为阀门有无燃气泄漏、腐蚀现象,阀井有无积水,有无妨碍阀门作业的堆积物等;阀门应定期进行启闭性能试验、更换填料、加油和清扫及阀井的维修;无法启闭或关闭不严的阀门,应及时维修或更换。

(3)排水器的维护 排水器应定期排放积水,排放时不得空放燃气,在道路上作业时,应设作业标志;应经常检查排水器护盖、排水装置有无泄漏、腐蚀和堵塞,有无妨碍排水作业的堆积物等;排水器排出的污水不得随地排放,并应收集处理。

(4)补偿器、过滤器等设备的维护 对补偿器应进行接口严密性检查、注油、更换填料、排放积水及补偿量调整等;对过滤器也应进行接口严密性检查,并检查过滤器前后压差,定期排污、拆卸、清洗；对安全阀应定期校验其起跳、回座性能及密闭性能；水封式安全装置应定期检查水位。

三、燃气管道的检漏及修理

（一）燃气管道的检漏

管道的检漏是城镇燃气管网运行管理的重要内容之一。

对于地上或室内管道，一般可凭嗅觉来发现有臭味燃气的泄漏，也可凭视觉及声响或往焊缝和接头上涂肥皂液的方法来确定漏气的位置；在用气的房间或厂房内可设置燃气报警器，在燃气泄漏达一定浓度时发出警报。

对于埋地燃气管道，由于埋在地下，处于隐蔽状态，如果发生漏气，泄漏的燃气会沿地下土层孔隙扩散，使查漏工作十分困难。但可以根据燃气浓度的大小，确定大致的漏气范围。一般用下列方法查找：

（1）钻孔查漏　定期沿着燃气管道的走向，在地面上每隔一定距离（一般为 $2\sim6m$）钻一孔，钻孔深度不小于 $0.5m$，然后用嗅觉或检漏仪进行检查。可根据竣工图查对钻孔处的管道埋深，防止钻孔时损坏管道和防腐层。发现有漏气时，再用加密孔眼辨别浓度，判断出比较准确的漏气点。对于铁道、道路下的燃气管道，可通过检查井或检漏管检查是否漏气。

（2）挖探坑检漏　一般在管道位置或接头位置上挖探坑，露出管道或接口后，用皂液检查是否漏气。探坑的选择，应结合影响管道漏气的原因综合分析而定。挖探坑后，即使没有找到漏气点，也可根据坑内燃气气味的浓淡程度，大致确定漏气点的方位，从而缩小查找范围。

（3）地下管线的井、室检查　地下燃气管道漏气时，燃气会从土层的孔隙渗透至各类地下管线的窨井内，在查漏时，可将检查管插入各类窨井内，凭嗅觉或检漏仪器检测有无泄漏燃气。

（4）植物生态观察　对邻近燃气管道的花草、树木、农作物等的生态观察，也是查漏的有效措施。如有泄漏，燃气扩散到土壤中，将引起植物的枝叶变黄，甚至枯死。

（5）利用排水器的排水量判断检查　燃气管道的排水器须定期进行排水。若发现水量骤增，情况异常，应考虑是否地下水渗入排水器，由此推测燃气管道可能破损泄漏，须进一步开挖检查。

（6）仪器检漏　各种类型的燃气检漏仪是根据不同燃气的物理、化学性质设计制造的，有利用燃气与某种化学试剂接触时使试剂改变颜色的指示器，有利用燃气与空气具有不同扩散性质的扩散式指示器，也有利用燃气与空气对于红外线具有不同吸收能力的红外线检漏仪，以及利用放射性同位素来检测漏气地点的检漏仪等。实践中应用较广的有：

1）半导体检漏仪（又称嗅敏检漏仪）

如图 5-15 所示。用金属氧化物（如二氧化锡、氧化锌、氧化铁等）半导体作为检测元件（也

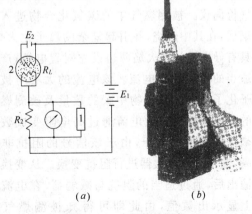

图 5-15　半导体检漏仪

（a）半导体检漏仪电路图；

（b）XP—702 型半导体检漏仪外观图

1—报警装置；2—半导体元件

称嗅敏半导体元件),在预热到一定温度后,如果与燃气接触,就会在半导体表面产生接触燃烧的生成物,从而使其电阻发生显著变化。经过放大、显示或报警电路,就会将被检测气体的浓度转换成电讯号指示出来。

2) 热触媒检漏仪

如图 5-16 所示。利用铂螺旋丝作为触媒,遇泄漏的燃气,会在其表面发生氧化作用,氧化时所产生的能量会使铂丝温度上升,引起惠斯顿电桥 4 个桥臂之一的铂丝电阻变化,使电桥各臂电阻值的比例关系失去平衡,电流计指针产生偏移,指示出不同的电流值。

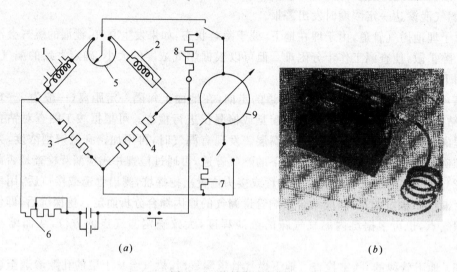

(a)　　　　　　　　　　　　　　　　　　(b)

图 5-16　热触媒检漏仪

(a)热触媒检漏仪电路图;(b)XP—304 型热触媒检漏仪外观图

1—测量箱电桥臂;2—比较箱电桥臂;3、4、7、8—线圈电阻;5—零电阻器;6—可变电阻;9—指示器

3) 氢焰离子检漏仪

氢焰离子检漏仪是利用碳氢化合物进入氢焰后,使氢焰的导电性增大的原理制成的燃气检漏仪。被测燃气中的碳氢化合物进入氢焰后,在其中燃烧,并引起复杂的离子化火焰,具有导电性。在火焰两边设立对置电极,产生适当的电场和微电流。该电流的大小与被离子化了的碳氢化合物中碳的数量及被测燃气的流速成比例。微电流通过高电阻变成数十毫伏到数伏的电压,由于该信号的阻抗非常高,输至功率放大器进行阻抗变换。从变换器输出后,通过适当的阻抗与减弱器,在电流表上显示出数值,由此即可得知被测燃气的浓度。

利用此原理做成车载式、小推车及便携式三种适用不同使用场所的燃气检漏仪。图

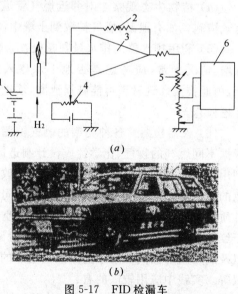

(b)

图 5-17　FID 检漏车

(a)FID 检漏车原理图;(b)FID 检漏车外观图

1—电源;2—电阻;3—电表;
4—调零装置;5—减震器;6—记录器

5-17为车载式氢焰离子检漏仪(即FID检漏车)。

（二）燃气管道泄漏修理

（1）铸铁管泄漏修理

1）青铅接口修理

首先将漏气接口处泥土清洗干净，用敲铅凿沿接口整个圆周依次敲击，使接口青铅密实而不漏气。如果敲击后接口青铅凹瘪5mm以上，应用尖凿在接口青铅上凿若干小孔，然后补浇热熔青铅。热熔青铅温度应大于700℃，待凝固后，再用敲铅凿敲击，直到平整为止。需要注意的是，修补青铅接口，若只敲击漏气点，会重又发生漏气；冷铅条或热熔温度不高的青铅也不能使用，因其不能与接口青铅熔成一体，仍会发生漏气。

2）水泥接口修理

将漏气接口的水泥全部剔除，保留第一道油麻，然后清洗接口间隙，浇灌热熔青铅，改为青铅接口。敲实后，即可承受压力，恢复通气。

3）机械接口修理

挖出漏气接口后，可将压兰上的螺母拧紧，使压兰后的填料与管壁压紧密实。如果漏气严重，对有两道胶圈（密封圈与隔离圈）的接口，可松开压兰螺栓，将压兰后移，拉出旧密封圈，换入新密封圈，然后将压兰推入，重新拧紧压兰螺栓即可。

4）砂眼修理

可采用钻孔、加装管塞的方法进行修理。

5）裂缝修理

可采用夹子套筒（钢制或铸铁均可）修理。夹子套筒是由两个半圆形管件组成，其长度应比裂缝长50cm以上。将它套在管道裂缝处，在夹子套筒与管子外壁之间用密封填料填实，然后用螺栓连接，拧紧即可。

6）损坏管段更换

当损坏的管段较长时，应予以切除，更换新管。更换长度应大于损坏管段的50cm以上。

（2）钢管泄漏修理

1）管内衬里修漏法

管内衬里修漏法可分为管内气流衬里法、管内液流衬里法、管内反转衬里法等几种。

管内气流衬里法，是指将快干性的环氧树脂用压缩空气送入管内，在其尚未固化前，送入维尼龙纤维粘附于环氧树脂表面，再用压缩空气连续地将高粘度的液状树脂送入管内，沿管壁流动，形成均匀的、厚约1.0～1.5mm的薄膜而止漏。这种方法不论管径变化或有弯头、三通等均可修理，适用于$DN15～DN80$的低压钢管，一次修理长度约50m。

管内液流衬里法，是指将常温下能固化的环氧树脂送入管内，再用约0.07MPa压力的空气流推入两个工作球，在管内即可形成一层均匀的树脂薄膜而止漏。这种方法适用于$DN25～DN80$低压钢管的漏气修理，一次修理长度约40m左右。但是，管内若有积水、铁屑等杂质时，不可用这种方法修理。

管内反转衬里法，是指用压缩空气将引导钢丝送入待修的管道内，在聚酯衬里软管内注入胶粘剂，一面从前端牵拉引导钢丝，同时从后端送入压缩空气，衬里软管就会在待修管内顺利反转并粘贴在管道内壁。由于衬里软管具有伸缩性，故在管道弯曲部位也可粘贴完好。

这种方法适用于同一管径且无分支管的 $DN25\sim DN150$ 的低压钢管、铸铁管,其一次修理长度可达100m。另外,这种方法只需在修理管段两端开挖工作坑,勿须开挖路面,因而得到广泛的应用。

2) 管外修漏法

对于埋地钢管的螺纹接口或裂缝,可先用钢丝刷刷净漏气接口或裂缝处,然后直接用粘胶带缠绕补漏,必要时还可在外面再加缠防腐绝缘胶带。也可用毛线(纤维)缠绕螺纹接口处,然后涂上密封剂,使之被毛线吸收渗透后固化而密封。

(3) 塑料管泄漏修理

当管道漏气或损坏范围很小时,最简单的修理方法是将损坏处切断,然后用一个电熔套筒连接起来;若范围较大,则必须切除损坏管段而以新管替换,最后一个焊口一定要用电熔套筒连接。

当修补塑料管上的损坏孔时,可使用改造后的鞍形电熔管件带气修补。具体操作如下:卸下刀具外帽,将带电热丝的鞍型管件按鞍形连接的要求对正损坏孔,固定在损坏的管上(应注意此时泄漏的燃气经刀具孔泄漏),接通电源将管件焊接在损坏管段上,待冷却后,再装上管帽并拧紧。

修理操作时,要特别注意塑料管道上可能存在静电,应有可靠措施将静电导入地下。

四、燃气管道阻塞及消除

(一) 积水

人工燃气大多未经脱水处理,在输送过程中随着温度降低,煤气中的水蒸气会逐渐凝结成水,顺着管道的坡度流入管道最低的排水器内。对每个排水器应建立详细位置卡片和抽水记录,将排水日期和水量记录下来,作为确定或调整排水周期的依据,并且还可以尽早发现地下水渗入等异常情况。

人工燃气中的焦油、酚等有害杂质也会与凝结水一起聚积在排水器内。排放这样的水会造成污染,因此须用槽车抽储、运送至水处理厂集中处理。

(二) 渗水

当地下水压力比管内燃气的压力高时,可能由管道接口不严处、腐蚀孔或裂缝等处渗入管内,这种现象称为地下燃气管渗水。渗水一般多发生在年久失修、管道受到腐蚀和破损之处,或由于施工质量问题造成的接口松动处等。

当渗水量较小时,可以缩短抽水周期以维持管内畅通;当排水器内水量急剧增加时,可关断可疑管段,压入高于渗入压力的燃气,并找出渗漏之处,再作补漏处理。

(三) 袋水

由于管基不均匀沉陷或建筑物的沉降,燃气中的冷凝水会在管道下沉的部位积存起来,造成供气不良,影响正常供气,这种现象称为袋水,如图5-18(引入管处袋水)所示。

如果发现调压器出口低压自动记录纸上的压力线呈锯齿形或用户燃气灶的火焰跳动,就表明管道内积水或袋水。

一般的处理方法是:在管线上选点测压(如选择用排水器

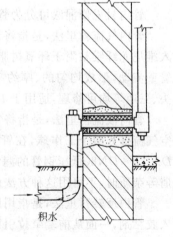

积水

图5-18 引入管袋水示意图

100

管测压时,应事先将排水器内积水抽尽,以正确反映压力),搜集压力异常资料,同时了解该管段附近是否有其他地下管线或建筑物施工,以致管基松动或路面承受过载荷重,道路沉陷使管线下沉,坡度变化。然后,在压力异常或道路有异常情况之处挖出管线,经水平尺核对后,找出袋水位置。提高管段,校正坡度,填塞夯实管底,并对提高校正管段接口逐一检查,保证密封完好。如受条件限制,无法校正坡度时,可在袋水的最低点加装排水器解决。

对于引入管袋水,可将引入管挖出,缩短进户立管,恢复引入管坡度,使弯头部位积水顺利流入支管,集中在排水器内,并定时排放。

（四）积萘

人工燃气中常含有一定量的萘蒸气,温度降低就凝成固体,附着在管道内壁,使燃气管断面减小或阻塞。在寒冷季节,萘常积聚在管道弯曲部分或地下管道接出地面的支管处。

当出现积萘时,可用下列方法清除：

（1）可用喷雾法将加热的石油、挥发油或粗制混合二甲苯等喷入管内,使萘溶解流入排水器,再由排水器排出。

（2）由于萘能被700℃的温水溶解,因此可将管段的两端隔断,灌入热水或水蒸气将萘除去,但这种方法会使管道热胀冷缩,容易使铸铁管接口松动,因此清洗后,必须作严密性试验。

（3）低压干管的积萘一般都是局部的,可将阻塞部分的管段挖出、切断后,用特制的钢丝刷进行清扫。

（4）用户进户立管的积萘,一般采用真空泵将萘吸出。

当然,要从根本上解决管道中积萘的问题,应根据《城镇燃气设计规范》的规定,严格控制出厂燃气中萘的含量。

（五）其他杂质

管内除了水和萘以外,还会有尘土、铁锈屑和焦油等杂质,这些杂质常积聚在弯头、阀门或排水器处,影响正常输气,甚至造成管道堵塞。

清除杂质的一般办法是对管道进行分段清洗。一般每50m左右作为一清洗段,可在割断的管内用人力摇动、绞车拉动、特制刮刀及钢丝刷等办法,沿管道内壁将它刮松并刷净。在清除管内壁时,还应注意管壁上可能有腐孔,不要在清除时扎透而造成漏气。管道弯头、阀门和排水器如有阻塞,可拆下清洗。

对于大管径、无支管的管段,也可采用清管球法清洗。清管球法的具体要求,参见第四章第一节《清管装置》部分。

五、燃气管网图档资料管理

图档资料管理,也是燃气管网运行管理的内容之一。因为,燃气工程的绝大部分属于隐蔽工程,当对燃气管网进行维护、检修或遇燃气管线发生故障需立即抢修时,必须迅速地、准确地找出地下燃气管线及其附属设备的位置,这就需要有一套完整、准确的管线图档资料。因此,城镇燃气管网运行管理部门应收集各类燃气管道工程资料,建立管道和设备档案。

管道工程图档资料一般包括项目批准文件、设计资料、开工报告、施工记录、工程验收记录、竣工报告、竣工图、管线平面详图、管线系统图、特殊工程断面图和其他必要的工程图。设备图（卡）记录内容应包括设备型号、位置、连接形式、设置日期、编号、施工单位及工程负责人、运行工况、维护记录等。

另外,对运行管理中(如抢修、维护、监护等)的内容及过程,也应当记录并建档,成为燃气管网图档资料的一部分。

燃气管网抢修时,应首先记录下列内容:事故报警记录;事故发生的时间、地点和原因等;事故类别(中毒、火警、爆炸等);事故造成的损失和人员伤亡情况;参加抢修的人员情况;工程抢修概况及修复日期。然后将抢修任务书(包括执行人、批准人、工程草图等)、动火申报批准书(记录)、抢修记录、事故鉴定记录、抢修质量鉴定记录等与前述内容一并建档。

对燃气管道及设备巡查时,应记录下列内容:巡查周期、时间、地点(范围)、异常情况、记录人以及违章、险情上报记录。

管道设备维修作业的资料应包括下列内容:维修、更新和改造计划;维修记录;管道设备的拆除、迁移和改造工程图档资料等。

管道设备的监护应包括下列内容:配合其他工程的管道监护记录(包括管位、管坡保护措施)、在管位上违章搭建处理记录、燃气运行压力记录等。

第六章 燃气的储存与压送

燃气在供应过程中,由于供气量和用气量在时间上存在着很大的不平衡,因此必须将低峰用气时多余的燃气储存起来,高峰用气时压送出去,以补偿燃气消耗量之不足,从而保证各类用户安全稳定用气。

燃气储存的方式主要有储气罐储存、管道储存、管束储存、地下储存及低温液化储存等。

第一节 储 气 罐 储 存

一、储气罐的作用

储气罐的作用有以下六个方面:

(1) 解决燃气生产与使用不平衡的矛盾;

(2) 当发生意外事故(如停电、设备暂时故障等),保证有一定的供气量;

(3) 混合不同组分的燃气,使燃气性质(成分、热值、燃烧特性等)均匀;

(4) 对间歇循环制气设备起缓冲、调节、稳压作用;

(5) 回收高炉煤气及其他可燃、可用废气;

(6) 对工业企业用户供气时,由于工业窑炉一般采用高压或中压燃烧,需经压缩机加压,此时压缩机进口则设置储气罐稳压及保持稳定的安全储存量。

二、储气罐的分类

储气罐按储存压力、密封方式及结构形式分类见表6-1。

储 气 罐 分 类　　　　　　　表 6-1

按储气压力分类	按密封方式分类	按结构形式分类
高压储气罐		圆筒形(立式或卧式)
		球　　形
低压储气罐	湿式(水封)	直立升降式、螺旋升降式
	干式	稀油密封型(MAN 型)
		润滑脂密封型(KLONEEN 型)
		橡胶夹布帘型(WIGGINS 型)

三、低压储气罐

(一) 低压湿式罐

湿式罐是在水槽内放置钟罩和塔节,钟罩和塔节随着燃气的进出而升降,并利用水封隔断内外气体来储存燃气的容器。罐的容积随燃气量的变化而变化。

根据罐的结构不同,低压湿式罐又有直立升降式(简称直立罐)和螺旋升降式(简称螺旋罐)两种。

（1）直立罐

直立罐的结构如图 6-1 所示。它是由水槽、钟罩、塔节、水封、顶架、导轨、导轮、立柱、外导轨框架、增加压力的加重装置及防止造成真空的装置等组成。

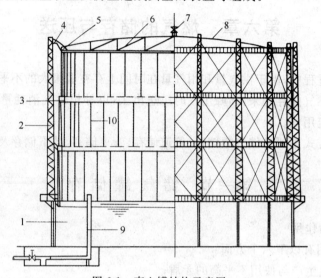

图 6-1　直立罐结构示意图

1—水槽；2—外导轨框架；3—水封环；4—导轮；5—顶环；
6—顶架；7—放散阀；8—顶板；9—进出气管；10—立柱

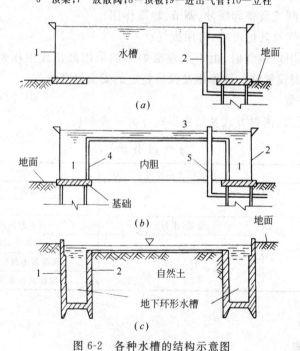

图 6-2　各种水槽的结构示意图

（a）地上满堂水槽

1—水槽壁；2—进出气管

（b）地上内胆式环形水槽

1—环形水槽；2—水槽外壁；3—内胆顶；4—水槽内壁；5—进出气管

（c）地下双壁沉井式水槽

1—沉井外壁；2—沉井内壁

水槽通常是由钢板或钢筋混凝土制成。其形式有地上式和地下式两种。地上式水槽又分为"满堂水"和环形两种,如图 6-2(a)、(b)所示;地下式水槽常采用双壁沉井式,如图 6-2(c)所示。一般中、小型储气罐和地基条件比较好的地区都采用"满堂水"式的水槽。大型储气罐和地基条件比较差的地区一般采用"内胆式"环形水槽或地下双壁沉井式水槽,其特点是荷重小、基础沉降量少、造价较低。水槽的附属设备有人孔、溢流管、进出气管、给水管、垫块、平台、梯子及在寒冷地区防冻用的蒸气管道等。

钟罩和塔节是储存燃气的主要结构,由钢板制成,每节的高度与水槽高度相当,总高度约为直径的 60%～100%;钟罩顶板上的附属装置有人孔、放散管,人孔应设在正对着进气管和出气管的上部位置,放散管应设在钟罩中央最高位置。

水封设于各塔节之间,是湿式储气罐的密封机构,由上挂圈和下杯圈组成,见图 6-3。上挂圈和下杯圈之间形成"U"形水封,达到气密效果。为防止水封在挂钩和脱钩时"跑气",应根据各节压力及水封间隔(即图 6-3 中的 A、B、C 宽度),在下杯圈的外圈板上开一定数量的不同高度的溢水孔。

导轮与导轨是湿式储气罐的升降机构。导轮数量按储气罐升足时承受风力、半边雪载及地震力等条件计算确定。导轨与导轮的数量相等。且其数量应均能被 4 整除。

立柱是储气罐钟罩及塔节侧壁板的骨架。未充气时承受钟罩及塔节的自重,其断面由稳定计算控制。

外导轨框架是储气罐升降的导向装置,它既承受钟罩及塔身所受的风压,又作为导轮垂直升降的导轨。外导轨框架一般在水槽周围单独设置。另外,在外导轨框架上还设有与塔节数相应的人行平台,同时可作为横向支承梁。

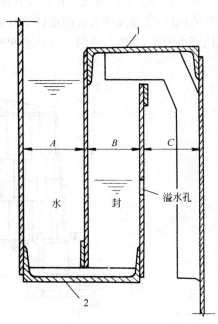

图 6-3　水封结构示意图
1—上挂圈;2—下杯圈

顶环,即钟罩穹顶与侧壁板交界处的结构,是储气罐的重要结构。顶环的受力特点是:无气时承受顶板、顶架自重和雪载,使顶环受拉;充气后,顶环在内部气压和钟罩各节自重的作用下受压。

顶架的主要作用是安装和支撑顶板,未充气时承受顶板、顶架自重和雪载。充气后,顶板受气压作用与顶架脱离,顶架承受其自重和径向压力。顶架的结构一般为拱架或桁架。

直立罐的主要技术经济指标参见表 6-2。

(2)螺旋罐

螺旋罐没有外导轨框架,罐体靠安装在侧板上的导轨与安装在平台上的导轮相对滑动产生缓慢旋转而上升或下降,其他结构与直立罐基本相同,如图 6-4 所示。

直立罐主要技术经济指标   表 6-2

公称容积 (m³)	有效容积 (m³)	单位耗钢 (kg/m³)	单位投资 (元/m³)	压力 (Pa)	节数 (包括钟罩)	总高度 (m)	水槽直径 (m)	水槽高度 (m)
600	630	57.51	128.09	1960	1	14.5	17.48	7.4
6000	6100	32.39	64.13	1580	1	24.0	26.88	11.8
10000	10100	28.35	60.07	1270/1880	2	29.5	27.93	9.8

注：单位投资为参考数据，应根据设计时的实际费用调整。

螺旋罐的主要优点是比直立罐节省金属 15%～30%，且外形较为美观。但是不能承受较强的风压，故在风速太大的地区不宜采用；此外，其施工允许误差较小，基础的允许倾斜或沉陷值也较小，导轮与轮轴往往产生剧烈磨损。

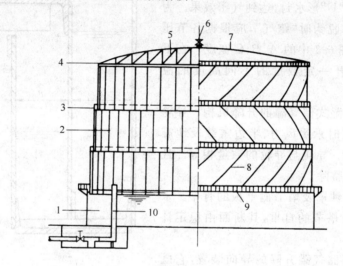

图 6-4 螺旋罐结构示意图

1—水槽；2—立柱；3—水封环；4—顶环；5—顶架；
6—放散阀；7—顶板；8—导轨；9—导轮；10—进出气管

螺旋罐的主要技术指标参见表 6-3。

螺旋罐主要技术经济指标   表 6-3

公称容积 (m³)	有效容积 (m³)	单位耗钢 (kg/m³)	单位投资 (元/m³)	压力(Pa)	节数(包 括钟罩)	总高度 (m)	水槽直径 (m)	水槽高 度(m)
5000	6050	32.90	88.00	无配重 1520/2200 有配重 3480/4000	2	23.47	25.00	8.02
10000	10825	19.97	67.20	无配重 1460/2300 /12830 有配重 2810/3550/4000	2	30.67	30.00	8.02
20000	23367	19.53	48.25	无配重 1250/1850 /2250 有配重 2100/2600/3000	3	31.67	39.10	8.02

公称容积 (m³)	有效容积 (m³)	单位耗钢 (kg/m³)	单位投资 (元/m³)	压力(Pa)	节数(包 括钟罩)	总高度 (m)	水槽直径 (m)	水槽高 度(m)
50000	53570	14.71	37.40	1240/1810/2350/2720	4	42.57	50.00	8.52
100000	106110	11.62	30.40	1180/1620/2040/2400	4	50.30	64.00	9.80
150000	166000	9.14	19.93	1060/1530/2000/ 2450/2800	5	68.03	67.00	11.28
200000	206750	9.26	23.23	1200/1580/1960/ 2330/2640	5	60.45	80.00	9.50

注：单位投资为参考数据，应根据设计时的实际费用调整。

(二) 低压干式罐

干式罐是指不用水封，而采用其他密封方式的储气罐，也称无水储气罐。根据密封方式和结构形式的不同，干式罐可分为三种类型。

(1) 稀油密封型(MAN 型)干式罐

也称曼型或阿曼阿恩型，其结构如图 6-5 所示。它是由钢制正多边形外壳、活塞、密封机构、底板、柜顶(包括通风换气装置)、密封油循环系统、进出口燃气管道、安全放散管、外部电梯、内部吊笼等组成。活塞随燃气的进入与排出，在壳体内上升或下降。支承于活塞外缘的密封机构(见图 6-6)紧贴壳体侧板内壁同时上升或下降。其中的密封油借助于自动控制系统始终保持一定的油位，形成油封，使燃气不会逸出。燃气压力由活塞自重或在活塞上面增加配重所决定。目前，此种储气罐的最高压力可达 6400Pa。曼型干式罐的各项参数，参见表 6-4。

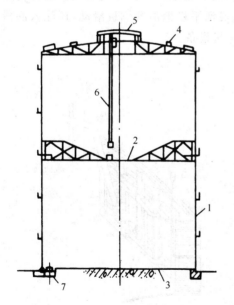

图 6-5 曼型干式罐的构造
1—外筒；2—活塞；3—底板；4—顶板；
5—天窗；6—梯子；7—燃气入口

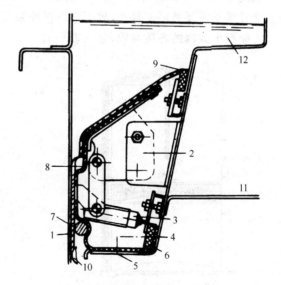

图 6-6 曼型干式罐的密封结构
1—滑板；2—悬挂支托；3—弹簧；4—主帆布；
5—保护板；6—压板；7—挡木；8—悬挂帆布；
9—上部覆盖帆布；10—冰铲；11—活塞平台；12—活塞油杯

容积（m³）	角数	边长（mm）	最大直径（mm）	侧板高（mm）	供油装置数量
5000	8	6500	16985	28300	1
20000	14	5900	26514	43000	2
50000	20	5900	37715	53051	3
100000	20	7000	44747	73217	4
150000	24	7000	53629	76526	4
200000	26	7000	58073	85510	4
250000	22	8824	62003	94350	5
300000	24	8824	67603	94867	5
400000	26	8824	73206	107000	6

（2）润滑脂密封型（KLONEEN 型）干式罐

也称干油型、可隆型，其结构如图 6-7 所示。它的侧板为圆筒形，侧板的外部设有加强用的基柱，以承受风压和内压。罐顶作成球缺形状。为了使活塞板具有更大强度，往往将其设计成碟形。活塞的外周由环状桁架所组成，在活塞外周的上下配置两个为一组的木制导轮，以防止活塞同侧板摩擦而引起火花。活塞为圆形，它能够沿着侧板自由旋转，故其上下滑动的阻力很小而且可避免严重倾斜。活塞上放置了为增高燃气压力用的配重块，其最大工作压力可达 8500Pa。

可隆型干式罐采用干式密封的方法，如图 6-8 所示。由橡胶和棉织品薄膜制成的密封垫圈安装在活塞的外周，借助于连杆和平衡重物的作用紧密地压在侧板内壁上。这种构造已经满足了气体密封的要求，但为了使活塞能够更灵活平稳地沿着侧板滑动，还注入润滑脂。这种罐不需要循环密封油，故不必设置油泵及电机设备。

可隆型干式罐的各项参数，参见表 6-5。

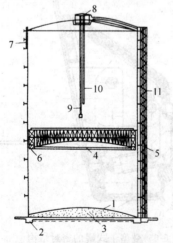

图 6-7 可隆型干式罐的构造

1—底板；2—环形基础；3—砂基础；4—活塞；
5—密封垫圈；6—加重块；7—放散管；8—换气装置；
9—内部电梯；10—电梯平衡块；11—外部电梯

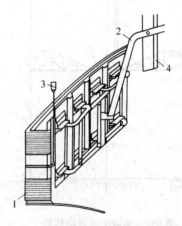

图 6-8 可隆型干式罐的密封结构

1—密封垫圈；2—连杆；
3—润滑脂注入口；4—活塞梁

可隆型干式罐的各项参数　　　表 6-5

序　号	容积（m³）	储气压力（Pa）	燃气种类	高度（mm）	直径（mm）
1	40000	5000	炼焦煤气	50028	35200
2	70000	4250	高炉煤气	56092	44800
3	80000	6500～7500	高炉煤气	63250	44800
4	100000	4000～5000	高炉煤气	74284	44800
5	100000	6000	高炉煤气	76000	44800
6	150000	4000	高炉煤气	84896	51200
7	150000	6000	高炉煤气	88000	51200
8	150000	8000	高炉煤气	85596	51200
9	150000	8500	高炉煤气	87000	51200

（3）橡胶夹布帘型（WIGGINS 型）干式罐

也称威金斯型，其主要构造有底板、侧板、顶板、可动活塞、套筒式护栏、活塞护栏及为了保持气密作用而特制的密封帘和平衡装置等，如图 6-9 所示。

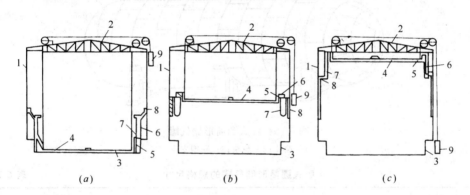

图 6-9　威金斯型干式罐的构造

（a）储气量为零（b）储气量为最大容积的一半（c）储气量为最大容积

1—侧板；2—罐顶；3—底板；4—活塞；5—活塞护栏；6—套筒式护栏；

7—内层密封帘；8—外层密封帘；9—平衡装置

威金斯型干式罐的密封机构由橡胶夹布帘和套筒式护栏组成。其工作原理是：无气时活塞全部落在底板上，当充气达到一定压力值后，活塞上升，带动套筒式护栏同时上升，活塞与护栏之间的橡胶夹布帘随活塞及护栏的升降作卷上卷下的变形，起密封气体的作用。这种密封方式要求钢制圆筒形外壳侧板自下部起 1/3 高度必须气密，但其余 2/3 高度不要求气密。因此可根据需要灵活设置洞口，既可作为通风罩使用，又便于进入活塞上部检查保养，管理方便。其储气压力最高可达 6000Pa。

威金斯型干式罐的各项参数，参见表 6-6。

威金斯型干式罐的的各项参数 表 6-6

公称容积(m³)	直径(mm)	高度(mm)	钢材耗量(t)
10000	28346	18898	220
50000	46573	38100	750
100000	59740	46939	1400
140000	65227	53340	1920

四、高压储气罐

高压储气罐是靠改变其中燃气的压力来储存燃气的,其几何容积固定不变,因而也称定容储罐。由于定容储罐没有活动部分,因此结构比较简单。

高压罐按其形状可分为圆筒形和球形两种。

(一)圆筒形储气罐

圆筒形罐是由钢板制成的圆筒体和两端封头构成的容器。封头可为半球形、椭圆形和碟形。圆筒形罐根据安装的方法可以分为立式和卧式两种。前者占地面积小,但对防止罐体倾倒的支柱及基础要求较高。后者占地面积大,但支柱和基础做法较为简单。卧式储罐罐体一般设钢制鞍型支座,安装在混凝土基础上,支座与基础之间要能滑动,以防止罐体热胀冷缩时产生局部应力。图 6-10 为卧式圆筒形储气罐的示意图。其规格尺寸参见表 6-7。

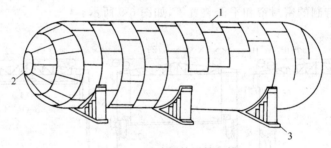

图 6-10　卧式圆筒形储气罐
1—筒体;2—封头;3—鞍型支座

卧式圆筒形储气罐的规格尺寸　表 6-7

序　号	公称容积(m³)	几何容积(m³)	公称直径(mm)	总长(mm)	封头尺寸(mm)	
					直边长度	曲面高度
1	10	10.10	1600	5304	40	400
		10.40	1800	4404	40	450
2	20	20.60	2000	6908	40	500
		20.60	2200	5808	40	550
3	30	30.07	2200	8308	40	550
		30.01	2400	7060	40	600
4	50	50.14	2400	11512	40	600
		49.60	2600	9812	40	650
		50.60	2800	8716	40	700
5	100	99.80	2800	16716	40	700
		101.10	3000	14844	50	750

（二）球形储气罐

球形罐通常由分瓣压制的钢板拼焊组装而成。罐的瓣片分布颇似地球仪，一般分为极板、南北极带、南北温带、赤道带等，如图 6-11 所示。

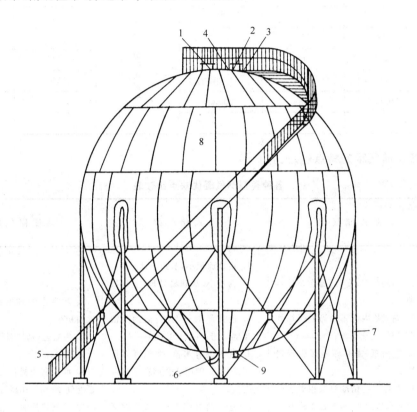

图 6-11　球形储气罐

1—人孔；2—气体或液体进口；3—压力计；4—安全阀；
5—梯子；6—气体或液体出口；7—支柱；8—瓣片；9—冷凝水排出口

罐的支座一般采用赤道正切式支柱、拉杆支撑体系，以便把水平方向的外力传到基础上。设计支座时应考虑到罐体自重，风压、地震力及试压的充水重量，并应有足够的安全系数。燃气的进出气管一般安装在罐体的下部，但为了使燃气在罐体内混合良好，有时也将进气管延长至罐顶附近。为了防止罐内冷凝水及尘土进入进、出气管内，进出气管应高于罐底。为了排除积存于罐内的冷凝水，在罐的最下部，应安装排水管。储罐除安装就地指示压力表外，还要安装远传指示控制仪表。此外根据需要可设置温度计。罐上的人孔应设在维修管理及制作均较方便的位置，一般在罐顶及罐底各设置一个。罐顶还必须设置安全阀及防雷静电接地装置。

球形罐与圆筒形罐相比较，圆筒形罐的单位金属耗量大，但是球形罐制造较为复杂，制造安装费用也高，所以一般小容量的储罐多选用圆筒形罐，而大容量的储罐则多选用球形罐。球形罐的规格尺寸参见表 6-8。

球形储气罐的规格尺寸　　　　　　　表 6-8

序　号	公称容积(m³)	几何容积(m³)	内径(mm)	支座形式	支柱根数	分带数
1	200	188	7100		6	5
2	400	408	9200		8	5
3	1000	975	12300	赤道正切柱式支座	10	5
4	2000	2025	15700		12	7
5	3000	3054	18000		15	7
6	4000	4189	20000		15	7
7	5000	4989	21200		15	7

五、各类储气罐的特点(参见表 6-9)

各种类型储气罐优缺点比较表　　　　　　表 6-9

	湿式储气罐	干式储气罐	高压储气罐
优点	1. 结构简单,安装、操作及保养方便; 2. 储气罐内部不会形成爆炸性混合气体,安全可靠; 3. 造价低,非采暖地区运行费用极少; 4. 制作安装精度要求相对于干式罐和高压罐低,施工难度较小; 5. 小容量的储气罐采用湿式罐比较经济合理	1. 占地面积小,节约土地; 2. 荷重小,基础易处理,土建投资少; 3. 使用年限长,其寿命约为湿式罐的 2 倍; 4. 因为没有水槽,燃气可以保持干燥状态,因而适合储存已脱湿的燃气; 5. 密封油凝固点低,寒冷地区也不需采取防冻采暖措施; 6. 适合大容量的储气,且单位耗钢量随容量的增大而减少	1. 耗钢量少(球形罐最少),占地面积小; 2. 重量轻,基础费用较湿式和干式罐少; 3. 可以利用罐内压力直接输送燃气,特别是在高压制气、高压净化、高压输配的工艺条件下,用高压储气更为经济合理
缺点	1. 荷重大,基础费用高; 2. 使用年限较短,其寿命约为干式罐的一半; 3. 占地面积大,不利于节约土地; 4. 对于寒冷地区必须采取防冻采暖措施,增加了运行管理费用	1. 一次投资大,容量越小越不经济; 2. 需经常监视活塞运行情况及活塞上部空间是否有爆炸性混合气体产生,运行管理复杂; 3. 制作安装精度要求较高,施工需高空作业,难度较大	1. 中、低压供气系统需用压缩机加压方能存入,耗能较多,运行管理费用高; 2. 这类储气罐属于高压容器,制作安装精度要求较高,施工难度大

第二节　燃气的其他储存方法

一、管道储存

管道储存,是指在高压供气系统中,利用管道中较高的压力与供气压力之差,达到储气之目的。供气低峰时,将多余的燃气储存在高压供气管道内,高峰时再从高压管道内输出,将输气和储存结合在了一起,是一种比较理想的储气方法。但是,它有局限性,只有具备高压输配供气的条件下才能实现。

管道储存主要适用于长输管线末端储气。其储气的原理及储气量的确定参见第三章第三节。

二、管束储存

管束储存是高压储气的一种,是用直径较小(目前一般 1.0～1.5m)、长度较长(几十米或几百米)的若干根乃至几十根钢管按一定的间距排列起来,压入燃气进行储存。在陆地上和海运天然气船上都可用这种方法储存燃气。例如,英国某高压储配站,就用一排 17 根管径为 1.10m、长度为 320m、压力为 0.68～6.8MPa 的钢管束来储存燃气;日本曾用管径为 lm、长度为 15m、压力为 14～15MPa 的钢管组成管束安装在船上,运送气相天然气。

管束储存的最大特点是由于管径较小,其储存压力可以比圆筒形和球形高压储气罐的压力更高,因而更经济、效率更高,但是相应的技术要求也更高。

三、地下储存

燃气的地下储存主要有下列几种形式:

(一) 利用枯竭的油气田储气

要利用地层储气,必须准确地掌握地层的下列参数:孔隙度、渗透率、有无水浸现象、构造形状和大小、油气岩层厚度、有关井身和井结构的准确数据及地层和邻近地层隔绝的可靠性等。而枯竭的油气田一般都经过了长期的开采,其多数参数都是已知的,因此一般不需要采取特殊措施即可使用,所以,已枯竭的油田和气田是最可靠和最经济的地下储气库。目前此种方法应用的也最多。

(二) 利用地下含水多孔地层储气

这种地质构造的特点是具有多孔质浸透性地层,其上面是不浸透的冠岩层,下面是地下水层,形成完全密封结构。燃气的压入与排出是通过从地面至浸透层的井孔。由于浸透性砂层内水的流动比较容易,因此燃气压入时水被排挤,燃气充满空隙,达到储气目的。如图 6-12 所示。但是这种地质结构只有在合适的深度,才能作为储气库,一般为 400～700m。深度超过 700m,由于管道太长而不经济,太浅则在连续排气时,储库不能保证必要的压力。

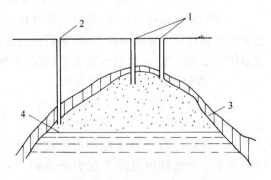

图 6-12 地下含水多孔地层储气示意图
1—生产井;2—检查井;3—冠岩层;4—地下水层

(三) 利用岩盐矿层储气

利用岩盐矿床里除去岩盐后的孔穴,或者打井注入淡水使盐层的一部分被溶解而成为孔洞,然后压入燃气,进行储存。

图 6-13 为利用盐矿层建造地下储气库的示意图。首先,将井钻到盐层后,把各种管道安装至井下;然后用工作泵将淡水通过内管 1 压到盐层,饱和盐水从管 1 和管 2 之间的管腔排出。当通过几个测点测出的盐水饱和度达到一定值时,排除盐水的工作即可停止。为了

防止储库顶部被盐水冲溶,要加入一种遮盖液,它不溶于盐水,而浮于盐水表面。不断地扩大遮盖液量和改变溶解套管长度,使储库的高度和直径不断扩大,直至达到要求为止。储库建成后,在第一次注气时,要把内管再次插到储库底部,从顶部压入燃气,将残留的盐水置换出库。

地下储存的储气量较大,一般适用于大、中城市或用气负荷变化较大的情况。但是,采用地下储存方式必须有适宜于燃气压入和输出的地质构造方可。

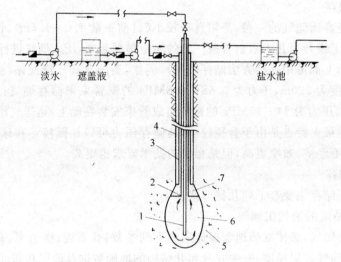

图 6-13　利用盐矿层建造地下储库的示意图

1—内管;2—溶解套管;3—遮盖液输送管;4—套管;5—盐矿层;6—储穴;7—遮盖液垫

四、液化储存

液化石油气由气态转变为液态后,其体积约缩小 250 倍;天然气液化后,其体积约缩小 600 倍。因此,液化储存是一种效率很高的储气方式。

气体的液化是通过加压、降温或者既加压又降温来实现的。液化石油气较易液化,有常温下加压和常压下降温两种方式,前者是通常采用的也是液化石油气常规的储存方式,在第九章中有专篇论述,此处只介绍低温储存;天然气的液化则较难,需在低温高压下才能实现。

(一)液化石油气的低温储存

液化石油气实现低温的方式有三种:直接冷却、间接气相冷却和间接液相冷却。

(1)直接冷却　直接冷却的原理如图 6-14 所示。当储罐内温度及压力升高到一定值时,开启压缩机 2,从罐内抽出气态液化石油气,使罐内压力降低。已被抽出的液化石油气经压缩机加压再经冷凝器 3 冷凝成液体,进入储液槽 4 内,并经泵 5 打入储罐上部,经节流喷淋到气相空间,其中一部分再次吸热气化,依次循环,贮罐内的液化石油气不断被冷却,使罐内的温度和压力保持为设计值。

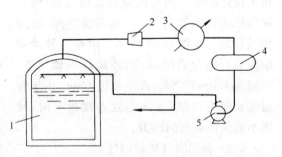

图 6-14　直接冷却示意图

1—储罐;2—压缩机;3—冷凝器;4—储液槽;5—泵

直接冷却系统简单、运行费用低,得到了广泛应用。

（2）间接气相冷却

间接气相冷却的原理如图 6-15 所示。当储罐内温度、压力升高时,由罐顶排出的气态液化石油气经换热器 2 冷凝成液态,进入储液槽 3,然后用泵 4 打入储罐 1 的上部,经节流喷淋到气相空间,其中一部分液化石油气气化并吸热,降低了罐内温度。气液分离器 7 中的液态液化石油气在换热器 2 中气化作为冷媒,并和气液分离器中的气体一起被压缩机 5 吸入、加压并经冷凝器 6 冷凝成液体,回到气液分离器 7 中。

（3）间接液相冷却

间接液相冷却的原理如图 6-16 所示。当储罐内温度升高时,开启液化石油气泵 2,将液态液化石油气打入换热器 3,经冷却后送入罐内。冷却后的液化石油气再和罐内的液化石油气混合,从而降低了罐内的温度。

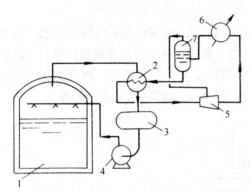

图 6-15　间接气相冷却示意图

1—储罐;2—换热器;3—储液槽;4—液化石油气泵;
5—压缩机;6—冷凝器;7—气液分离器

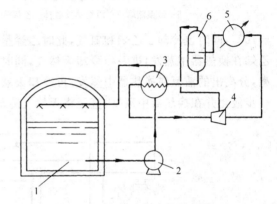

图 6-16　间接液相冷却示意图

1—储罐;2—液化石油气泵;3—换热器;4—压缩机;
5—冷凝器;6—气液分离器

间接气相冷却和间接液相冷却系统复杂、运行费用较高,但冷却效果好,常用于液化石油气运输船。

（二）天然气的液化储存

天然气（甲烷）的沸点温度为 $-162.6℃$,因此必须冷却到 $-162.6℃$ 以下才能液化。目前常采用的冷却方法有:阶式循环制冷、混合式制冷、膨胀法制冷等。

（1）阶式循环制冷　阶式循环制冷,也称串级循环制冷,其原理如图 6-17 所示。整个流程分三个阶段,即三段制冷。制冷剂分别为丙烷（或氨）、乙烯（或乙烷）、甲烷。首先,丙烷通过蒸发器 7 将天然气冷却到 $-40℃$ 左右,并同时冷却乙烯和甲烷;然后,乙烯通过蒸发器 8 将天然气冷却到 $-100℃$ 左右,并同时冷却甲烷;最后,甲烷通过蒸发器 9 把天然气冷却到 $-162.6℃$ 以下使之液化。之后,经气液分离器 10 分离后,液态天然气进罐储存。三个被分开的循环过程都包括蒸发、压缩和冷凝三个步骤。

此法效率高,设计容易,运行可靠,应用比较普遍。

（2）混合式制冷

混合式制冷,也称多组分制冷,因为这种方法所用制冷剂为丙烷、乙烯及氮气的混合物。其制冷原理如图 6-18 所示。丙烷、乙烯及氮的混合蒸气经制冷机 6 压缩和冷却器 5 冷却后进入丙烷储罐（丙烷呈液态,压力为 3MPa）。丙烷在换热器 4 中蒸发,将天然气冷却到

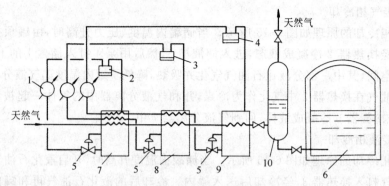

图 6-17　阶式循环制冷流程图

1—冷凝器；2—丙烷制冷机；3—乙烯制冷机；4—甲烷制冷机；5—节流阀；

6—低温储罐；7—丙烷蒸发器；8—乙烯蒸发器；9—甲烷蒸发器；10—气液分离器

－70℃，同时也冷却了乙烯和氮气，此时乙烯呈液态进入乙烯贮槽，而氮气仍呈气态。液态乙烯在换热器中蒸发，进一步冷却天然气，同时冷却了氮气。氮气进入氮储槽并进行气液分离，分离出的液氮在换热器中蒸发，再冷却天然气，同时冷却了气态氮气。而气态氮气则进一步液化并在换热器中蒸发，直至将天然气冷却到－162.6℃以下，然后送入贮罐。

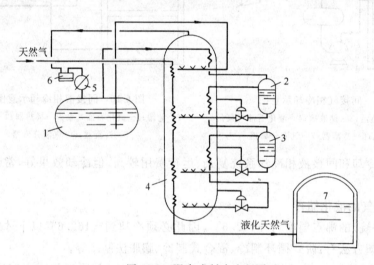

图 6-18　混合式制冷流程图

1—丙烷储罐；2—乙烯储罐；3—氮储罐；4—换热器；5—冷却器；6—制冷机；7—低温储罐

　　此法的优点是设备较少，仅需一台制冷机和一台换热器。其缺点是气液平衡与焓的计算复杂，换热器结构复杂，制造也困难。混合式制冷的效率和投资均比阶式循环制冷低。

　　（3）膨胀法制冷

　　膨胀法制冷是充分利用长输干管与用户之间较大的压差作为液化的能源，不需要从外部供给能量，只是利用了干管剩余的能量。其原理如图 6-19 所示。来自长输干管的天

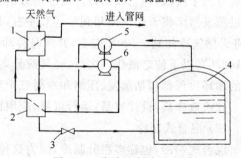

图 6-19　膨胀法制冷流程图

1、2—换热器；3—节流阀；

4—低温储罐；5—压缩机；6—膨胀涡轮机

116

然气,先流经换热器1,然后大部分天然气在膨胀涡轮机中减压到输气管网的压力。没有减压的天然气在换热器2中被冷却,并经节流阀3节流膨胀,降压液化后进入储罐4。储罐上部蒸发的天然气,由膨胀涡轮机带动的压缩机吸出并压缩到输气管网的压力,然后与膨胀涡轮机出来的天然气混合作为冷媒,经换热器2和1送入管网。

这种方法所能液化的天然气数量较少,而且与长输干管的压力及其与用户之间的压差有关,长输干管的压力愈高、压差愈大,则液化的天然气数量愈多。表6-10为不同压力比时天然气(甲烷)的液化量表。因此,膨胀法制冷只适用于长输干管压力较高,且液化容量较小的情况。

不同压力比时天然气(甲烷)的液化量   表 6-10

进口压力(MPa)	出口压力(MPa)	天然气的液化量(%)	进出口压力比
7.00	3.50	3.7	2/1
5.25	3.50	2.4	1.5/1
5.25	1.05	10.3	5/1
5.25	0.35	14.8	15/1
2.10	0.21	8.3	10/1

(三) 低温储罐

低温储罐通常是由内罐和外罐构成,中间填充绝热材料。根据其结构及所用材料的不同,低温储罐一般有三种形式:地上金属储罐、预应力钢筋混凝土储罐和地下冻土储罐。

(1) 地上金属储罐 这种储罐一般为圆柱形,部分或全部埋于地下,有两层罐壁,内壁用耐低温的不锈钢(9%镍钢或铝合金钢)制成,外壁用碳钢制成。罐壁和罐顶用粉末状或细粒状绝热材料(如珠光岩)绝热,为防止罐壁受挤压,在内壁外侧安装有用作热补偿的弹性衬垫,两层金属罐壁之间充入氮气或天然气,压力保持稍高于大气压力。图6-20(a)是地上金属储罐的结构示意图,(b)、(c)是两个悬挂式罐顶的结构示意图。使用悬挂式罐顶,使所有受压部件都在罐的外层器壁,所以这些部件可以用软钢制作,降低了罐的造价。

(2) 预应力钢筋混凝土储罐 由于钢筋混凝土具有较大的抗变形能力,较小的热膨胀系数,因此储罐的内壁、外壁可以全部或部分用钢筋混凝土制成。图6-21为一种钢筋混凝土内壁、钢外壳的储罐结构示意图。施加预应力是为了防止产生裂缝。这种储罐可建于地上,也可埋于地下。

(3) 地下冻土储罐 地下冻土储罐是在地下挖掘的一定形状的掘坑,在坑的四周和坑底制造一定厚度的冻土层,这层冻土层作为储罐壁和绝热层,有时地下冻土罐内侧还有一层混凝土罐壁。其结构如图6-22所示。地下冻土储罐比地上储罐占地少,产生火灾的可能性小,特别是对于2000t以上的大型储罐,地下冻土罐比地上金属罐有更大的竞争能力。地下冻土罐的建造,必须有合适的土壤条件和合理的设计。其建造方法是:先插入一定数量的冷冻管,冻结土壤,然后挖去内部的沙土,深度达到不渗透的地层,形成地穴储罐。顶部结构一般用金属加工制造,并附有绝热层。整个地穴储罐只有顶部结构有可能损坏或受火灾影响。

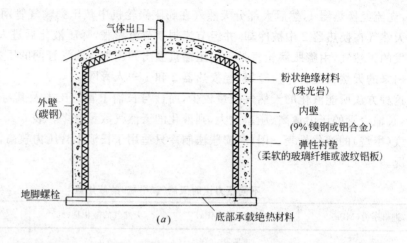

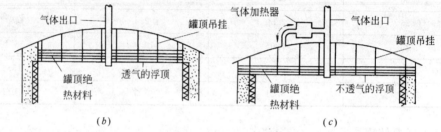

图 6-20　地上金属储罐的结构示意图

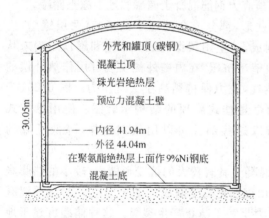

图 6-21　钢筋混凝土内壁、
钢外壳储罐的结构示意图

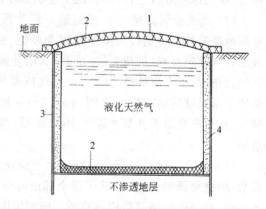

图 6-22　地下冻土储罐结构示意图
1—金属顶盖；2—绝热层；3—冷冻管（两圈）；4—冻结土

五、固态储存

（一）天然气的固态储存

天然气（甲烷）的凝固点（熔点）为－182.5℃，因此直接将天然气固化是很困难的。但是，天然气在一定的压力和温度下，可以与水（一定含量）结合形成固体的结晶水化物；利用此原理可将天然气固化，然后储存于特制的储罐中。天然气能否形成水化物主要同它的温度及压力有关，压力越高，温度越低，越易形成水化物。100m³ 天然气在水分充足的条件下，可生成大约 600kg 水化物,体积为 0.6m³。气体体积与相当于该体积的水化物体积之比约为 170。但如考虑到结晶水化物不应充满储罐的全部体积,可认为天然气水化物所占体积为天然气气态体积的百分之一。这样,在固态下储存天然气所需的储存容积,约为液态下储存同量气体所需容积的 6 倍。

通常天然气水化物在温度为 −40~45℃、稍高于大气压力的情况下储存在罐内。因此,在水化物状态下储存天然气可以使工艺流程可以大为简化,不需要复杂的设备,储存装置也不需要承受压力。但是,由于影响水化物形成的因素很多,而且水化物是不稳定的化合物,储存时还有许多技术问题尚待解决,所以这种方法目前还只处于研究阶段,没有得到实际应用。

（二）液化石油气的固态储存

这种储存方法是将液化石油气做成砖形固体,然后在露天或仓库中堆放储存。固态液化石油气的制造是将液化石油气与水溶性的聚合物及凝缩物质（如聚乙烯醇、尿素甲醛树脂等）在专门的设备中混合、搅拌形成粘稠状,液态的液化石油气包在 0.5~5.0μm 的微粒中,经固化成形、干燥而成固态液化石油气。在固体液化石油气中含有 95% 的液化石油气,其密度接近于液态液化石油气。

将液化石油气固态储存比较方便,但目前这种方法尚未研究完善,因而也没有得到广泛应用。

第三节　燃气的压送

一、压缩机的类型

在燃气输配系统中,压缩机是用来压缩燃气,提高燃气压力或输送燃气的设备。压缩机的种类很多,按其工作原理可区分为两大类:容积型压缩机及速度型压缩机。

容积型压缩机是由于压缩机中气体体积的缩小,使单位体积内气体分子的密度增加从而提高气体压力的。容积型压缩机可分为回转式和往复式两类,其中回转式压缩机又有滑片式、螺杆式、转子式（罗茨式）等几种,往复式压缩机有模式、活塞式两种。

在速度型压缩机中,气压的提高是由于气体分子的运动速度转化的结果,即先使气体的分子得到一个很高的速度,然后又使速度降下来,使动能转化为压力能。速度型压缩机又有轴流式、离心式和混流式三种。

在燃气系统中经常遇到的容积型压缩机主要有活塞式和罗茨式,速度型压缩机主要是离心式。表 6-11 是几种常用燃气压缩机的技术参数。

几种常用燃气压缩机的主要参数 表 6-11

型　　号	排气量 (m³/min)	吸气压力（绝对）(MPa)	排气压力（绝对）(MPa)	转速 (r/min)	活塞行程(mm)	轴功率 (kW)	电机功率(kW)	比功率 (kW/m³/min)	备　注
L3.5-30/1.5	30	0.0986	0.245	591	180	74	75	2.47	活塞式
L3.5-60/1	60	0.0986	0.196	591	180	105	110	1.75	活塞式
2D3.5-40/1.5	40	0.100	0.245	485	200	106	110	2.65	活塞式（对称平衡）

型　　号	排气量 (m³/ min)	吸气压 力(绝对) (MPa)	排气压 力(绝对) (MPa)	转速 (r/min)	活塞行 程(mm)	轴功率 (kW)	电机功 率(kW)	比功率 (kW/m³/ min)	备　　注
2D3.5-60/1.5	60	0.100	0.245	428	240	132	132	2.20	同　上
2D8-100/1	100	0.0986	0.196	428	220	170	180	1.70	同　上
2D8-120/1.5	120	0.0986	0.245	500	240	276	280	2.30	同　上
2D12-200/1.5	200	0.0986	0.245	500	240	475	500	2.38	同　上
2D12-250/1.25	250	0.0986	0.221	375	240	495	500	1.98	同　上
H12-500/1.25	500	0.0986	0.221	375	240	997	1000	1.99	同　上
MLGI-00	386	0.101	0.284	2985	—	800	100	2.07	螺杆回转式
J477.1-S1	95	0.0986	0.196	273	305	138	150	1.45	往复活塞式
LG480×665-1	80	0.098	0.147	735		88.6	95	1.11	罗茨回转式

二、常用燃气压缩机简介

(一)活塞式压缩机

(1)工作原理　在活塞式压缩机中,气体是依靠在气缸内做往复运动的活塞进行加压的。图 6-23 是单级单作用活塞式压缩机的示意图。当活塞 2 向右移动时,气缸 1 中活塞左端的压力略低于低压燃气管道内的压力 P_1 时,吸气阀 7 被打开,燃气在 P_1 的作用下进入气缸 1 内,这个过程称为吸气过程;当活塞返行时,吸入的燃气在气缸内被活塞挤压,这个过程称为压缩过程;当气缸内燃气压力被压缩到略高于高压燃气管道内压力 P_2 后,排气阀 8 即被打开,被压缩的燃气排入高压燃气管道内,这个过程称为排气过程。至此,完成了一个工作循环。活塞再继续运动,则上述工作循环将周而复始地进行,以不断地压缩燃气。

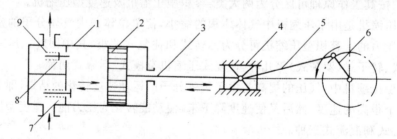

图 6-23　单级单作用活塞式压缩机示意图

1—气缸;2—活塞;3—活塞杆;4—十字头;5—连杆;6—曲柄;7—吸气阀;8—排气阀;9—弹簧

单级活塞式压缩机工作时,随着排气压力的提高,排出燃气的温度就越高。当排气温度接近润滑油的闪点温度时,就会使部分润滑油炭化,影响运行,甚至造成运行事故;同时,过高的温度也会使燃气有燃烧或爆炸的危险。因此,燃气压缩机多采用多级压缩。所谓多级压缩,就是将气体依次在若干级中进行压缩,并在各级之间将气体引入中间冷却器进行冷却。图 6-24 为两级压缩的示意图。

多级压缩除了能降低排气温度,提高容积系数之外,还能节省功率的消耗和降低活塞上的气体作用力;级数越多,越接近等温过程,越节省功率的消耗,但是结构也越复杂,造价也越高,发生故障的可能性也就越大。所以,实际压缩机的级数一般不超过四级。

(2) 活塞式压缩机的类型 活塞式压缩机可按排气压力的高低、排气量的大小及消耗功率的多少进行分类，但通常是按照结构形式进行分类。

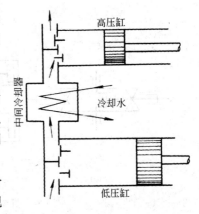

图 6-24 两级压缩示意图

1) 立式 立式压缩机的气缸中心线和地面垂直。由于活塞环的工作表面不承受活塞的重量，因此气缸和活塞的磨损较小，能延长机器的使用年限。机身形状简单、重量轻、基础小，占地面积少。但厂房高、稳定性差。因此，这种形式主要适用于中小型压缩机。

2) 卧式 卧式压缩机的气缸中心线和地面平行，分单列卧式和双列卧式。由于整个机器都处于操作者的视线范围内，管理维护方便，安装、拆卸较容易。主要缺点是惯性力不能平衡，转速受到限制，导致压缩机、原动机和基础的尺寸及重量较大，占地面积大。

3) 角度式 角度式压缩机的各气缸中心线彼此成一定的角度，结构比较紧凑，动力平衡性较好。按气缸中心线相互位置的不同，又可分为 L 形、V 形、W 形、扇形等，如图 6-25 所示。

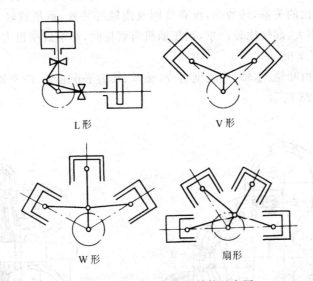

L形 V形

W形 扇形

图 6-25 角度式压缩机的结构示意图

4) 对置型 对置型压缩机是卧式压缩机的发展，其气缸分布在曲轴的两侧，气缸中心线与地面平行。对置型压缩机又分为对称平衡式、非对称平衡式和不平衡式等几种，其结构形式如图 6-26 所示。

对置型压缩机除具有卧式压缩机的优点外，还有本身独特的优点。如对称平衡式，其曲柄错角为 180°，活塞作对称运动，即曲柄两侧相对两列的活塞对称地同时伸长、同时收缩，因而压缩机的惯性力可以完全平衡，转速可以大幅度提高，其外形尺寸和重量则可大大减小。同时，对置型压缩机还具有压力适用范围广、噪声小、能耗低、维修操作方便等优点。

(二) 罗茨式压缩机

121

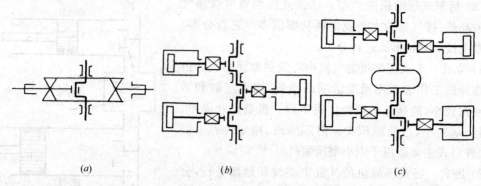

图 6-26 对置型压缩机结构示意图
(a) 对称平衡式；(b) 非对称平衡式；(c) 不平衡式

也称罗茨式鼓风机。它是由机体(左、右墙板与机壳)和一对同形的反向旋转的转子组成。通过一对装在同轴上的同步传动齿轮驱动转子旋转,两转子之间及转子与机壳之间有微小的间隙,使转子能自由地旋转。如图 6-27 所示,左边转子作逆时针旋转时右边转子作顺时针旋转,气体由上边吸入从下部排出,达到压送气体的目的。

罗茨式回转压缩机的优点是当转数一定而进口压力稍有波动时,排气量不变,转数和排气量之间保持恒正比的关系,转数高,没有气阀及曲轴等装置,重量较轻,应用方便;其缺点是排气压力低,噪声大,漏气比较严重,当压缩机有磨损时,影响效率很大。

(三) 离心式压缩机

离心式压缩机由叶轮、主轴、涡旋型机壳、轴承、推力平衡装置、冷却器、密封装置及润滑系统组成。如图 6-28 所示。

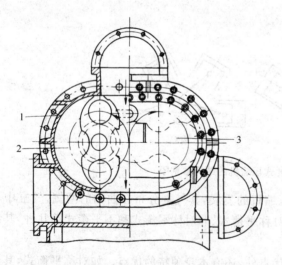

图 6-27 罗茨式压缩机结构示意图
1—机壳；2—压缩室；3—转子

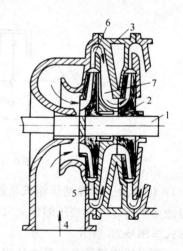

图 6-28 离心式压缩机结构示意图
1—主轴；2—叶轮；3—固定壳；4—气体入口；
5—扩压器；6—弯道；7—回流器

离心式压缩机的工作原理为:主轴带动叶轮高速旋转,自径向进入的气体通过高速旋转的叶轮时,在离心力的作用下进入扩压器中,由于在扩压器中有渐宽的通道,气体的部分动能

122

转变为压力能,速度降低而压力提高。接着通过弯道和回流器又被第二级吸入,进一步提高压力。依次逐级压缩,一直达到额定压力。气体经过每一个叶轮相当于进行一级压缩。单级叶轮的叶顶速度越高,每级叶轮的压缩比就越大,压缩到额定压力值所需的级数就越少。

离心式压缩机的优点是输气量大而连续,运转平稳;机组外形尺寸小,占地面积少;设备的重量轻,易损部件少,使用年限长,维修工作量小;由于转速很高,可以用汽轮机直接带动,比较安全;缸内不需要润滑,气体不会被润滑油污染,实现自动控制比较容易。其缺点是高速下的气体与叶轮表面有摩擦损失,气体在流经扩压器、弯道和回流器的过程中会有局部损失,因此效率比活塞式压缩机低,对压力的适应范围也较窄,有喘振现象。

三、压缩机室

(一)压缩机的选型及台数的确定

选择压缩机时,应综合考虑其各项技术参数。其中,排气量和排气压力是最基本的两项参数。待选压缩机的排气量和排气压力必须和管网的负荷及压力相适应,同时考虑将来的发展。目前各类压缩机所能达到的排气量和排气压力的大致范围如图 6-29 所示。

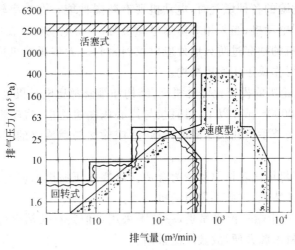

图 6-29　各类压缩机的应用范围

如果压缩机室的容量较大,宜选用排气量较大的压缩机。数量过多的机组需要较多的建筑面积和维修费用,因此相同参数的压缩机在站内以不超过四台为宜。当负荷波动较大,最低小时用气量小于单机的排气量时,可以选用排气量大小不同的机组,但同一压力参数的压缩机最好不超过两种型号。

压缩机型号确定后,压缩机台数可按下列公式计算:

$$n = \frac{Q_p k_v}{Q_g k_1 K} + C_1 \tag{6-1}$$

式中　　n——实际选用的压缩机台数;

　　　　Q_p——压缩机室的平均容量(Nm^3/h);

　　　　Q_g——压缩机选定工作点的排气量(m^3/h);

　　　　k_1——压缩机允许误差系数;根据规定,产品性能试验的允许误差(压力值或排气量值)为 $-5\sim+10\%$,因此,通常选 $k_1=0.95$;

　　　　k_v——体积校正系数;根据压缩机入口燃气的实际压力、温度、含湿量及当地大气压校正；

K——压缩机并联系数；对于新建压缩机室的设计，通常 $K=1$，对于扩建的压缩机室，由于增加了压缩机，燃气输送管网压力降增加，压缩机的设计流量应按新工作点确定；

C_1——按压缩机平均排气量确定的压缩机备用台数，工作台数为 $1\sim2$ 台时取 1 台，$3\sim5$ 台时取 2 台。

（二）压缩机的驱动设备

（1）电动机　活塞式压缩机、回转式压缩机和一部分离心式压缩机都广泛采用交流电动机驱动。交流电动机一般有三种：鼠笼式异步电动机、绕线式异步电动机和同步电动机。鼠笼式异步电动机结构简单、紧凑，价格较低，管理方便，但功率因数较低。绕线式异步电动机的特点是启动电流小，因此，在启动条件困难的场合，如电网容量不大或需要用高速的电动机降速以带动有大飞轮的压缩机时，应采用绕线式异步电动机。同步电动机能改善电网的功率因数，但价格高，管理要求也较高，一般适用于功率在 400kW 以上的场合。

当压缩有爆炸危险的各种燃气时，电动机要有防爆性能。在功率较小的场合下可选用标准型的封闭式防爆电动机；当采用非防爆电动机时，应将电动机放在用防火墙和压缩机间隔开的厂房内，电动机的轴穿过防火墙处应以填料密封。大型压缩机采用封闭式的防爆电机有困难时，电动机可作成正压通风结构。

（2）汽轮机　汽轮机的投资比电动机高，结构和维修都比电动机复杂，但汽轮机有以下优点：转速高，可达 10000r/min 以上，可直接与离心压缩机连接；汽轮机的转速可在一定的范围内变动，增加了调节手段和操作的灵活性；适应输送易燃易爆的气体，即使有泄漏也不会引起爆炸事故。

一般离心式压缩机用汽轮机驱动较为合适。活塞式压缩机的转速低，如果用汽轮机带动，还需要复杂的减速装置，因此都用电动机驱动。

（3）燃气轮机　由于燃料价格昂贵，一般不采用。但是在长输管线上的压送站及天然气的液化厂，由于燃料来源方便，故被广泛采用。

（4）柴油机　柴油机主要用来作为备用原动机，当突然停电，而压缩机又不允许停车的情况下，可临时启动柴油机。另外，在不易获得电源的场合，有时也用它来驱动压缩机，如用来驱动移动式压缩机等。

（三）压缩机室的工艺流程

以活塞式压缩机室为例，其工艺流程如图 6-30 所示。首先，需要压缩的低压燃气进入过滤器，除去所带悬浮物及杂质，然后进入压缩机。在压缩机内经过一级压缩后进入中间冷却器，冷却到初温再进行二级压缩并进入最终冷却器冷却，经过油气分离器最后进入储气罐或干管。

对于高压、大容量的压缩机室，单独选用活塞式或离心式压缩机均各有其局限性。活塞式压缩机排气量较小；离心式压缩机排气量虽较大，但压缩比小，且排气压力也随着燃气密度的变化而变化；所以，单独使用任何一种压缩机都不能经济、合理地达到高压、大容量的目的。

因此，采用活塞式压缩机和离心式压缩机串联使用，可以收到较好的效果。气体首先进入离心式压缩机被压缩，达到 $0.1\sim0.2$MPa 的出口压力，再进入活塞式压缩机，使两种机器

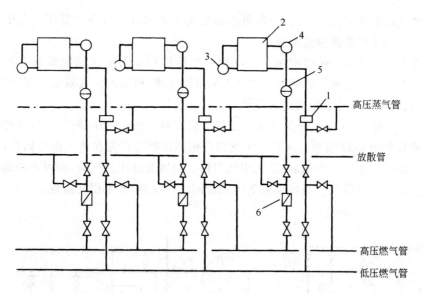

图 6-30 活塞式压缩机室的工艺流程

1—过滤器；2—压缩机；3—中间冷却器；4—最终冷却器；5—油气分离器；6—止回阀

都能在合适的范围内运转。这样的作法提高了整个运转效率。但是，对于出口压力不高、容量较小的压缩机室宜选用同一型号的压缩机，以便于维修和管理。

第四节 燃气储配站

一、储配站概述

储配站的主要功能是接受并储存燃气、加压、计量和向城镇燃气管网分配燃气。

设计和选择储配站时，应首先根据气源性质、供气规模、自然地形、道路建设安排等条件，确定建站数目及各站的供气范围；然后确定其供气量及储罐容积，并估算各站的占地面积；之后，会同相关部门选择站址。选择站址时，应遵循下列原则：

（1）应符合城镇总体规划和城镇燃气总体规划的基本要求；

（2）站址应设在气源厂附近或靠近负荷中心，两者应根据技术经济比较确定；

（3）应具备供电、供水、供热、道路及良好地基等建站基本条件；

（4）应符合城建、消防、供电、环保、劳动卫生、抗震等专业有关标准和规范的规定；

（5）储配站与周围建、构筑物的安全距离必须符合《建筑设计防火规范》的有关规定，同时应注意站内建、构筑物与周围景观的配合；

（6）结合城镇燃气远景发展规划，站址应留有发展余地。

根据储气压力及储存工艺设备的不同，储配站可分为低压储配站和高压储配站两种。低压储配站的内容一般有：低压储气罐（湿式或干式）、压缩机及压缩机房、变配电、控制仪表、站区燃气管道、给排水管道、油料库、消防设施及生产和生活辅助设施等。高压储配站的内容一般有：高压储气罐（或高压储气管束）、调压器（室）、冷却器、油气分离器、计量设备等，其他与低压储配站相同。

二、储配站的工艺流程

（一）低压储配站

根据调压级数和输出压力的不同,低压储配站工艺流程又可分为低压储存中压输送和低压储存低压和中压分路输送两种。

(1) 低压储存中压输送储配站工艺流程 低压储存中压输送储配站的工艺流程如图6-31所示。来自人工气源厂的燃气首先进入低压储气罐,然后由储气罐引出至压缩机室,加压至中压后,再经流量计计量后送入城镇中压输配管网。

(2) 低压储存、低压中压分路输送储配站工艺流程 低压储存、低压中压分路输送储配站的工艺流程如图6-32所示。来自人工气源厂的低压燃气首先在储气罐中储存,再由储气罐引出至压缩机室加压至中压后,送入中压管网。当需要低压供气时,则可不经加压直接由储气罐引至低压管网供气。当城镇需要中低压同时供气时,常采用此流程。

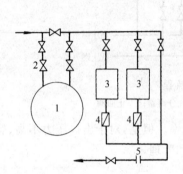 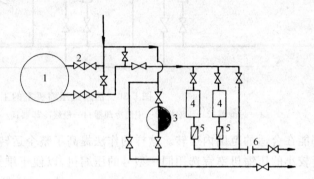

图 6-31 低压储存中压
输送储配站的工艺流程

1—低压储气罐;2—水封阀;

3—压缩机;4—止回阀;5—出口计量器

图 6-32 低压储存、低压中压
分路输送储配站的工艺流程

1—低压储气罐;2—水封阀;3—稳压器;

4—压缩机;5—止回阀;6—出口计量器

(二) 高压储配站

高压储配站工艺流程也分为:高压储存一级调压、中压或高压输送流程和高压储存二级调压、中压或高压输送流程两种。

(1) 高压储存一级调压、中压或高压输送工艺流程 高压储存一级调压、中压或高压输送的工艺流程如图6-33所示。燃气自气源厂(或长输管线)经过滤器进入压缩机加压,然后经冷却器冷却后通过油气分离器,经油气分离的燃气进入调压器,使出口燃气压力符合城镇燃气管网输气起点压力的要求,计量后输入管网。

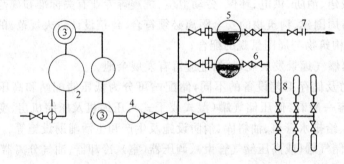

图 6-33 高压储存一级调压、中压或高压输送储配站工艺流程

1—进口过滤器;2—压缩机;3—冷却器;4—油气分离器;

5—调压器;6—止回阀;7—出口计量器;8—高压储气罐

当城市供气量处于低峰负荷时,气源来的燃气经油气分离器分离后直接进入储气罐;当城市用气量处于高峰负荷时,储气罐中的燃气则利用罐内压力输出,经调压器调压并经计量后送入城镇燃气管网。

(2)高压储存二级调压、中压或高压输送工艺流程　高压储存二级调压、中压或高压输送的工艺流程如图6-34所示。来自气源的燃气过滤后,经流量计计量,进入压缩机被加压,再经冷却器和油气分离器冷却分离后进入一级调压器调压,调压后的燃气进入储气罐,或者经二级调压器并通过计量器计量后直接送往城镇输配管网。在城市用气量处于高峰负荷时,储气罐中储存的燃气借助自压输出,经二级调压器调压并经计量后,送入管网。

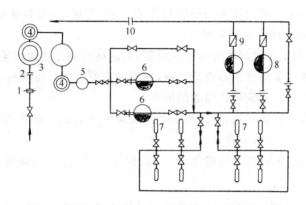

图6-34　高压储存二级调压、中压或高压输送储配站工艺流程

1—过滤器;2—进口计量器;3—压缩机;4—冷却器;

5—油气分离器;6——级调压器;7—高压储气罐;

8—二级调压器;9—止回阀;10—出口计量器

三、储配站总图布置

储配站的总平面应分区布置,一般可分为罐区、加压设备区以及生产后勤和生活区。罐区、加压机房和计量室均属于甲类防火等级,生产后勤和生活区按民用建筑考虑。在符合建筑防火间距要求的前提下,应有效利用土地,布置要紧凑,为保证安全和便于管理,全站应设两个出入口。

(一)罐区布置

(1)储配站采用低压储气罐时,罐区一般布置在站的出入口的另一侧,储气罐以设在加压机房北侧为宜;

(2)罐区宜设在站区常年主导风向的下风向,锅炉房应设在罐区的下风向;

(3)罐区周围应设有消防通道和相应的消防设施;

(4)罐区的布置应留有增建储气罐的可能,并应与规划等部门商定预留罐区的后续征地地带;

(5)储气罐或罐区与其他建、构筑物的防火间距应不小于表6-12、表6-13、表6-14中的规定;

(6)储气罐或罐区之间的防火间距,应符合下列要求:

1) 湿式储气罐之间的防火间距,应等于或大于相邻较大罐的半径;

2) 干式或卧式储气罐之间的防火间距,应大于相邻较大罐直径的2/3,球形罐应大于相邻大罐的直径;

3) 卧式、球形储气罐与湿式储气罐或干式储气罐之间的防火间距,应按其中要求较大者确定;

4) 一组卧式或球形储气罐总容积不应超过3万 m^3,组与组之间的防火间距,卧式储气罐不应小于相邻较大罐的长度的一半,球形储气罐不应小于相邻较大罐的直径,且不小于10m。

（二）加压机房、计量间及变、配电间的布置

（1）加压机房与储气罐的防火间距应符合表 6-12 的规定,与其他建、构筑物的防火间距应符合建筑设计防火规范的相关规定;

（2）变、配电间与加压机房可分开单独设置,但应尽可能合建为一座建筑物;

（3）加压机房的位置应尽量靠近储气罐,并应考虑便于管路连接;

（4）加压机房位置一般应设在储罐的阳面;

（5）水泵房应靠近消防水池,消防水池的位置应能使消防车靠近,便于直接取水。

（三）生产后勤和生活区布置

生产管理、后勤服务及生活用建筑物,一般按综合楼设计,并布置在靠近储配站的入口处。

湿式储气罐或罐区与建筑物、其他储罐、堆场的防火间距(m)　　　　　表 6-12

名　　称	总　容　积　（m³）			
	≤1000	1001～10000	10001～50000	＞50000
明火或散发火花的地点,在用建筑物,甲、乙、丙类液体储罐,易燃材料堆场,甲类物品库房	25	30	35	40
其他建筑（耐火等级） 一、二级	12	15	20	25
三　级	15	20	25	30
四　级	20	25	30	35

注：1. 固定容积的储气罐与建筑物、堆场的防火间距应按本表的规定执行。总容积按其水容量(m³)和绝对工作压力(0.101325MPa)的乘积计算。

2. 干式储气罐与建筑物、堆场的防火间距,应按表中数据增加25%。

3. 容积不超过20m³ 的可燃气体储罐与所属厂房的防火间距不限。

室外变、配电站与湿式储气罐的防火间距　　　　　表 6-13

项　　目	储罐总容积(m³)			
	≤1000	1001～10000	10001～50000	＞50000
防火间距(m)	25	30	35	40

注：1. 防火间距从距建筑物、堆场、储罐最近的变压器外壁算起,但室外变、配电构架距堆场、储罐和甲、乙类厂房库房不宜小于25m,距其他建筑物不宜小于10m。

2. 干式储气罐与室外变、配电站的防火间距,应按表中数据增加25%。

名　称	厂外铁路线(中心线)	厂内铁路线(中心线)	厂外道路(路边)	厂内道路(路边)	
				主　要	次　要
可燃、助燃气体储罐	25	20	15	10	5

注：本表所列储罐与电力牵引机车的铁路线防火间距可适当减少，但与厂内铁路线不应小于 15m，与厂外铁路线不应小于 20m(散发比空气重的可燃气体的储罐和库房除外)。

四、储配站的运行管理

(一)储气罐的充气置换

储气罐在投入运行前或停运待修时，均需对罐内的气体进行置换，以排除在储气罐内形成爆炸性混合气体的可能性。

充气置换有用燃气直接置换和用惰性气体(如氮气、烟气、二氧化碳气等)间接置换两类方法。其中，间接置换法安全可靠，但费用较高，许多地方没有条件采用这种方法。

在直接置换法中，又有各种不同的操作方式，如：

(1)将大量燃气送入气罐，使气罐升起十几米高度，然后排出混合气体，罐下降后，再充气升起，反复进行；

(2)在气罐静止状态，控制进气压力小于起升压力的条件下，从顶部排出混合气体；

(3)先使气罐升起一定高度，然后送入燃气进行稀释置换。无论采用哪种操作方式，气罐内的混合气体总有一个阶段是爆炸性气体，而且，罐是可升降的钢结构，又有燃气与混合气体的流动，使得置换现场有可能出现静电、火花或遇到明火火种。所以，安全操作十分重要。其次，由于气罐容积很大，置换消耗的燃气量也就很大，因此设法减少燃气消耗量也是必要的。其中，第(3)种操作方式置换需用的燃气量少，并可以缩短置换时间。

充气置换时，应注意的事项如下：

(1)在钟罩顶上安装 U 形管压力计测压，并安排专人负责观察置换过程中的压力变化，如发现压力异常情况，应及时报告指挥置换工作的负责人，检查原因及时检修。

(2)置换开始前，要将钟罩落下至最低位置，并查核钟罩杯圈是否距垫梁上皮留有 0.4m 的余量，以防止储气罐内出现负压。

(3)当储气罐需要大修时，检修人员在置换后要进入罐内，故要预防中毒。在储气罐上需要安装足够的排放管，一方面可以排出多余的惰性气体，另一方面可以保证储气罐内有足够的含氧量。一般来说，人体需要空气中含氧量不能少于 16%。当置换介质使用烟气时，检修人员进入罐内前，必须测定罐内残余烟气中的 CO 浓度不能超过 $55\sim60mg/m^3$。

(4)严禁任何火种进入置换工作现场内。常见的火种包括：电焊的火花、吸烟、电气设备、带入的火柴、打火机、带钉鞋、烟囱或蒸气机车冒出的火星、炽热炉灰及静电火花等。

(5)对旧有储气罐需要大修时的置换，为除尽储罐内残留的挥发性油类，可以在充入空气的同时向罐内吹入蒸气。

(6)所有设备均应有接地装置。

(二)储气罐的运行管理

(1)储气罐基础的保护和管理

基础不均匀沉陷会导致罐体的倾斜。对于湿式罐，倾斜后其导轮、导轨等升降机构易磨损失灵，水封失效，以致酿成严重的漏气失火事故；对于干式储罐，倾斜后也易造成液封不足而漏气。因此,必须定期观测基础不均匀沉陷的水准点,发现问题及时处理,处理的办法一般可用重块纠正塔节(或活塞)平衡或采取补救基础的土建措施。

高压储罐虽然无活动部件,但不均匀沉降也会使罐体、支座和连接附件受到巨大的应力,轻则产生变形,重则产生剪力破坏,引起漏气等事故。因此,高压罐的基础也应定期观测,并在设备接管口处设补偿器或采取补偿变形措施。

(2) 控制钟罩(低压湿式罐)升降的幅度

钟罩的升降应在允许规定的红线范围内,如遇大风天气,应使塔高不超过两节半。要经常检查贮水槽和水封中的水位高度,防止燃气因水封高度不足而外漏。宜选用仪表装置控制或指示其最高、最低操作限位。

(3) 补漏防腐

储气罐一般都是露天设置,由于日晒雨淋,不可避免会带来罐的表皮腐蚀,一般要安排定期检修,涂漆防腐。另外,燃气本身也有一定的化学腐蚀性,所以储气罐不可避免会有腐蚀穿孔现象发生。补漏时,应在规定允许修补的范围内,并采取相应的措施,确认修补现场已不存在可爆气体时,方可进行;补漏完毕,应做探伤、强度和气密性试验等验收检查。

(4) 冬季防冻

对于湿式罐,要加强巡视,注意水封、水泵循环系统的冰冻问题;对于干式罐,应在罐壁内涂敷一层防冻油脂;对于高压储罐,应设防冻排污装置,避免排污阀被冻坏。

(5) 安全阀(主要指高压储罐)的保护和管理

一般高压储罐的安全阀工作压力为设计压力的 1.05 倍。只要储气罐已投入运行,安全阀必须处于与罐内介质连通的工作状态,以便在储罐内出现超压时能及时放散而保全罐体不致被破坏。因此,必须在安全阀上系铅封标记,加强巡视检查。

(6) 建立储罐的维修制度,确定储罐的维修周期,定期检修。

(三) 压缩机的维护管理

压缩机是储配站中最重要的设备之一,它的维护管理应十分重视。压缩机的维护管理主要包括三个方面的内容:制定并严格遵守操作规程、例行日常的检查制度以及建立设备的维修周期。

压缩机的操作规程应根据机型和所使用燃气的特性来确定,主要包括三个环节:启动,润滑和冷却,停车。

活塞式压缩机在启动前应先通入冷却水,检查贮油器及润滑轴承的油箱内油质及油量,再启动油泵检查注油情况,并盘转两下。启动时,先打开旁通阀(或卸载装置),使压缩机处于空载,再启动电动机。当电动机达到额定转速而油压升至所需压力时,开启出口阀门,并同时关闭旁通阀,然后渐渐开启进口阀。停车程序与启动程序相反,先关闭进口阀,再停电动机,然后关小出口阀,待压缩机停止转动时,全关出口阀。冷却水阀门需在气缸冷却后才能关闭,并打开各冷却器的排水阀,把机内存水放尽。

离心式压缩机启动前也应先通入冷却水,并用手摇泵或电动泵注油至所需压力,再转动电动机,无故障时方可正式启动。转速达规定转数,并无杂声、振动等异常现象,即可迅速打开进口阀和出口阀,再逐渐增大到所需负荷。停止运转时,应先关闭出口阀和进口阀,然后停电动机,在压缩机完全停止回转时才停止注油。

对压缩机室应根据设备情况和检修内容安排大、中、小修，如果不是因为故障或其他原因进行临时性检修，一般情况下均按期执行检修计划。一般的检修周期参见表6-15。

检修周期表　　　　　　　　　　　　　　　　表 6-15

项　目	小　修	中　修	大　修
周　期	六 个 月	一　年	三　年
工作小时数	0～1000	1001～2000	2001～6000

第七章 燃气的调压与计量

第一节 压力调节的基本原理

一、调压器的工作原理

调压器是燃气供应系统的重要设备,它主要是用于控制燃气供应系统的压力工况。调压器具有降压及稳定出口压力的作用,在额定的压力、流量范围内,当进口压力或出口负荷发生变化时能自动调节阀门的启闭,使其稳定在设计的压力范围内。

根据分子运动理论,调压过程是将分子能量较高的燃气通过调压器扩散,各种调节机构喉颈的摩擦阻力消耗了部分能量后转化为能量较低(即设定压力)的燃气过程。

燃气调压器的型号、种类很多,但基本构造、原理都相似。调压器一般均由感应装置、调节机构、传动装置和给定压力部件四部分组成。感应装置也称敏感元件,一般为薄膜或导压管;调节机构为各种形式的节流阀;传动装置是指连接敏感元件和调节机构的部分;给定压力部件是指控制给定压力值的重块或弹簧等。其工作原理如图 7-1 所示。

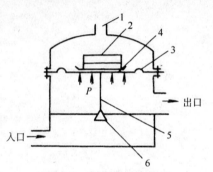

图 7-1 调压器工作原理

1—呼吸孔;2—重块;3—悬吊阀杆的薄膜;
4—薄膜上的金属压盘;5—阀杆;6—阀芯

图中 P_1 为调压器进口压力,P_2 为调压器设定的出口压力。

$$F = P_2 A \tag{7-1}$$

式中　F——燃气作用于皮膜上的力(N);

　　A——薄膜有效面积(m^2);

　　P_2——设定压力(Pa);

F 与薄膜上方重块(或弹簧)向下的重力相等或略大于重块的重力,平衡时调压器阀适当开启,出口压力 P_2 为设定值。若 $F = P_2 A$;$q_v = q_{v1}$(q_v 为流入燃气量,q_{v1} 为流出燃气量),则 F 与薄膜上方重块(或弹簧)向下的重力相等,阀门开启度不变。

(1)动态时调压器进口压力 P_1 增大,则流入燃气量 q_v 增加,但流出燃气量不变(或变化很小),则 $q_v > q_{v1}$。此时 P_2 增大,$F < P_2 A$,薄膜上升,阀门开启度减小,使流量 q_v 减小,当 $q_v = q_{v1}$ 时,恢复平衡。

(2)调压器进口压力 P_1 减小,则流入燃气量 q_v 减小,但流出燃气量不变(或变化较小),则 $q_v < q_{v1}$,此时 P_2 减小,$F > P_2 A$,皮膜下降,阀门开启度增大,使流入量 q_v 增加,当 $q_v = q_{v1}$ 时,恢复平衡。

（3）调压器出口流量 q_{v1} 增大，若流入量 q_v 不变，则 P_2 减小，当 P_2 小于设定值时，则 $F > P_2A$，皮膜下降，阀门开启度增大，使流入量 q_v 增加，当 $q_v = q_{v1}$ 时，P_2 恢复到设定值，调压器平衡。

（4）调压器出口流量 q_{v1} 减小，若流入量 q_v 不变，则 P_2 增大，当 P_2 大于设定值时，则 $F < P_2A$，皮膜上升，阀门开启度减小，使流入量 q_v 减小，当 $q_v = q_{v1}$ 时，调压器平衡。

从调压器构造原理来讲，不论入口压力及出口负荷如何变化，调压器都可以通过重块或弹簧的调节作用，使供应压力稳定在设定值范围内。但在实际应用中，对调压器运行的影响因素很多，因此调压器应增加各种机械设备或改进构造来消除这些影响。

二、调压器的调节机构

（一）调节机构

调压器的调节机构可以采用各种形式的阀门，按阀门的结构可分为单座阀及双座阀两大类。如图 7-2 所示。

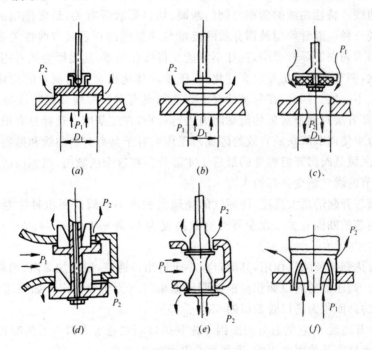

图 7-2　调节机构简图
(a)盘形硬阀；(b)锥形硬阀；(c)盘形软阀；
(d)双座盘形阀；(e)双座塞形阀；(f)孔口形阀

单座阀阀芯两侧分别承受进出口压力，而出口压力因已为设定压力故较稳定，进口压力则受气源压力波动影响，因而也影响到阀门的启闭。由于阀的两侧压力不同，因此增加了调压器前压力的变化而对被调压力（出口压力）的影响，阀的两侧压差越大，影响越显著。这就是单座阀调压器的压力不稳定的原因之一。但在用户调压器及专用调压设备上广泛采用单座阀调压器，那是因为这些场合由于前压力变化不大，而单座阀体积小、关闭性能好，能保证在不需要燃气时，可靠地切断供气，有效地防止出口管段压力升高。单座阀根据阀芯结构可分为硬阀和软阀，硬阀为了提高密封性能常采用锥形阀芯，软阀的衬垫可用皮革或丁腈橡胶制作。

双座阀受力基本上是平衡的,因此调压器入口压力对燃气出口压力影响较小。但是双座阀门不能保证关闭严密,原因是在温度变化时,阀芯和阀座的胀缩情况可能不一致。两个阀座在加工或使用中磨损可能是不均匀的。在双座阀完全关闭时,漏气率可达最大流量的 4%。因此这类阀门可安装在燃气流量总是不等于零的燃气管道上,双座阀的直径约为管径的 57%～61%。

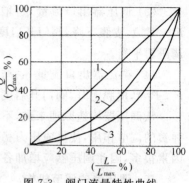

图 7-3　阀门流量特性曲线
1—直线;2—抛物线;3—对数曲线

调节阀门的流量和开启程度的函数关系,可以用曲线形式来表示,称为阀门流量特性曲线。如图 7-3 所示。

图中纵坐标表示相对通过能力的百分数,横坐标表示相对开启程度的百分数,这些曲线是按照燃气在调压器中的压力降为定值作出的,因此它是理想的特性曲线。特性曲线的曲率与阀门断面、切口形状等有关,最常使用的是直线、抛物线和对数曲线三种。通常希望被调介质的流量与调节阀的行程具有线性关系。然而,利用线性特性的调节阀在实际管道中,往往不可能获得线性关系,这是因为随着用气量及阀门开启程度的变化,调节阀前后压差也在变化,而压差的变化也会引起流量的变化,导致实际曲线和理论曲线不一致。因此,在很多情况下需选用具有对数曲线或抛物线特性的阀门。为此,必须用计算方法对调节对象的流动阻力进行分析,在此基础上选择具有最佳调节特性的阀门。并应力求使调节阀在最有效的区域内工作。对于具有对数曲线和抛物线特性的调节阀,最有效的区域是阀门开启程度的最后 1/4 部分。在这个区域内,当阀门的开启程度变化很小时,被调节的燃气量变化却很大。

调压器阀芯升起的最大高度,使燃气的流通面积不小于阀口面积时称为全开。阀全开的高度 h 与阀芯的断面有关。设全开时有效高度为 h,则 $\pi dh \not< \pi d^2/4$;$h \not< d/4$(其中 d 为阀孔孔径)。

调压器为达到调节降压作用,其阀口应小于进出口通道,以增加摩阻、消耗能量、降低压力、调节流量。调压器的阀口面积应根据调压器供气压力予以确定。如雷诺式中—低压调压器,其阀口的总面积为进口管断面的 65%～75%。

调压器全开高度 h,它的有效间距因考虑到阀口间隙通常为调压器的喉颈,并还可能受到阀芯导翼、阀杆等其他因素影响,通常把全开高度 h 值提高为 $d/3$。

（二）调节机构的计算

气流通过节流机构时,压力损失是由摩擦阻力和在通过阀门时气流不断改变流动方向造成的。在通过阀孔时如压降不大,燃气密度的变化可忽略不计,则在计算时可看作不可压缩流体。这时压降完全取决于节流机构的流动阻力,而在紊流情况下,开启着的结构相同的阀门,其阻力系数值是定值。

如压降相当大时,则应考虑燃气密度的变化。当压力降低时燃气的体积增大,因此在通过阀孔时要损失附加的能量。在压力变化的同时燃气的温度也要改变,这就引起气流与其周围壁面之间的热交换。所以燃气流经节流机构是一个复杂的物理过程,因而在计算通过节流机构的流量时应以简化的物理模型为出发点。

燃气流经节流机构的实际情况与孔口出流相比,虽然不完全相同,但可在计算公式中可引入经验系数予以补偿。该系数可根据理论推导近似地求出，并可考虑到燃气膨胀的因素。实际上当 $\Delta P/P_1 \leqslant 0.08$ 时，忽略燃气的压缩性，误差不大于 2.5%；当 $\Delta P/P_1 > 0.08$ 时，则应考虑燃气的压缩性（ΔP 是调压器的压力降，P_1 为调压器的入口压力）。具体计算如下：

（1）不可压缩流体调节机构的计算

由于调压器中气体流动速度低，经调压机构时压力损失小，气体密度变化可忽略不计，流量可由下式计算：

$$Q = 0.36\alpha A\sqrt{\frac{2g\Delta p}{\gamma}} = 0.36\alpha A\sqrt{\frac{2\Delta p}{\rho}} \tag{7-2}$$

式中　α——阀口流量系数，盘形阀 $\alpha = 0.5 \sim 0.6$，锥形阀 $\alpha = 0.6 \sim 0.7$；

　　　A——阀口面积（双座阀乘以 2）（m^2）；

　　　γ——单位体积燃气所受重力（N/m^3）；

　　　ρ——燃气密度 $= \dfrac{\gamma}{g}$（kg/m^3）；

　　　Δp——调压器压力降（Pa）；

　　　Q——燃气流量（m^3/h）。

（2）可压缩流体调节机构的计算

1）当 $\dfrac{p_2}{p_1} > \left(\dfrac{p_2}{p_1}\right)_c$ 时　气体流速增大到亚临界流速范围，气体压力下降使体积膨胀，因而密度变化因素必须考虑。压力比是指调压器出口压力与进口压力之比，即 p_2/p_1。压力比的最大值不超过 1，因为不论压力如何变化 P_2 总是小于等于 P_1。当压力比逐渐减小，则流量逐渐增大。但当压力比小于一定值时，流量将不再增加，这一压力比称为临界压力比。临界压力比与气体成分有关，$\left(\dfrac{p_2}{p_1}\right)_c = \left(\dfrac{2}{k+1}\right)^{\frac{k}{k-1}}$ 其中，k 是绝热指数，焦炉煤气、空气等双原子气体 k 值为 1.4，天然气为 1.3，液化石油气为 1.135。则气体通过调压器的流量按下式计算：

$$Q = 16430 C\varepsilon\sqrt{\frac{p\Delta p}{\gamma_1 T_1}} \tag{7-3}$$

式中　p——燃气压力（MPa）；

　　　Δp——调压器压力降（MPa）；

　　　γ_1——单位体积燃气所受重力（N/m^3）；

　　　C——调压器流量系数，参见表 7-1；

　　　ε——考虑气流密度变化的系数。

当 p 取 p_1 时，$\varepsilon = \sqrt{\dfrac{\dfrac{k}{k-1}\left[\left(\dfrac{p_2}{p_1}\right)^{\frac{2}{k}} - \left(\dfrac{p_2}{p_1}\right)^{\frac{k+1}{k}}\right]}{1 - \dfrac{p_2}{p_1}}}$ \hfill (7-4)

当 p 取 p_2 时，$\varepsilon = \sqrt{\dfrac{\dfrac{k}{k-1}\left[\left(\dfrac{p_2}{p_1}\right)^{\frac{2}{k}} - \left(\dfrac{p_2}{p_1}\right)^{\frac{k+1}{k}}\right]}{\dfrac{p_2}{p_1} - \left(\dfrac{p_2}{p_1}\right)^2}}$ \hfill (7-5)

管道直径(mm)	阀口直径(mm)	阀门类型	阀门构造的特性曲线	流量系数
25	15	塞　形	直　　线	8
25	20	平面形	直　　线	12
25	25	孔口形	对数曲线	11
50	50	塞　形	直　　线	50
80	80	平面形	直　　线	103
100	100	平面形	直　　线	175
100	100	塞　形	对数曲线	165
150	150	平面形	直　　线	350

2) 当 $\dfrac{p_2}{p_1} \leqslant \left(\dfrac{p_2}{p_1}\right)_c$ 时

调压器前后压力比小于或等于临界压力比时,气体流速为最大,此时流量不随 $\dfrac{p_2}{p_1}$ 而变化。流量计算公式为:

$$Q_0 = 16430 C \varepsilon_c P_1 \sqrt{\frac{\left(\dfrac{\Delta P}{p_1}\right)_c}{\gamma_1 T_1}} \tag{7-6}$$

其中

$$\varepsilon_c = \sqrt{\frac{\dfrac{k}{k+1}\left(\dfrac{2}{k+1}\right)^{\frac{2}{k-1}}}{1-\left(\dfrac{2}{k-1}\right)^{\frac{k}{k-1}}}} \approx 1 - 0.46\left(\frac{\Delta p}{p_1}\right)_c \tag{7-7}$$

$$\left(\frac{\Delta p}{p_1}\right) = 1 - \left(\frac{p_2}{p_1}\right)_c = 1 - \left(\frac{2}{k+1}\right)^{\frac{k}{k-1}}$$

【例题 7-1】　试确定接管内径为 100mm,阀孔直径为 100mm 的调压器完全开启时的通过能力。阀门类型为塞形,结构特性曲线为对数曲线。调压器的进口压力为 0.32MPa(绝对压力),出口压力为 0.22MPa(绝对压力),天然气的表观密度 $\gamma_1 = 7N/m^3$,比热 $K = 1.3$,进入调压器的天然气温度为 10℃。

【解】　$\dfrac{p_2}{p_1} = \dfrac{0.22}{0.32} = 0.688 > 0.5$(系亚临界速度)

从表 7-1 查得该调压器的流量系数 $C = 165$,则

$$\varepsilon_1 = \sqrt{\frac{\dfrac{1.3}{1.3-1}\left(0.688^{\frac{2}{1.3}} - 0.688^{\frac{1.3+1}{1.3}}\right)}{1 - 0.688}} = 0.804$$

$$Q = 16430 \times 165 \times 0.804 \times \sqrt{\frac{0.1 \times 0.32}{7 \times 283}} = 8760 m^3/h$$

三、调压器的传动装置

在燃气调压器中,弹簧或重块反作用于薄膜的弯曲部分,通常称此气力传动薄膜为传动装置。

（一）弹簧与荷重

当调压器出口流量增加时,如仍须保持原有的出口压力,就必须开大阀门,也就是弹簧伸长,其结果是相应减弱弹簧的弹力,这就使供应压力常常低于设定值。为了防止这种现象,常采用弹性较强、长度较长的弹簧,这可在一定程度上改善上述缺点,但大容量的调压器因弹簧变大调节困难,因而采用重块或杠杆加重块的构造来弥补上述缺点。

（二）调压器薄膜

调压器薄膜的位置上下变动时,其有效受压面积也相应发生变化。当薄膜向下移动时(如图7-4所示)其有效面积逐渐增加,因此关闭阀门所需的压力要相应减小,从而造成供应压力低于设定压力。

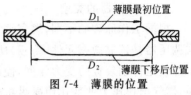

图 7-4 薄膜的位置

为了消除上述影响,对低压调压器可在薄膜中心部位装上一个硬质圆盘,这样,虽然改善了薄膜的传动特性,却减小了薄膜的上下行程,因此薄膜边缘剩留宽度一般应不小于薄膜直径的十分之一,为了使有效系数变化不至太大,薄膜的工作行程要选择得使其挠度在 0 至 0.5 之间,而且必须采用硬质圆盘。中压调压器可采用一定的燃气压力(中间压力),来加压以代替减少重块或弹簧的负荷。

皮膜有效面积随托盘上下位置的变化略有变化

$$A_{有效} = A_{固} + CA_{柔} \tag{7-8}$$

式中 $A_{固}$——托盘面积;

$A_{柔}$——活动部分的环行面积;

C——活动部分的有效系数。

调压器薄膜通常用浸油皮革(牛皮、羊皮)、合成革、橡胶、塑料涂层尼龙等材料制成,通常也叫皮膜。薄膜材料应具有一定的强度和耐久性能、有较高的灵敏度和良好的气密性、耐腐蚀性、耐热性及耐低温等。因此当用皮革做薄膜时,必须经过严格选择,经过洗练,很好地压实并涂油。现在多采用橡胶制作薄膜,称为橡胶膜片。

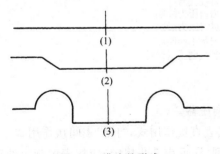

图 7-5 膜片的形式
(1)平面形;(2)碟形;(3)波纹形

薄膜一般为平面形,也可以预制成碟形及波纹形,如图 7-5 所示。

平面形膜片制作方便,但灵敏度差,行程小(通常为膜片直径的 7%～9%),有效面积变化大,多用于小型调压器。

碟形及波纹形膜片需专门进行加工制造,但灵敏度高,一般情况下,当行程 $H > 20mm$,直径 $D > 250mm$,厚度 $\delta > 1mm$ 时,选择波纹形膜片为宜,当行程 $H \leqslant 20mm$,直径 $D \leqslant 250mm$,厚度 $\delta \leqslant 1mm$ 时,选择碟形膜片为宜。

膜片的结构分为不带骨架及带骨架两种。前者制造简单、弹性好、强度低;后者制造较复杂、强度高。

加工膜片的橡胶多用丁腈橡胶,氯丁橡胶,前者具有优良的耐油、耐溶剂和耐多种腐蚀性介质的性能,使用的温度范围为 −40～+120℃,但弹性及耐臭氧能力较差。氯丁橡胶具有较大的抗张力,耐臭氧及耐日光性能较好,在油中也比较稳定,但耐低温性能较差。

注压橡胶膜片或塑料膜片,一般选用锦纶织物做骨架。锦纶纤维具有强度高、耐冲击、耐疲劳、弹性高等优点,但耐热性能低。

第二节 常用调压器

一、调压器的类型和产品型号

(一)调压器的类型

根据工作原理的不同,燃气调压器通常分为直接作用式和间接作用式两种。直接作用式调压器是依靠敏感元件(薄膜)所感受的出口压力的变化来移动调节阀门进行调节;敏感元件就是传动装置的受力元件,使调节阀门移动的能源是被调介质。在间接作用式调压器中,燃气出口压力的变化使操纵机构(例如指挥器)动作,接通能源(可为外部能源,也可为被调介质)使调节阀门移动;间接作用式调压器的敏感元件和传动装置的受力元件是分开的。

燃气调压器按用途或使用对象可分为区域调压器、专用调压器及用户调压器。按进出口压力分为高高压、高中压、高低压、中中压、中低压及低低压调压器。按结构可以分为浮筒式及薄膜式调压器,后者又可分为重块薄膜式和弹簧薄膜式调压器。

若调压器后的燃气压力为被调参数,则这种调压器为后压调压器。若调压器前的压力为被调参数,则这种调压器为前压调压器。城市燃气供应系统通常多用后压调压器调节燃气压力。

(二)调压器的产品型号

燃气调压器(国产)的名称一般用汉语拼音字头表示。其产品型号组成及含义如下(参见方框图):

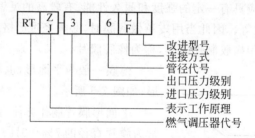

(1)产品型号分成两节,中间用"—"隔开。

(2)第一节中,前两位符号"RT"代表城镇燃气调压器。

(3)第一节中,第三位符号代表工作原理,"Z"代表直接作用式,"J"代表间接作用式。

(4)第二节第一位数字代表调压器进口压力级别(详见表7-2规定)应按表中规定的压力上限确定。

调压器进口压力级别 表 7-2

压力级别	符号表示	压力 P(MPa)	压力级别	符号表示	压力 P(MPa)
一 级	1	$P \leqslant 0.01$	四 级	4	$0.8 \geqslant P > 0.3$
二 级	2	$0.1 \geqslant P > 0.01$	五 级	5	$4.0 \geqslant P > 0.8$
三 级	3	$0.3 \geqslant P > 0.1$			

（5）第二节第二位数字代表调压器出口压力级别，压力级别的划分同上；出口压力可调范围如果跨级，应按低的级别编号。

（6）第二节第三位数字表示调压器出口连接管径代号（代号含义见表7-3）。

调压器出口连接管径代号　　　　　　　　　　　　　表7-3

直径 DN(mm)	20	25	50	100	150	200	300
代　号	0	1	2	4	6	8	9

（7）第二节第四位符号表示调压器连接方式；如果是螺纹连接，以"L"表示，如果是法兰连接用"F"表示。

（8）当产品型号相同，而其他特征不同时，可在型号末端增加一个符号，如RTJ214A、RTJ214B。

二、液化石油气调压器

液化石油气调压器是将高压的液化石油气调节至低压供用户使用，故为高—低压调压器，其型号及技术性能如表7-4所示。

液化石油气调压器的技术参数　　　　　　　　　　　表7-4

型　号	进口压力 （kPa）	出口压力 （kPa）	额定流量 （m³/h）	工作温度 （℃）	外形尺寸 （长×宽×高） （mm）	进口管尺寸	出口管尺寸	重量 （kg）	适用介质
JYT-0.6	30～1530	2.79±0.49	0.6	−19～45	152×80×86.5	M22×1.5	φ9×2 橡胶管	0.3	液化石油气
JYT-2	30～1530	2.79±0.49	2		178×95×90	M22×1.5	φ9×2 橡胶管	0.5	
YSJ-5	68～980	3.92±0.19	5		210×156×123	$DN20$	—	1.2	
YSJ-10	68～980	4.9±0.49	10		250×220×210	$DN25$	—	5	
YSJ-25	68～980	4.9±0.98	25		325×220×217	$DN20$	$DN25$	6	
YSJ-40	'196～980	68.6±6.86	40		200×120×265	$DN20$ 法兰	$DN20$ 法兰	45	

目前常用的液化石油气调压器为JYT-0.6和JYT-2两种，直接装在液化气钢瓶的角阀上。其构造如图7-6所示。

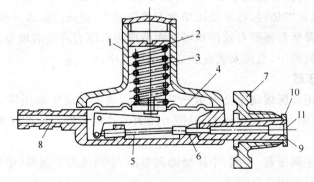

图7-6　液体石油气调压器

1—壳体；2—调节螺钉；3—调节弹簧；4—薄膜；5—横轴；
6—阀口；7—手轮；8—出口；9—进口；10—胶圈；11—滤网

调压器的进口接头随手轮旋入角阀压紧于气瓶出口上,出口用胶管与燃具连接。当用户用气量增加时,出口压力就降低,作用在薄膜上的压力也就相应降低,横轴在弹簧与薄膜作用下开大阀门,使进气量增加,因而使调压器出口压力增加,经过一定时间,压力重新稳定在接近原给定值附近。当用气量减少时,调压器的薄膜及调节阀门动作和上述相反。当需要改变给定值时,可调节调压器上部的调节螺钉即可。

这种调压器是弹簧薄膜结构,随着流量的增加,弹簧伸长,弹簧力减弱,给定值下降;同时随着流量的增加,薄膜挠度减小,有效面积增加,气流直接冲击在薄膜上,将抵消一部分弹簧力。所有这些因素都将使调压器随着流量的增加而使出口压力降低。

三、用户调压器

用户调压器适用于楼栋、食堂、用气量不大的工业用户及居民点,它可以将高压或中压燃气直接送至楼栋、单位用户处,便于进行“楼栋调压”,可以大大节约低压管网的投资。用户调压器构造如图 7-7 所示。

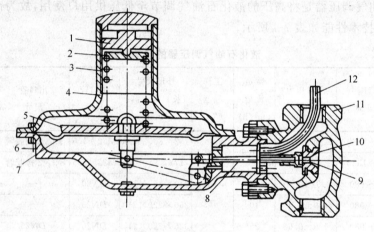

图 7-7　用户调压器

1—调节螺钉;2—定位压板;3—弹簧;4—上体;5—托盘;6—下体;7—薄膜;
8—横轴;9—阀垫;10—阀座;11—阀体;12—导压管

该调压器体积小、重量轻,并且为了提高调节质量在结构上作了改进,如增加薄膜上托盘的重量,减少了弹簧力变化给予出口压力的影响等。导压管引入点设置于调压器出口流速最大处,当出口流量增加时,该处动压增大而静压减小,使阀门能进一步开大,以抵消由于流量增加弹簧推力降低和薄膜有效面积增加而造成出口压力降低的现象。用户调压器可安装于挂在墙上的金属箱中,也可安装在独立的调压室中。

四、雷诺式调压器

该调压器主要用作区域调压及大用户专用调压,属中—低压调压器。和其他调压器比较,它的结构略为复杂,占地面积较大,但调节压力的性能较好。因此这种调压器至今仍然得到广泛应用。

雷诺调压器由主调压器、主阀、中压辅助调节器、中间压力平衡器(中和筒)、低压辅助调节器及针形阀组成。如图 7-8 所示。

调压器主体是由带导翼的双座阀、主调压器及连接它们的阀杆组成。压力控制机构(指挥器)由中压辅助调节器、针形阀、低压辅助调节器、中间压力平衡器及连接主阀杆的杠杆传

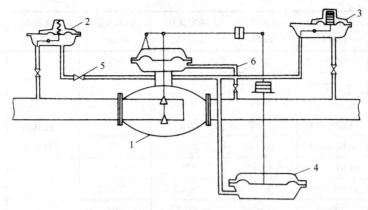

图 7-8　雷诺式调压器

1—主调压器;2—中压辅助调压器;3—低压辅助调压器;

4—压力平衡器;5—针形阀;6—泄压管

动装置组成。

中压辅助调节器是个弹簧薄膜结构的调压器,其作用是将一部分中压燃气引入,并使其出口压力保持一定。自中压辅助调节器至中间压力平衡器及低压辅助调节器之间的压力称为中间压力(指挥压力或调节过渡压力)。利用中间压力的变化可以自动调节主调压器阀的开度。中间压力通常采用 5kPa 左右。

低压辅助调节器是个重块薄膜调压器,其作用是将其出口压力调节至规定的供应压力。

当处于无负荷状态时,主调压器与两个辅助调节器的阀门均是关闭状态;开始有负荷时,出口压力下降,低压辅助调节器失去平衡状态,调节阀门打开,燃气流向低压管道,中间压力降低,同时中压辅助调节器也打开,燃气从中压辅助调节器流向低压辅助调节器,致使针形阀以后的中间压力下降,中间压力平衡器内的薄膜开始下降,通过杠杆将主调压器阀打开;当负荷越大,流经辅助调节器的流量也就越大,针形阀的阻力损失也就越大,中间压力也就越小,主调压器阀门的开度也就越大;如负荷减小,调节器的动作与上述情况相反;负荷减至零时,阀门关闭,切断燃气的通路。

应当指出,这种调压器当负荷很小时,中间压力变化很小,不足以使主调压器启动,通过辅助调节器即可满足需要。无论进口压力和管网负荷在允许范围内如何变化,这种调压器均能保持规定的出口压力。

这种调压器对燃气的净化程度要求较高,在运行中要经常检查针形阀是否被堵塞。

常用雷诺式调压器的规格及技术性能见表 7-5。

雷诺式调压器的技术参数　　　　　　　　　　　　表 7-5

型　号	进口压力 (MPa)	出口压力 (kPa)	额定流量 (m³/h)	公称直径 (mm)	关闭压力 (kPa)	稳压精度 (%)
RTJ-212	0.005～0.2	1～5	500	50		
RTJ-214	0.005～0.2	1～5	1200	100	1.25 倍的 出口压力	±15
RTJ-216	0.005～0.2	1～5	2200	150		
RTJ-218	0.005～0.2	1～5	3600	200		

型 号	进口压力 （MPa）	出口压力 （kPa）	额定流量 （m³/h）	公称直径 （mm）	关闭压力 （kPa）	稳压精度 （%）
RTJ-2112	0.005～0.2	1～5	8000	300		
RTJ-312	0.07～0.4	1～5	800	50		
RTJ-314	0.07～0.4	1～5	1500	100		
RTJ-316	0.07～0.4	1～5	2500	150	1.25 倍的 出口压力	±15
RTJ-318	0.07～0.4	1～5	4000	200		
RTJ-3112	0.07～0.4	1～15	9000	300		
TMJ-214A	0.005～0.2	1～3	600	100		
TMJ-216A	0.005～0.2	1～3	1700	150		
LN150	0.007～0.3	0.6～3	885	150	0.115MPa	

注：表中额定流量是指空气，选用时应根据燃气密度进行修正。

五、自力式调压器

自力式调压器常用于天然气、城市煤气及冶金、石油、化工等工业部门。目前广泛应用在天然气输配系统的起点站、门站及调压计量站中，有时也用于人工燃气输配系统中。

自力式调压器具有结构简单、维护方便等特点，且能在－20～60℃温度下正常工作。

自力式调压器由主调压器、指挥器、针形阀和导压管组成。如图7-9所示。

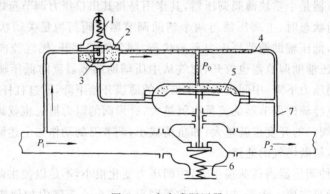

图 7-9　自力式调压器

1—指挥器弹簧；2—指挥器薄膜组；3—指挥器密封垫片；
4—针形阀；5—主调压器薄膜；6—主调压器弹簧；7—导压管

调压器开始启动时，操作指挥器的手轮给定压力；当被调介质的压力高于给定值时，指挥器薄膜组克服弹簧力而上升，密封垫片靠近喷嘴，使喷嘴阻力损失增大，引起主调压器膜上腔室压力下降，由于依靠阀门4造成的薄膜上、下腔室压力差与主调压器弹簧力平衡关系的破坏，使调压器阀门随着薄膜上升而关小，调压器出口压力恢复到给定值；当调压器出口压力降低时，调节过程将按相反的方向进行。

六、T型调压器

T型调压器可以作为高中压、高低压、中中压、中低压调压器。它是由主调压器、指挥器及排气阀三部分组成。其工作原理如图7-10所示。

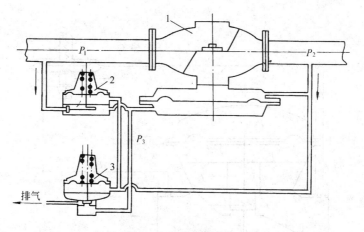

图 7-10 T 型调压器
1—主调压器；2—指挥器；3—排气阀

当调压器开始运行启动时，首先调节指挥器的弹簧，使调压器出口压力调到给定值，同时调节排气阀的排气压力使其稍高于需要的出口压力。

当出口压力 P_2 低于给定值时，指挥器的薄膜就开始下降，使指挥器阀门打开，压力为 P_3 的气体补充到调压器膜下空间，$P_3 > P_2$，阀门开大，流量增加，P_2 恢复到给定值。

当 P_2 超过给定值时，指挥器薄膜上升使其阀门关闭，同时由于作用在排气阀薄膜下部的力将排气阀打开，压力为 P_3 的气体排出一部分，使调压器膜下的压力减小，而又由于 P_2 的增加，调压器膜上的力增大，阀口关小，P_2 恢复到给定值。

这种调压器性能好，适用范围广，当燃气的净化程度稍差也能正常工作，不至于被堵塞。指挥器和排气阀分开，便于制造、组装、调试和检修。

七、燃气工程常用的其它调压器

调压器种类繁多，各具特色，国内常用的调压器还有以下几种。

（一）活塞式调压器

活塞式调压器是近几年研制成功性能较好的调压器，它适用于高、中压区域性调压站或专用调压器。当调压室采用两个活塞式调压器串联，可将高压燃气调节为低压供应用户。

图 7-11 为 TMJ 型活塞式燃气调压器的示意图。它是一种后压反馈间接作用式、气体压力自动调节的设备，它能根据给定值自动调节出口压力，并具有外形美观、组装紧凑、结构合理、操作简便、性能稳定、安全可靠、便于遥控等特点。

（二）低压调压器

低压调压器结构简单，由薄膜与安装于薄膜轴上的阀门所组成。供应压力由薄膜上部的重块进行调节。由于入口与出口的压差较小，因此作为大容量调压器使用时，需要相当大的直径。这种调压器除用于厂（站）调压器外，主要用作附属于燃具上的调压器，使燃气压力稳定，燃烧完全，温度均匀。

（三）箱式调压器

箱式调压器一般指安装于调压箱内的小型调压器，它是区域性调压器的一种，它可以是直接作用式，也可以是带有指挥器的间接作用式调压器。

（四）曲流式调压器

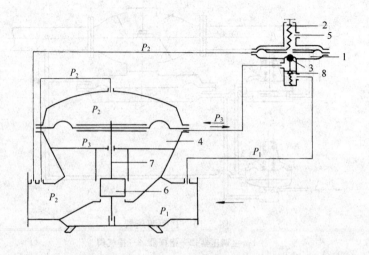

图 7-11 TMJ 型活塞式燃气调压器

1—指挥器皮膜下腔；2—弹簧；3—指挥器上阀；4—调压阀皮膜下腔；
5—排气孔；6—活塞；7—大轴；8—指挥器下阀

曲流式调压器是国外应用较广的新型调压器，国产曲流式调压器也开始应用于燃气调压。曲流式调压器具有结构紧凑、体积小、流量大、稳压精度高等优点。可适用于配气站、区域调压及用户调压等。进口压力可以从零点几兆帕到 10MPa，出口压力可以达到几百帕到几兆帕。曲流式调压器体积小、流通量大、安装方便。为了便于管理及安全考虑，常将曲流式调压器串联安装及并、串联配合使用。

第三节 调 压 室

调压室在燃气管网系统中是用来调节和稳定管网压力的。通常是由调压器、阀门、过滤器、安全装置、旁通管及测量仪表等组成。一般将其集中布置在一个专用的房间或箱内，统称为调压室或调压箱，有的调压室还装有计量设备，合称为调压计量站。

一、调压室的分类及选址

（一）调压室的分类

调压室（也称调压站，以下通用）按使用性质可分为区域调压室、专用调压室和用户调压装置。

按调节压力的大小不同，调压室可分为高中压调压室、高低压调压室、中低压调压室等。

按建筑形式的不同，调压室可分为地上调压室和地下调压室。其中，液化石油气和相对密度大于 1.0 的燃气调压室不得置于地下和半地下室内。

（二）调压室的选址

区域调压室通常布置在地上特设的房屋里，在不产生冻结堵塞和保证设备正常运行的前提下，调压器及附属设备（仪表除外）也可以露天设置。

地下调压室虽然不必采暖，不影响城市美观，在城市中选择位置比较容易，但是，地下调压室难以保证室内干燥和良好的通风，发生中毒的可能性较大。因此只有当地上条件限制，燃气管道进口压力为中低压时,才可设置在地下构筑物中。

地上调压室的设置应尽可能避开城市的繁华大道,可设在居民区的街坊内或广场、花园等空旷地带。调压室应力求布置在负荷中心或接近大用户处。调压室的作用半径,应根据经济比较确定。

调压室为二级防火建筑,它与周围建筑物、构筑物之间的安全距离应符合表 7-6 的规定。

调压室与其他建筑物、构筑物水平净距(m)　　　　　　　表 7-6

建 筑 形 式	调压装置入口 燃气压力级制	距建筑物 或构筑物	距重要公 共建筑物	距铁路或 电车轨道
地上单独建筑	次高压(A)	10.0	30.0	15.0
	次高压(B)	8.0	25.0	12.0
	中压(A)	6.0	25.0	10.0
	中压(B)	6.0	25.0	10.0
地下单独建筑	中压(A)	5.0	25.0	10.0
	中压(B)	5.0	25.0	10.0

调压箱的设置位置应满足下列要求:

(1) 落地式调压箱的箱底距地坪的高度宜为 30cm,可嵌入外墙壁或置于庭院的平台上;

(2) 悬挂式调压箱的箱底距地坪的高度宜为 1.2~1.8m,可安装在用气建筑物的外墙壁上或悬挂于专用的支架上;

(3) 调压箱到建筑物的门、窗或其他通向室内的孔槽的水平净距应不小于 1m,且不得安装在建筑物的门窗及平台的上、下方墙上,安装调压箱的墙体应为永久性的;

(4) 安装调压箱的位置应能满足安全装置的安装要求;

(5) 安装调压箱的位置应使调压箱不被碰撞,不影响观瞻,并在开箱作业时不影响交通。

单独用户的专用调压装置的设备位置除满足以上要求外,尚应符合下列条件:

(1) 设置在用气建筑物的单独单层毗邻建筑物内(进口压力不大于 0.4MPa)时,该建筑物与相邻建筑物应用无门窗和洞口的防火墙隔开,与铁路、电车轨道净距不应小于 6m;该建筑物耐火等级不低于二级的要求,并应具有轻型结构屋顶及向外开启的门窗,地面应采用不会产生火花的材料;

(2) 设置在公共建筑的屋顶房间内(进口压力不大于 0.2MPa)时,房间应靠建筑物外墙,并且达到二级防火要求;

(3) 设置在生产车间、锅炉房和其他生产用气房间内(进口压力不大于 0.2MPa)时,应达到二级防火要求,调压装置应用非燃围板围起或置于铁箱内,调压装置与用气设备净距不应小于 3m。

二、调压室的组成

(一)阀门

为了便于检修调压器、过滤器及停用调压器时切断气源,在每台调压器的进出口处必须设置阀门。在调压室之外的进出口管道上亦应设置切断阀门,此阀门是常开的(但要求它必须随时可以关断),在调压室发生事故和大修停用时可用此阀门切断气源,并和调压室相隔一定的距离,以便当调压室发生事故时,不必靠近调压室即可关闭阀门,避免事故蔓延和扩大。

(二)过滤器

燃气中夹杂的一些固体悬浮物易使调压器、管道、阀门等堵塞,妨碍阀芯和阀座的配合,影响调压器和安全阀的正常运行。为了清除燃气中的这些杂质,应在调压器前安装过滤器。

所选用的过滤器要求结构简单,使用可靠,过滤效率高。气体通过时压降小。在正常工作情况下,燃气通过过滤器的压力损失不得超过 10kPa,压力损失过大时应拆下清洗。调压室常采用以马鬃或玻璃丝做填料的过滤器。常见的燃气管道过滤器如图 7-12 所示。

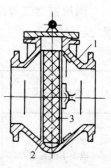

图 7-12　过滤器
1—外壳;2—夹圈;
3—填料

(三)安全装置

由于调压器或指挥器的薄膜破裂、阀口关闭不严、弹簧故障、阀杆卡住等原因,会使调压器失去自动调节及降压能力,出口压力会突然增高,造成调压器后的中、低压燃气系统超压,它会危及设备的正常工作,如低压系统超压就会冲坏燃气表,发生管道、设备漏气或燃具不完全燃烧等事故,危及用户安全。因此,调压室内必须设置安全装置。常用的安全装置有安全阀、监视器装置(调压器串联装置)、调压器并联装置、压力报警器等。

(1)安全阀　安全阀分为水封式、重块式、弹簧式等形式。当出口压力超过规定值时,安全装置启动,将一定量的燃气排入大气中,使出口压力恢复到允许压力范围内,并保持不间断地供气。

水封式安全阀简单,故被广泛采用。其缺点是尺寸较大,并需要经常检查液位,在 0℃以下的房间内,需采用不冻液或在调压室安装采暖设备。

(2)监视器装置　它是由两个调压器串联的装置,如图 7-13 所示。备用调压器 2 的给定出口压力略高于正常工作调压器 3 的出口压力,因此正常工作时备用调压器的调节阀是全开的。当调压器 3 失灵,出口压力上升达到备用调压器 2 的给定出口压力时,备用调压

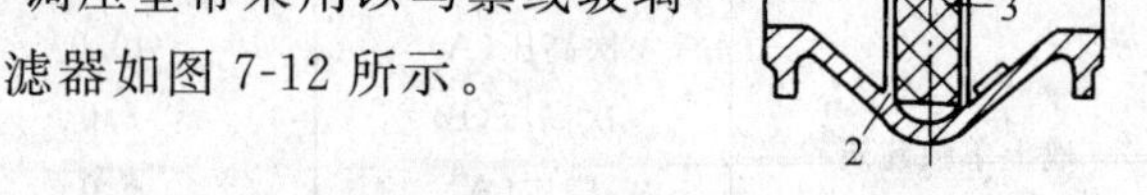

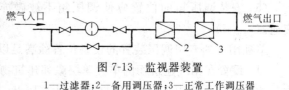

图 7-13　监视器装置
1—过滤器;2—备用调压器;3—正常工作调压器

器 2 投入运行。备用调压器也可以放在正常工作调压器之后,备用调压器的出口压力不得小于正常工作调压器。

(3)调压器的并联装置　这种装置如图 7-14 所示。此种系统运行时,一个调压器正常工作,另一个调压器备用。当正常工作调压器出故障时,备用调压器自动启动开始工作。

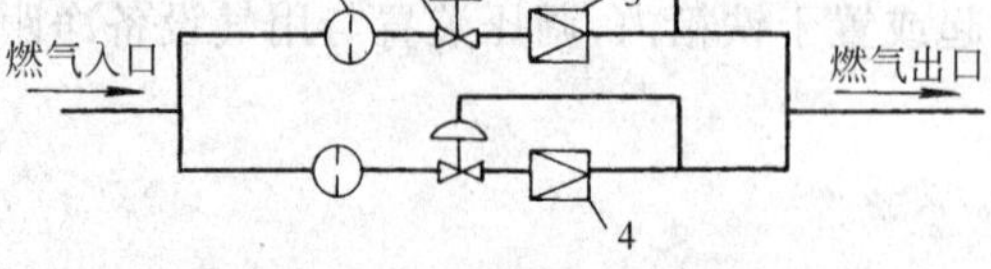

其工作原理如下:正常工作调压器的给定出口压力略高于备用调压器的给定出口压力,所以正常工作时,备用调压器是关闭状态。当正常工作的调压器发生故障,使出

图 7-14　调压器的并联装置
1—过滤器;2—安全切断阀;
3—正常工作调压器;4—备用调压器

口压力增加到超过允许范围时,其线路上的安全切断阀关闭,致使出口压力降低,当下降到备用调压器的给定出口压力时,备用调压器自行启动正常工作。备用线路上安全切断阀的动作压力应略高于正常工作线路上安全切断阀的动作压力。

凡不能间断供气的调压室均应设置备用调压器。

(4)压力报警器 高、中、低各类调压室中一般应安设压力报警器。另外,在储配站出站管及燃气输送的其他重要部位也应设置。

压力报警器的构造如图 7-15 所示。它是由压力传感器和报警装置两部分组成。压力传感器由波纹管、接触点、导线等组成,报警装置由电信号接受器、电源、报警信号等组成。当被测压力管与压力传感器连接后,波纹管随压力的变化而进行伸缩,当压力超过某设定压力时,波纹管接出端与接触点接触,此时信号接受器电路通电,随即进行报警。

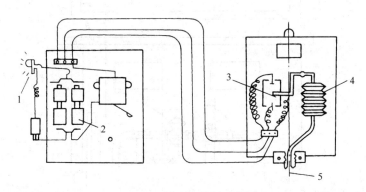

图 7-15　压力报警器示意图
1—信号;2—电源;3—接触点;4—波纹管;5—压力管

压力报警器的传感器一般安装在被测压力设备附近,或用管道连接,报警装置可设于值班室等经常有人员管理的场所。

(四)旁通管

为了保证在调压器维修时不间断供气,调压室内设有旁通管。在使用旁通管供气时,管网压力及流量由旁通阀来控制。对于高压调压装置,为便于调节通常在旁通管上设两个阀口。旁通管的管径应根据调压室最低进口压力和最大出口流量来确定。旁通管的管径通常比调压器出口管的管径小 2～3 号。为防止噪声和振动,旁通管最小管径不小于 50mm。

(五)测量仪表

调压室内的测量仪表主要是压力表。有些厂(站)调压室及用户调压室还设置流量计。在过滤器后应装指示压力计,调压器出口安装自记式压力计,自动记录调压器出口瞬时压力,以监视调压器的工作状况。

(六)其他装置

为了改善管网水力工况,需随着燃气管网用气量改变而使调压室出口压力相应变化,有的调压室内设置孔板或凸轮装置。

当调压室产生较大的噪声时,还必须有消声装置。

三、调压室的平面布置

调压室内部设施的布置,要便于管理及维修,设备布置要紧凑,管道及辅助管线力求简短。

（一）区域调压室

区域调压室通常布置成一字形,有时也可布置成 Ⅱ 型及 L 型。调压室(雷诺式调压器)的布置示例如图 7-16 所示。因为城市输配管网多为环状布置,由某一个调压室所供应的用户数不是固定不变的,因此在区域调压室内可不设流量计。

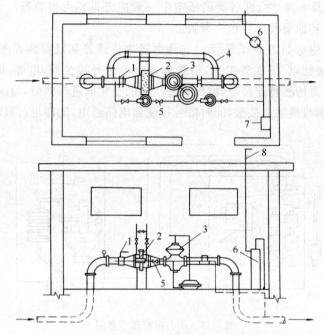

图 7-16　区域调压室平面及立面图

1—蝶阀;2—过滤器;3—雷诺式调压器;4—旁通管;

5—针形阀;6—水封;7—自记式压力计;8—放散管

区域调压室的平面布置应遵守下列规定:

(1) 调压室的净空高度通常为 3.2～3.5m,主要通道的宽度及每两台调压器之间的净距不小于 1m;

(2) 调压室的屋顶应有泄压设施,房门应向外开;

(3) 调压室应有自然通风和自然采光,通风次数每小时不宜少于两次;

(4) 室内温度一般不低于 0℃,当燃气为气态液化石油气时,不得低于其工作压力下的露点温度;

(5) 室内电器设备应采取防爆措施;

(6) 调压室周围无避雷设施保护时,应单独装设避雷针,其接地电阻应小于 10Ω。

（二）专用调压室

工业企业和公共事业用户的燃烧器通常用气量较大,可以使用较高压力的燃气。因此,这些用户与中压或高压燃气管道连接较为合理。这样不仅可以减轻低压燃气管网的负荷,还可以充分利用燃气本身的压力来引射空气。因此,专用调压器的进出口都可以采用比较高的压力。

专用调压室通常单独设置在与燃烧设备毗邻的房间内。当进口压力为中压或低压,且只安装一台接管直径小于 50mm 的调压器时,调压器亦可设在使用燃气的车间角落处。如果设在车间内,应该用栅栏把它隔离起来。并要经常检查调压设备、安全设备是否工作正常,也要经常检查管道的气密性。

专用调压室要安装流量计;应选用能够关闭严密的单座阀调压器;安全装置应选用安全切断阀,不仅压力过高时要切断燃气通路,压力过低时也要切断燃气通路,以免造成燃烧器熄灭,引发事故。

(三)用户调压装置

用户调压装置要根据其服务范围采用不同的形式,目前常采用的有三种形式:调压柜、调压箱和简易调压装置。

(1)调压柜 调压柜,也叫楼栋调压箱,它是将调压器及相关设施一起安设在特制的金属柜中,因此俗称调压柜。一般由专业生产厂家提供成品,安装时独立设置,也可靠于墙边或直接挂在牢固耐火的墙上。

图 7-17 是采用 КН-2 型指挥器和 РДУК—2—50 型调压器的调压柜示意图。它可将

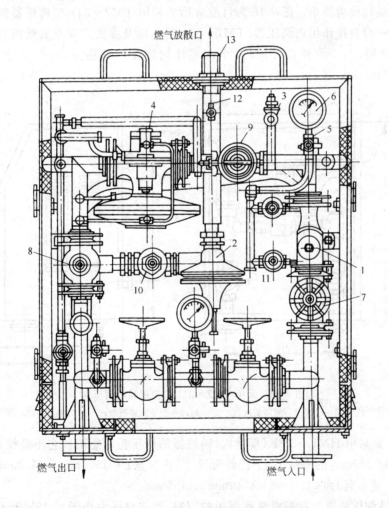

图 7-17 采用 РДУК—2—50 型调压器的调压柜

1—过滤器;2—弹簧式放散阀;3—安全切断阀;4—调压器;5—三通阀;6—压力表;7、11—截止阀;
8—旋塞阀(法兰连接);9、10—旋塞阀(螺纹连接);12—实验室用小旋塞;13—燃气放散管

高压和中压燃气调到低压和中压,入口最大压力为 1.2MPa,出口的被调压力为 0.5～50kPa。此调压柜设有安全阀、网状过滤器和旁通管。入口压力用压力表测量,测量出口压力利用带堵的三通阀,在其上连接压力表。

调压柜同时可供一栋或几栋楼居民用,在北方采暖地区,如果将调压柜放在室外,则燃气必须是干燥的或者要有采暖设施,否则,冬季就会在管道中形成冰塞,影响正常供气。

当燃气直接由中压管网(或次高压管网)经用户调压器降至燃具正常工作所需的额定压力时,常将用户调压器装在金属箱内挂在墙上,俗称调压箱。

采用调压箱对用户供气,其特点是只有一段中压管道(或次高压管道)在市区沿街布置,各幢楼房的室内低压管道通过调压箱直接与室外管网连接。因而提高了管网输气压力,节省管材与基建投资,且占地省,便于施工,运行费低,使用灵活。此外,由于用户调压器出口直接与户内管道连接,故用户的灶前压力一般比由低压管网供气时稳定,有利于燃具的正常使用。

调压箱结构较为简单。图 7-18 为目前常用的采用 TMZ—311 型调压器的调压箱示意图。箱内设一台直接作用式调压器(TMZ—311 型),以及弹簧式安全放散阀、进出口阀门、压力表、过滤网、测压取样口等附件,全部零件均装在一铁箱内,外形尺寸为 454mm×545mm×376mm。

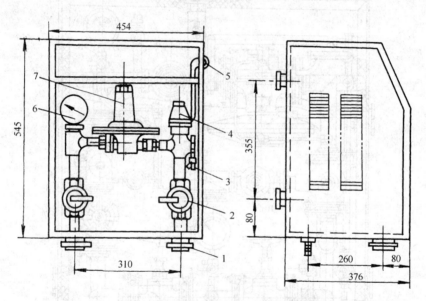

图 7-18　采用 TMZ—311 型调压箱的调压箱
1—法兰;2—球阀;3—测压旋塞;4—安全阀;5—安全阀放散口;6—压力表;7—调压器

图 7-19 是采用 HMK—3FK(衡量式)调压器的调压箱示意图。它不是挂在墙上,而是安装在距地面 100mm 的平台上,平台外形尺寸(长×宽)为 2500mm×1500mm,调压箱箱体尺寸(长×宽×高)为 2150mm×1140mm×2150mm。

(2)简易调压装置　对需要单独调压的用户,当进口压力小于 0.15MPa 时,可将用户调压器设置在总开关后的用气房间内。这种装置如图 7-20 所示。

另外,中压入户方式,表前调压采用的是类似液化石油气瓶减压阀的专用调压器,这种

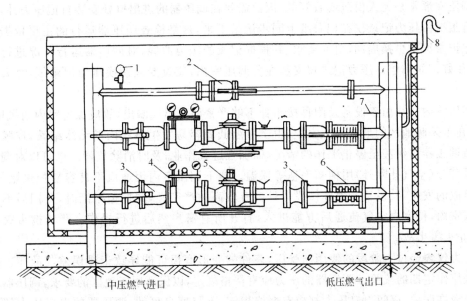

图 7-19　采用 HMK—3FK(衡量式)调压器的调压箱
1—压力表；2—旁通管球阀；3—进出口球阀；4—过滤器；
5—调压器；6—波纹管；7—水封；8—放散管

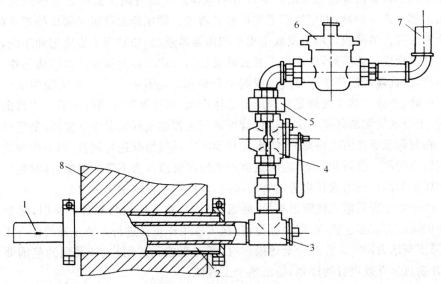

图 7-20　用户简易调压装置
1—用户支管；2—外套管；3—清扫三通管；4—总开关；5—活接头；
6—用户调压器；7—室内燃气管道；8—外墙

调压方式比楼栋式调压要先进，初步估算可节约钢材 40％以上，节约投资 30％左右，且安装简单，用户灶前压力稳定。

四、调压室的运行管理

调压室是输配系统的主要组成部分之一，因此维护和管理工作需要制度化和保持经常性。

调压室通常是无人值班或看管的,因此需要在调压器的进出口处安装自记压力计,调压器运行工况由压力记录仪在记录纸上同步记录下来,这是检查调压器运行的主要依据。因此规定记录纸的更换周期,更换要求,并根据记录的压力曲线,对调压器运行工况进行分析研究,作好记录归档。压力记录仪安装在各调压室内,应设专人调换压力记录纸,每天定时定线进行。

调压室内往往由于设备及附件接头处不够严密而有燃气漏出,故应保持室内通风良好。冬季,在不采暖地区的地上调压室中,由于室温低而容易发生系统内壁结冰结萘,皮膜发硬等导致调压器失灵甚至停止工作的情况,需加强巡查作业,及时消除故障。也可以对调压器的明露部分(空气孔除外)用棉布毛毡等保温。地下调压室内因通风不良容易积聚燃气,为防止事故的发生,其设备及附件接头等处要有较高的严密性,调换记录纸时,开门后不得立即进入室内,待室内空气流通后方能进入,打开所有窗户然后进行操作。严禁携带火种进入,防止火警事故。

压力仪表经过一阶段的使用与受压,表件的变形磨损可能导致记录误差与故障。故压力仪表应作定期的校验。调压器的压力应有严格规定,以保证用气地区的要求,调压器出口压力及允许误差、夜间出口压力都应有严格规定,不得擅自更动,调压器的出口压力超过允许范围时,应采取措施查清原因并在压力记录纸上作出记录。施工单位需要管网停气降压时,应有专职人员前往操作。

调压室内的设备需要进行预防性的检查和维修。注意对调压器的日常维修保养,特别是用于人工燃气的调压器,更应注意定期检查和清洗。调压器的薄膜必须保持正常的弹性,及时更换失去弹性的薄膜。用羊皮或牛皮作调压器薄膜时,如发现干燥应用油滋润,并将其搓软。用合成橡胶作薄膜时,应注意不要被油类沾污。调压器的阀座容易附沾污物,致使阀门关闭不严,因此需定期清洗。当阀门或阀垫有损坏时需及时更换。调压器的维修分为三种:大修、中修、小修。其中大修是对调压器总体拆装、附件拆装及通气检验。中修的周期为每年一次,小修的周期是每年二次。运行管理部门应根据实际情况作好安排,制定维修保养的计划。在对调压器作清洗检修时,应事先对调压室供气情况进行调查,因为即使出口管道与邻近调压室的出口管道相连通,有时也会产生地区管道压力下降的现象,这时就应适当提高邻近调压室的出口压力或开启旁通管的阀门,以保持正常的供应压力。

在生产中由于管道施工或管道事故(断裂、火警),制气厂检修等各种原因,常常需要改变燃气的供应压力或停止供应,以保证抢修、施工等工作正常进行。调压器的配合工作主要为停气、降压与压力调节。在配合上述操作时,需对影响到的用户、涉及到的范围要有详细的了解,并制订出有效可行的计划,绘出整个工程图。

第四节　燃气的计量

一、燃气计量概述

流量是单位时间内流过管道横截面的流体数量。流体数量以质量表示时称为质量流量,以体积表示时称为体积流量。测量管流或明渠流中流量或总量的仪器称为流量计或计量计,测量体积流量的称为体积流量计,如涡轮流量计、涡街流量计、电磁流量计等。专门测量质量流量的称为质量流量计,如科里奥利质量流量计、热式质量流量计等。其中有的适用于测量高精度流量,如涡轮流量计、电磁流量计、科里奥利质量流量计等;有的适用测量高精度总量,如容积式流量计、涡轮流量计、电磁流量计等。

燃气的计量主要是测出其体积流量。由于采用不同的测量原理和方法,燃气流量计(简称燃气表或煤气表)又有容积式流量计、速度式流量计、差压式流量计、临界流流量计、电磁流量计和超声波流量计等几类。

二、容积式燃气流量计

容积式流量计是依据流过流量计的液体或气体的体积来测定其流量的。测量燃气的容积式流量计常用的有膜式流量计、回转式流量计和湿式流量计三种。

(一)膜式流量计

膜式燃气流量计简称膜式表,其工作原理如图 7-21 所示。被测量的燃气从表的入口进入,充满表内空间,经过开放的滑阀座孔进入计量室 2 及 4,依靠薄膜两面的气体压力差推动计量室的薄膜运动,迫使计量室 1 及 3 内的气体通过滑阀及分配室从出口流出。当薄膜运动到尽头时,依靠传动机构的惯性作用使滑阀盖相反运动。计量室 1、3 和入口相通,2、4 和出口相通,薄膜往返运动一次,完成一个回转,这时表的读数值就应为表的一回转流量(即计量室的有效体积)。膜式表的累积流量值即为一回转流量和回转数的乘积。

国产膜式表是在焊接式民用表的基础上改进制成的,它的优点是加工及维修方便,改善了工人的操作条件。节省了大量的稀有金属和羊皮,减少了零件,因此体积减小,重量减轻,造价降低。

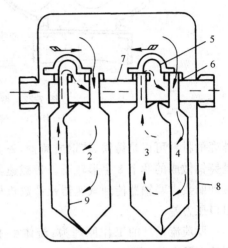

图 7-21 膜式流量计工作原理图
1、2、3、4—计量室;5—滑阀盖;6—滑阀;
7—分配室;8—外壳;9—薄膜

由于采用了耐油材料,所以不仅可以计量人工燃气,也可以计量天然气或液化石油气。

国产膜式表的规格一般按其额定流量的大小来划分,居民用户安装的燃气表(简称民用表),其规格一般为 1.5、2.0、3.0、$4.0 \mathrm{m}^3/\mathrm{h}$,公共建筑用户安装的燃气表(简称公用燃气表),其规格一般为 25、40、65、$100 \mathrm{m}^3/\mathrm{h}$。表管接头又有单管和双管之分。一般膜式表均为双管接头,表的进出口位置一般为"左进右出",即面对燃气表的数字盘,左边为进气管,右边为出气管;在特殊情况下也有"右进左出"的;图 7-21 中,即为一典型的"左进右出"型双管膜式表。单管膜式燃气表的进出口为三通式,进气口位于三通一侧的水平方向,出气口位于三通顶端的垂直方向,但这种燃气表目前已很少采用。

膜式表主要适用于民用户和燃气用量不大的公共建筑用户,对于用气量较大的工业用户,由于它体积较大、占地面积也大、价格昂贵等缺点,故较少采用。

(二)回转式流量计

回转式流量计亦属容积式流量计,不仅可以测量气体,也可以测量液体。测量气体的流量计通常称为罗茨(ROOTS)流量计,测量液态液化石油气的回转流量计通常称为椭圆齿轮流量计。

(1)罗茨流量计　罗茨流量计,又称腰轮流量计,主要由三部分构成,如图 7-22 所示。

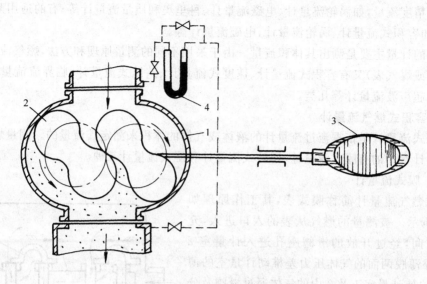

图 7-22 罗茨流量计的构造及原理
1—外壳；2—转子；3—计数机构；4—差压计

外壳的材料可以是铸铁、铸钢或铸铜，外壳上带有入口管及出口管。转子是由不锈钢、铝或是铸铜做成的两个 8 字形转子。带减速器的计数机构通过联轴器与一个转子相连接，转子转动圈数由联轴器传到减速器及计数机构上。此外，在表的进出口安装差压计，显示表的进出口压力差。

罗茨流量计的工作原理为：流体由上面进口管进入外壳内部的上部空腔，由于流体本身的压力使转子旋转，使流体经过计量室（转子和外壳之间的密闭空间）之后从出口管排出。8 字形转子回转一周，就相当于流过了 4 倍计量室的体积，这样经过适当设计减速机构的转数比，计数机构就可以显示流量。由于加工精度较高，转子和外壳之间只有很小的间隙，当流量较大时，由于间隙产生的误差将在计量精度的允许范围之内。

这种流量计的优点是体积小、流量大，能在较高的压力下计量，目前主要用于工业及大型公共事业用户的气体计量。

（2）椭圆齿轮流量计　椭圆齿轮流量计主要由外壳、椭圆齿轮、计量室、轴和计数器等构成，其工作原理与罗茨流量计基本相同，两者只是测量元件不同，即转子啮合与椭圆齿轮啮合的区别。如图 7-23 所示。

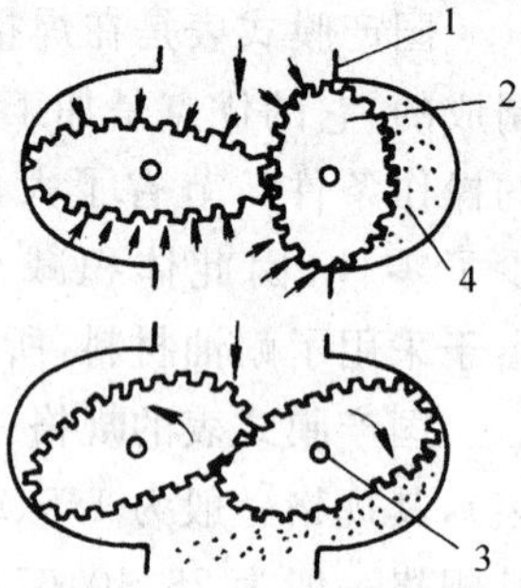

图 7-23　椭圆齿轮流量计
1—外壳；2—齿轮；
3—轴；4—计量室

椭圆齿轮流量计主要用于大流量液体的计量。在燃气工程中，常用它来计量液态的液化石油气。

（三）湿式流量计

湿式流量计的构造如图 7-24 所示。在圆柱形外壳内装有计量筒，水或其他液体装在圆柱形筒内做为液封，液面高度由液面计控制，被测气体只能存在于液面上部计量筒的小室内，当有气体流过时，由于气体进口与出口的压力差，驱使计量筒转动。计量筒内一般有四个小室,也有的湿式流量计只有三个小室。小室的容积恒定,故每转一周就有一定量的气体通过。随着计量筒及轴转动,带动齿轮减速器及表针转动,记录下气体的累积流量。

湿式流量计结构简单、精度高,但使用压力较低、流量较小。一般适用于实验室中及用来校正民用燃气表。

三、速度式流量计

速度式流量计的基本原理,是以测量流体在管道内的流速变化进行转换而得出流体流量的一种方法。由于流体在流过装有流速检测元件(叶轮、涡轮、三角柱、圆柱棒以及超声换能器等)的仪表时,将其测得的转速或频率产生电信号,然后放大、转换、传输至相应配套的显示仪表,以实现流量的测定和记录。

速度式流量计的类型很多,测量燃气流量时常用的有叶轮式和漩涡式两种。

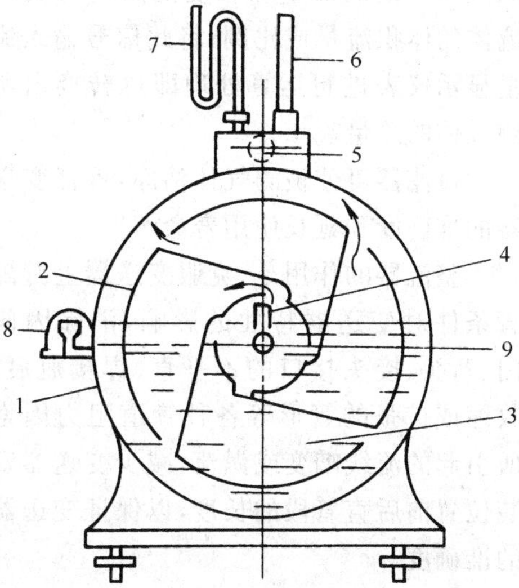

图 7-24　湿式流量计的构造
1—外壳;2—计量筒;3—计量筒小室;4—燃气入口;
5—燃气出口;6—温度计;7—压力计;
8—液面计;9—转动轴

(一)叶轮式流量计

叶轮式流量计按叶轮的形式可分为平叶轮式和螺旋叶轮式两种。平叶轮式的叶轮有径向的平直叶片,叶轮轴与气流方向垂直;而螺旋叶轮式的叶片是按螺旋形弯曲的,叶轮轴与介质流动的方向平行。通常前者称为叶轮表,后者称为涡轮表。

叶轮式流量计一般由流量变送器(传感器)、前置放大器、过滤器、整流器、流量显示仪等装配而成。如图 7-25 所示。

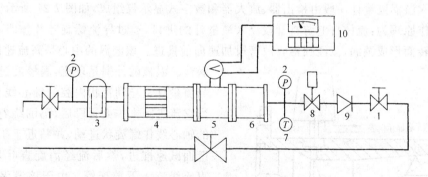

图 7-25　叶轮式流量计装配示意图
1—截止阀;2—压力表;3—过滤器;4—整流器;5—流量变送器(连前置放大器);
6—后置管段;7—温度计;8—调节阀;9—单向阀;10—流量显示仪

流量变送器的结构参见图 7-26,它是由壳体、导向件、叶轮、轴与轴承以及信号检出器等组成。当燃气流经变送器时,气体动能直接作用于叶轮的叶片上,驱使叶轮旋转;当由铁磁材料制成的叶片旋经固定在壳体上的磁电感应式信号检出器中的磁钢时,则引起磁路中磁阻的周期性变化,在感应线圈内产生近似正弦波的电脉冲信号;该电脉冲信号的频率在被

155

测流体一定的流量和粘度范围内与被测流体的体积流量成比例；将此信号输入流量显示仪表进行运算处理即可转换出所测气体的总量。

过滤器可使被测气体洁净，保证变送器的准确度和延长使用寿命。

整流器的作用是，克服变送器上游配管条件对变送器特性的影响，消除因阀门、弯头、接头接口的不平直、焊接疤痕、收缩或扩张的管形等各种管道阻力因素所引起的流线畸变或涡流，减少变送器安装位置前后直管段的长度，以保证变送器的准确度。

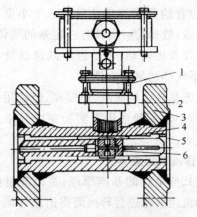

图 7-26　流量变送器结构图
1—信号检出器；2—外壳；3—前导向件；
4—叶轮；5—后导向件；6—轴承

流量显示仪是将流量变送器输出的微弱脉冲信号，经前置放大器放大后，进行运算计数，并显示流体总量。

叶轮式流量计的特点是结构紧凑、准确度高、重复性好、量程比较宽、反应迅速、压力损失较小，但安装使用和轴承耐磨损性的要求较高。

（二）漩涡式流量计

漩涡式流量计是利用流体振荡原理，在流体管道内插入一个可形成漩涡流的物体（柱状物、螺旋叶片等），并通过与该物体组合的检出元件，测出漩涡运动规律与流速的比例关系，从而求得流量的仪表。漩涡流量计按其形成漩涡的方式分为旋进式和涡街式两种。

（1）旋进式漩涡流量计　这是一种漩涡进动型流量计，它的漩涡流谱为螺旋形漩涡旋进运动。

旋进式漩涡流量计一般由检出器、放大器和数字式显示仪组成，如图 7-27 所示。

其工作原理为：流体自上游直管段流入流量计的进口，通过导流螺旋叶片体时，即被强制造成旋转而形成漩涡，流经圆锥收敛管段加速向前推进。该漩涡的中心是高流速区，称为涡核。涡核的外围是环流，涡核旋进的轴心与流量计文丘利管状内腔的轴心线相一致。当它流进圆锥扩大管段后，仍围绕着流量计的轴心线作螺旋状进动，并贴近于扩大段的壁面减速推进，然后流经消旋直叶片体，导直流线流入下游配管。由于该漩涡进动的频率与流体的体积流量成正比，因此通过检出元件对涡核的进动频率进行检测，将其感应频率经过放大整形成为电脉冲讯号，然后传输至显示仪表，则可实现瞬时流量的指示和体积总量的积算。

（2）涡街式漩涡流量计　涡街式漩涡流量计是一种漩涡分离型流量计，它的漩涡

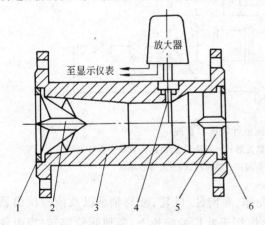

图 7-27　旋进式漩涡流量计的结构
1、6—紧固环；2—螺旋叶片；3—壳体；
4—检出元件；5—消旋直叶片

流谱为两列交错方向相反的漩涡运动。

涡街式漩涡流量计主要由检出器、放大器和转换器三部分组成,如图7-28所示。

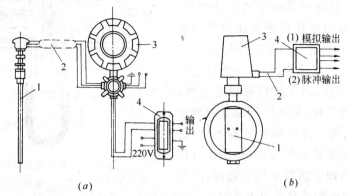

图 7-28　涡街式漩涡流量计结构

(a)圆柱涡街式漩涡流量计;(b)三角柱涡街式漩涡流量计

1—检出器;2—屏蔽电缆;3—放大器;4—转换器

它的工作原理是:在流体管道内插入一根非流线型的柱状物(圆柱或三角柱等),在一定的雷诺数范围内,柱状物的下游则产生如图7-29所示的两列不对称而有规律的交替漩涡,称为涡街。由于漩涡产生的频率与流体的平均流速成正比,测得漩涡的频率即可计算出流速,进而求得流量。

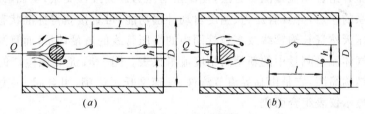

图 7-29　涡街示意图

(a)圆柱涡街;(b)三角柱涡街

漩涡式流量计的特点是仪表内部无活动机件,使用寿命长,测量准确度可达±1%,输出信号几乎不受被测流体的温度、压力、密度、成分、黏度等参数变化的影响,输出电脉冲信号,便于远传与配套,维护方便,更换检出元件不需重新标定,并具有较好的防爆性能。但流速分布情况和脉冲流对测量准确度会产生不同程度的影响,当采用接触流体检出方法的检出元件表面聚有凝污时,会影响仪表的灵敏度,须定期检查清洗。

旋进式漩涡流量计一般用于测量管径在150mm以下管道内的气体流量。它的压力损失较大,但测得的是整个漩涡的中心速度,可获得较高的测量准确度,安装也较为方便。

涡街式漩涡流量计一般用于测量管径在150mm以上管道内的液体或气体流量。它的压力损失较小,但只能测得局部漩涡的速度,故对安装位置和仪表前直管段长度的要求较高。

四、差压式流量计

差压流量计又称为节流流量计,它是用节流装置或其他差压检测元件(如测速管)与差压计配套用以测量流量的仪表。其工作原理如图7-30所示。

当流体流经安装在管道中的节流装置时,流体的动能发生变化而产生一定的压力降(差压),此压力降可借助于差压计测出。由于流体的流量与差压计所测压力降的平方根成正比,因而可计算出流量的大小。

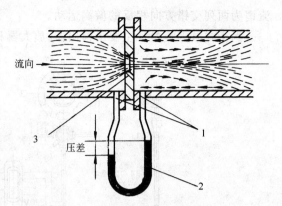

图 7-30　差压式流量计原理图
1—取压孔;2—差压计;3—孔板

差压式流量计包括两部分:一部分是与管道连接的节流件,此节流件可以是孔板、喷嘴和文丘里管三种,但在燃气流量的测量中,主要是用孔板。另一部分是差压计,它被用来测量孔板前后的压力差,差压计与孔板上的测压点借助于两根导压管连接,差压计可以制成指示式的或自动记录式的。

差压式流量计的特点是结构简单,使用寿命长,适用于大管道通径的燃气计量。

五、临界流流量计

临界流流量计是利用流体流经特定几何结构的差压装置喉部(流体为音速),以产生临界流的方法求得气体流量的流量计。所谓临界流,是指流体流经前述差压装置时,上游与下游侧的绝对压力比等于或小于临界值的流动。

从表面上看,临界流流量计似乎是对差压式流量计的改进,但实际上它改变了采用孔板(或喷嘴)与差压计组合的流量测量方法,使流量与压力成为线性关系,从而解决了流量与差压成非线性关系的缺点,并具有压力、温度自动补偿功能,可直接获得标准状态气体体积值。它可适用于高压天然气长输管线或多级管网中的高压管线的流量计量,而且测量精度很高,是目前国内外气体流量测量中的新型高精度流量仪表。图 7-31 是我国生产的 LV—B 型临界流流量计的结构简图,它是由临界流节流件、音速文丘里喷嘴、组合阀、压力变送器、温度传感器和流量显示仪表组合而成。

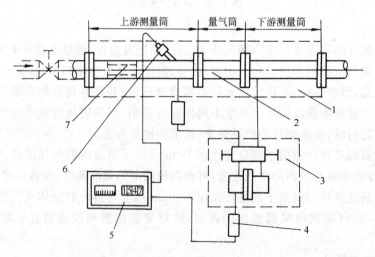

图 7-31　LV—B 型临界流流量计结构图
1—测量管组;2—音速文丘里喷嘴;3—组合阀;4—压力变送器;
5—显示仪表;6—温度传感器;7—整流器

六、电磁流量计

电磁流量计是基于法拉第电磁感应定律制成的用来测量导电介质的流量计。普通型的电磁流量计结构上由传感器和转换器两部分组成,但也可作成一体型。由于电磁流量计的检测元件都在测量管外,所以电磁流量计在测量脏污流、腐蚀流、含纤维流体及浆液等方面有一系列优良的特性,又无流动压损,是一类可应用于特殊场合又节能的流量仪表。随着技术上的突破,电磁流量计的测量精度不断提高,应用范围也越来越广。目前,电磁流量计的测量精度已可与涡轮流量计并列,是既适合于高精度流量测量,又适合于高精度总量测量的流量仪表。

七、超声波流量计

超声波流量计是利用流体对超声波的影响(可以影响超声波的传播速度、频率或位移等)来测量流量的仪表。根据流体对超声波的影响作用,超声波流量计可以分为传播速度差法、多普勒法和射束位移法等几类,其中传播速度差法又可分为时差法、相差法和频差法等几种测量方法,是超声波流量计中应用最广的一类流量计。在结构上,超声波流量计有夹装式和短管式两类,其中短管式超声波流量计在近几年来发展很快,应用范围已经扩展到各类流体,测量精度也越来越高。和电磁流量计一样,这是一类没有压力损失的流量仪表,尤其在大口径流量测量方面有突出的优点。

第八章　室内燃气供应系统

第一节　室内燃气系统的构成

一、管道供应的室内燃气系统

（一）居民用户的室内燃气系统

燃气管道进入居民用户有中压进户和低压进户两种方式，其室内燃气系统的构成大同小异。我国主要采用低压进户方式。

居民用户的室内燃气系统一般由用户引入管、水平干管、立管、用户支管、燃气计量表、燃气用具连接管和燃气用具组成。中压进户时，还设有调压（减压）装置。图 8-1 为某居民住宅楼（五层）的室内燃气系统（低压进户）剖视图。

用户引入管一般指距建筑物外墙 2m 起到进户总阀门止的这段燃气管道。用户引入管与城镇管网或庭院低压分配管道连接，把燃气引入室内。用户引入管末端设进户总阀门，用于室内燃气系统在事故或检修情况下关闭整个系统。进户总阀门一般设置在室内，对重要用户应在室外另设阀门。

水平干管（又称水平盘管）是指当一根用户引入管连接多根立管时，各立管与引入管的连接管。水平干管一般敷设在楼梯间或辅助房间的墙壁上。

燃气立管是多层（及高层）居民住宅的室内燃气分配管道，一般敷设在厨房或走廊内。当系统较复杂时，还可能设总立管，由总立管引出到用户立管，再进户内。

用户支管从燃气立管引出，连接每一户居民的室内燃气设施。用户支管上应设置旋塞阀（俗称表前阀）和燃气计量表。表前阀用于事故或检修情况下关断该居民用户的燃气管路，燃气计量表用于计量该用户的用气量。

燃气用具连接管指连接用户支管与燃气用具的管段，由于该管段一般为垂直管段，因此也称下垂管。在用具连接管上，距地面 1.5m 左右装有旋塞阀（俗称灶前阀），用于关闭燃气用具的气源。

中压进户和低压进户的室内燃气系统差别不大。中压进户时，只是在用户支管上的旋塞阀与燃气计量表之间加装一用户调压器（或其他减压装置），以调节燃气用具前的燃气压力为低压。

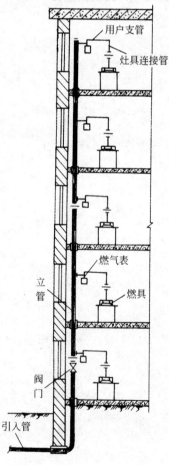

图 8-1　室内燃气系统剖视图

（二）商业用户的室内燃气系统

商业用户的室内燃气系统一般由用户引入管、阀门、水平干管、燃气计量表、燃气用具连接管和燃气用具组成。图 8-2 为某机关食堂的室内燃气系统示意图。

商业用户根据其燃气用具及用气量大小的不同，也有中压进户和低压进户两种情况，二者的区别也是中压进户时在表前加装用户调压器（或其他减压装置）。

（三）工业用户的室内（车间）燃气系统

工业用户的燃气用量一般较大，燃气用具种类多、数量大，有的还需用高、中压燃气，因此其燃气系统较为复杂。

工业用户所用燃气一般由城镇燃气分配管网通过专用调压室引入，然后通过厂区燃气管道进

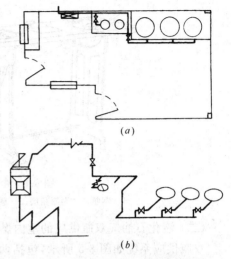

图 8-2　某机关食堂的室内燃气系统
(a)平面图;(b)系统图

入用气车间。车间燃气系统一般由车间引入管、总阀门、用气计量装置、燃气用具连接管和燃气用具等组成，但其计量装置有时需设在单独房间内，有时还须设有防爆系统、安全切断阀、放散管等安全装置，当进车间的燃气为低压而燃气用具为高、中压时还要设升压装置。图 8-3 为某工厂车间燃气系统的示意图。

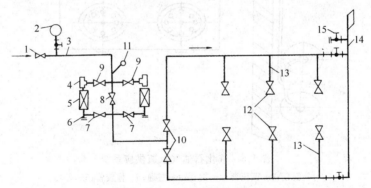

图 8-3　某工厂车间燃气管网系统
1—车间入口的阀门;2—压力表;3—车间燃气管道;4—过滤器;5—燃气计量表;
6—丝堵;7—表后阀;8—旁通阀;9—表前阀;10—车间燃气分支管阀门;
11—温度计;12—用气设备前总阀门;13—支管;14—放散管;15—取样管

二、瓶装液化石油气供应的室内燃气系统

瓶装液化石油气的供应方式有单瓶供应、双瓶供应和瓶组供应三种。瓶组供应时用户的室内燃气系统与前述管道供应完全相同，本处只介绍单瓶供应和双瓶供应方式。

（一）液化石油气单瓶供应的室内燃气系统

单瓶供应系统如图 8-4 所示，是由钢瓶、调压器（也称减压阀）、燃具和连接管所组成。一般钢瓶置于厨房内，使用时打开钢瓶角阀，液化石油气借本身压力（一般在 0.3～0.7MPa）经过调压器，压力降至 2500～3000Pa 进入燃具燃烧。

单瓶供应系统设备简单，使用方便、灵活，常用于居民用户和用气量较小的商业用户。

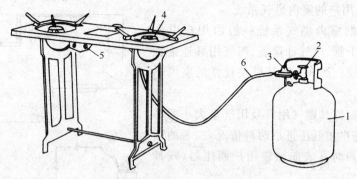

图 8-4　液化石油气单瓶供应系统

1—钢瓶；2—钢瓶角阀；3—调压器；4—燃具；5—燃具开关；6—耐油胶管

（二）液化石油气双瓶供应的室内燃气系统

双瓶供应系统如图 8-5 所示，包括两个钢瓶、调压器、金属管道和燃具。双瓶供应时其中一个钢瓶工作而另一个为备用瓶。当工作瓶内液化石油气用完后，备用瓶开始工作，空瓶则用实瓶替换。如果两个钢瓶中间装有自动切换调压器，当一个钢瓶中的气用完后能自动接通另一个钢瓶。

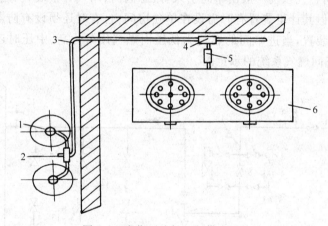

图 8-5　液化石油气双瓶供应系统

1—钢瓶；2—调压器；3—钢管；4—三通；5—橡胶管；6—燃具

双瓶供应时，钢瓶多置于室外。钢瓶一般放在薄钢板制成的箱内，箱门上有通风的百叶窗，也可用金属罩把钢瓶顶部遮盖起来。箱的基础（或瓶的底座）用不可燃材料做成，基础高出地面应不小于 10cm。

双瓶供应系统的优点是能保证用户不间断用气，但因钢瓶置于室外，气化不够完全，残液量大，气温低时这一缺点尤为突出。

第二节　室内燃气系统的布置

一、燃气用户引入管

（一）引入管的形式

根据建筑物的不同结构特点，引入管常采用以下几种形式：

（1）地下引入　燃气管道在地下直接穿过外墙基础后沿墙垂直升起，从室内地面伸出，如图 8-6 中（a）所示。这种形式适用于墙内侧无暖气沟或密闭地下室的建筑物，其构造简单，运行管理安全可靠。但凿穿基础墙洞的操作较困难，对室内地面的破坏较大。

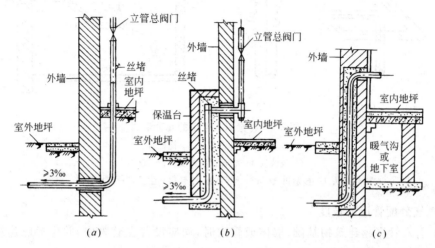

图 8-6　引入管的几种形式

（a）地下引入；（b）带保温台的地上引入；（c）地上嵌墙引入

（2）地上引入　燃气管道在墙外垂直伸出地面，从距室内地面约 0.5m 的高度穿过外墙进入室内。这种型式适用于墙内侧有暖气沟或密闭地下室的建筑物，其构造较为复杂，运行管理困难，对建筑物外观具有破坏作用，但凿墙洞容易，施工时对室内地面无破坏。另外，对墙外垂直管段还要采取保护措施，北方冰冻地区还需采取绝热保温措施，如图 8-6 中（b）所示。

（3）嵌墙引入　即在外墙凿一条管槽，将燃气管的垂直段嵌入槽内垂直伸出地面，从距室内地面约 0.5m 的高度穿过外墙进入室内，如图 8-6 中（c）所示。为避免地上引入管对建筑物美观的破坏可采用这种型式，但管槽应在外墙的非承重部位开凿。

（4）补偿引入　有些建筑物（特别是高层建筑）在建成初期有明显的沉降量，易在引入管处造成剪切破坏。为此，应采用补偿引入方式，即在引入管上安装挠性管、波纹管或金属软管（例如铅管）等补偿装置。补偿引入管一般应设小室保护，以利于补偿变形和检修，如图 8-7 所示。

（二）引入管的敷设要求

引入管部分是燃气进入室内的首道关口。为确保用户用气的安全及维修管理的方便，引入管在敷设时应符合下列要求：

（1）用户引入管不得敷设在卧室、浴室、地下室、易燃或易爆品的仓库、有腐蚀性介质的房间、配电间、变电室、电缆沟、烟道和进风道等地方。

（2）用户引入管应敷设在厨房或走廊等便于检修的非居住房间内。当确有困难时，可从楼梯间引入，此时引入管阀门宜设在室外。

（3）当用户引入管进入密闭室内空间时，密闭室必须改造，设置换气口，且通风换气次数每小时不得小于 3 次。

（4）输送湿燃气的引入管埋设深度应在土壤冰冻线以下，并应有不小于 0.01 并坡向凝

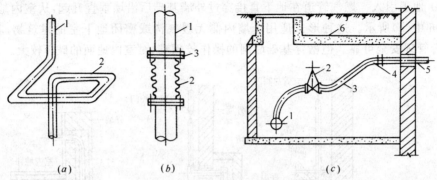

图 8-7　补偿引入常用的几种形式

(a)挠性管 1—立管;2—挠性管

(b)波纹管 1—立管;2—波纹管;3—法兰

(c)铅管接头 1—楼前供气管;2—阀门;3—铅管;4—法兰;5—穿墙管;6—闸井

水器或燃气分配管道的坡度。

（5）引入管穿越建筑物基础、墙体或管沟时,均应设置在套管中,并应考虑建筑物沉降的影响,必要时应采取补偿措施。

（6）引入管的最小公称直径:

1）当输送人工燃气和矿井气时,管径不应小于 25mm;

2）当输送天然气和液化石油气时,管径不应小于 15mm。

（7）燃气引入管上阀门的设置:

1）阀门宜设置在室内,重要用户还应在室外另设置阀门,阀门宜选择快速切断式阀;

2）地上低压燃气引入管的直径小于或等于 75mm 时,可在室外设置带丝堵的三通,不另设置阀门。

二、室内燃气管道的布置

室内燃气管道的布置应满足下列要求:

（1）室内燃气管道应明设,当建筑或工艺有特殊要求时可暗设,但必须便于安装和检修。

（2）室内燃气管道不得安装在卧室、浴室、地下室、易燃易爆品仓库、有腐蚀性介质的房间、配电间、变电室、电缆沟、烟道和进风道等地方。

（3）室内燃气管道不应敷设在潮湿或有腐蚀性介质的房间内,当必须敷设时,必须采取可靠的防腐蚀措施。

（4）燃气管道严禁引入卧室,当燃气水平管道穿越卧室、浴室或地下室时,必须采用焊接连接,且必须设置在套管中;燃气管道的立管不得敷设在卧室、浴室或厕所中。

（5）当室内燃气管道穿越楼板、楼梯平台、墙体时,必须安装在套管中。

（6）燃气管道自然补偿不能满足工作温度下极限变形时,应设补偿器,但不宜采用填料式补偿器。

（7）输送干燃气的管道可不设坡度,输送湿燃气(包括气相液化石油气)的管道应设不小于 0.003 的坡度,必要时设排污管。

（8）输送湿燃气的燃气管道敷设在气温低于 0℃的房间,或输送气相液化石油气管道所处的环境温度低于其露点温度时,均应采取保温措施。

(9) 室内燃气管道和电气设备、相邻管道之间的净距不应小于表 8-1 的规定。

(10) 地下室、半地下室、设备层内不得敷设液化石油气管道,当敷设人工燃气、天然气管道时须符合下列要求:

1) 净高不应小于 2.2m;

2) 地下室或地下设备层内应设机械通风和事故排风设施;

3) 应有固定的防爆照明设备;

4) 燃气管道与其他管道一起敷设时,应敷设在其他管道外侧;

5) 燃气管道的连接须用焊接或法兰连接;

6) 须用非燃烧性的实体墙与电话间、变电室、修理间和储藏室隔开;

7) 地下室内燃气管道末端应设放散管,并引出地面以上,出口位置应保证吹扫放散时的安全和卫生要求;

8) 管道上应设自动切断阀、泄漏报警器和送排风系统等自动切断联锁装置。

(11) 室内燃气管道应在下列位置设置阀门:燃气计量表前、用气设备和燃烧器前、点火器和测压点前、放散管上以及前述的用户引入管上。

燃气管道和电器设备、相邻管道之间净距   表 8-1

管道和设备		与燃气管道的净距(cm)	
		平 行 敷 设	交 叉 敷 设
电气设备	明装的绝缘电线或电缆	25	10(注)
	暗装的或放在管子中的绝缘电线	5(从所做的槽或管子的边缘算起)	1
	电压小于 1kV 的裸露电线的导电部分	100	100
	配电盘或配电箱	30	不允许
相邻管道		应保证燃气管道和相邻管道的安装、安全维护和修理	2

注:当明装电线与燃气管道交叉净距小于 10cm 时,电线应加绝缘套管。绝缘套管的两端应各伸出燃气管道 10cm。

三、燃气计量表的布置

燃气计量表的选择应考虑燃气的性质、工作压力、最大流量、最小流量以及环境温度等条件,并能累积计量燃气的流量。燃气表的布置应依据以下原则:

(1) 每个居民用户安装一个燃气表,其他用户应至少每个计费单位安装一个燃气表;

(2) 燃气表宜安装在非燃结构且通风良好的室内;

(3) 燃气表严禁安装在卧室、浴室、危险品和易燃品堆放处以及与上述情况类似的地方;

(4) 商业和工业用户的燃气表宜设置在单独房间内;

(5) 皮膜表的工作环境温度:人工燃气和天然气应高于 0℃,液化石油气应高于其露点温度;

(6) 安装位置应满足抄表、检修、保养和安装的要求。

四、室内燃气用具的布置

(一) 家用燃气用具

(1) 家用燃气灶及烤箱灶   家用燃气灶的布置应符合下列要求:

1) 家用燃气灶应设在专用厨房内，严禁安装在卧室。若利用卧室的套间作厨房时，应设门隔开；

2) 厨房应具有自然通风和自然采光，房间高度应不低于 2.20m；

3) 燃气灶与可燃或难燃墙壁间应采取有效的防火隔热措施；

4) 燃气灶边缘或烤箱侧壁距木质家具的净距不应小于 20cm；

5) 燃气灶与对面墙之间应有不小于 1m 的通道；

6) 同一厨房安装两台以上灶具时，灶与灶之间的净距应不小于 40cm。

燃气烤箱灶的布置要求基本同燃气灶。

（2）燃气热水器　燃气热水器的布置应遵守下列规定：

1) 热水器应设置在通风良好的厨房或单独房间内，当条件不具备时，也可设在通风良好的过道内，不宜装在室外；

2) 安装热水器的房间应符合下列要求：

（A）房间净高度应大于 2.5m；

（B）安装直排式热水器的房间外墙或窗的上部应有排气扇或百叶窗；

（C）安装烟道式热水器的房间内应有排烟道；

（D）安装平衡式热水器的房间外墙口应有供、排气接口；

（E）房间或墙的下部应预留有断面积不小于 0.02m² 的百叶窗，或门与地面间留有高度不小于 30mm 的间隔；

3) 直排式热水器严禁安装在浴室里，烟道式热水器和平衡式热水器可安装在浴室内，但烟道式热水器安装在浴室内时必须符合下列要求：

（A）浴室容积应大于 7.5m³；

（B）浴室烟道、供排气接口和门应符合第（2）条的规定；

4) 热水器前的空间宽度应大于 0.8m，须操作方便、不易被碰撞；

5) 热水器的高度应以热水器观火孔与人眼高度相齐为宜，一般距地面 1.5m；

6) 热水器应安装在耐火的墙壁上，外壳距墙的净距不得小于 20mm，如果安装在非耐火墙壁上时应垫隔热板，隔热板每边应比热水器外壳尺寸大 100mm；

7) 热水器与燃气表、燃气灶的水平净距不得小于 30mm。

（3）燃气采暖器　目前住宅中使用的燃气采暖器主要有辐射式采暖器、热风炉和燃气热水炉（燃气锅炉）三种。燃气采暖器的特点是用气量大、运行时间长，因此其布置除应符合燃气热水器布置的一般要求外，还应遵守下列规定：

1) 采暖器应设有熄火保护装置和排烟设施；

2) 容积式热水采暖炉（燃气锅炉）应设置在通风良好的走廊或其他非居住房间内；

3) 采暖装置设置在可燃或难燃地板上时，应采取有效的防火隔热措施。

（二）商业用户燃气用具

商业用户的燃气用具主要有钢结构组合燃具、混合结构燃具及砖砌结构燃具三类。其特点是用气量较大、组件较多、要求的压力也不相同，因此应主要按照设计要求来布置。同时，还应遵守下列规定：

（1）用气房间应有良好的通风和自然采光条件，房间高度不宜低于 2.8m；

（2）商业用户的计量装置，宜设置在单独房间内，且房间内不应有潮湿、腐蚀性物品；

（3）在用气房间内,应有燃气泄漏报警装置,房间进气总管上应设有联动电磁切断阀;

（4）用气设备之间及用气设备与对面墙之间的净距应满足操作和维修的要求。

（三）工业燃具

工业燃具因工艺不同而结构各异,但不外乎组合燃具及现场砌筑燃具两大类。其布置要求与商业用户的燃气用具基本相同。

五、高层建筑室内燃气系统的布置

高层建筑室内燃气系统的布置除遵守前述布置要求外,根据高层建筑的特点,还应考虑以下因素:

（一）高层建筑的沉降

考虑到高层建筑自重大,沉降量显著,易造成引入管变形损坏而漏气,可在引入管处安装伸缩补偿接头或钢编软管以消除建筑物沉降的影响。伸缩补偿接头主要有波纹管接头、套筒接头和铅管接头等形式。

（二）高程差引起的附加压头

由于燃气与空气密度不同,建筑物高度增加,附加压头也增大,当这一变化超出燃气用具允许的压力波动范围时,燃具无法正常工作。因此,应采取下列措施调整:

（1）采取增加管道阻力的方法,如设置分段阀门。

（2）高层、低层采取分系统供气或者变化管径,以满足不同高度的燃气使用压力。

（3）安装用户调压器（或稳压器）,调整至用户燃具前压力。

（4）按相应高度、实际压力设计、制造燃具。

（三）温差和管道自重

高层建筑燃气立管管径粗、管道长、自重大,需在立管底部设置支墩加以保护。

对因温差产生的胀缩变形,需将管道两端固定,中间设置吸收变形的挠性管或波纹管补偿装置。另外,这些补偿装置还可消除建筑物振动、晃动对管道的影响。挠性管补偿装置和波纹管补偿装置如前面图 8-7 中所示。

第三节　室内燃气管网的水力计算

一、计算的方法和步骤

室内燃气管网水力计算的目的是:确定管网各管段的合理管径,以满足用户对燃气的需求（主要是流量和压力）。一般可按下述步骤进行计算:

（1）选定和布置用户的燃气用具;

（2）室内管道布线,并绘出管网的平面布置图和系统图;

（3）根据系统图将各管段按顺序编号;

（4）计算各管段的流量;

（5）根据流量和允许压降预定各管段的管径;

（6）根据预定的管径和流量精确计算实际的压降,并与允许压降相比较,若合适,则整个计算过程结束;反之,调整个别管段的管径,重新计算,直到实际压降与允许压降合适为止。

二、计算举例

【例 8-1】 如图 8-8 所示的某居民住宅楼(五层),每户安装燃气两眼灶一台,额定流量为 1.6m³/h,燃气的密度为 0.776kg/Nm³,室内温度为 15℃,假设室内燃气管道的允许总压降为 200Pa(参考表 5-7)。试作该住宅楼室内燃气管网的水力计算。

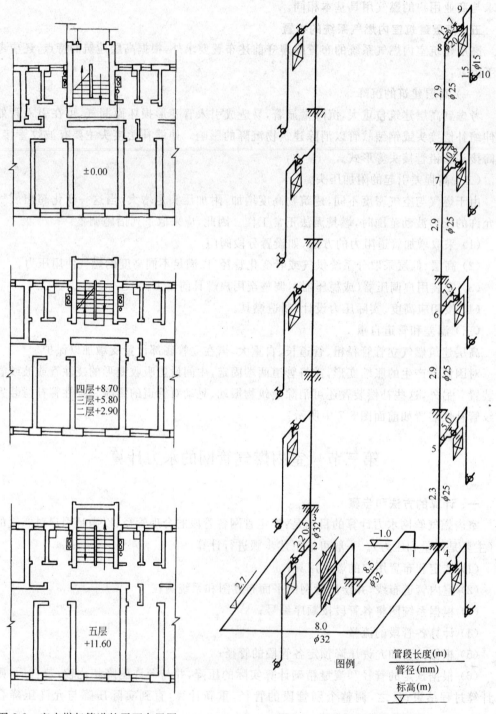

图 8-8　室内燃气管道的平面布置图　　　　图 8-9　室内燃气管道系统图

168

【解】 计算过程如下：

(1) 按要求布置室内燃气管道及燃具，并绘制室内燃气管道的平面布置图(图 8-8)和系统图(图 8-9)。

(2) 将各管段按顺序编号，并标出各管段的长度，填入室内燃气管道水力计算表(表8-2)的第1、5列。

(3) 根据户数及燃具数查表 5-5，得相应的同时工作系数 K，然后计算管段的计算流量，分别填于计算表第 3.4 列。

(4) 室内管道的局部阻力为沿程阻力的 50%，根据室内管道的允许压降和管道的总长度，计算单位长度的允许压降。

$$\frac{\Delta P}{L} = \frac{200}{30 \times 1.5} = 4.44 (\text{Pa/m})$$

(5) 根据单位长度的允许压降和管段流量查图 5-8，初步确定各管段的管径，填入计算表第 6 列。初选管径时应遵照以下原则：多层住宅的燃气立管取同规格的管径，两相连管段的管径的变化不大于一级。

(6) 根据初选的管径和计算流量，从图 5-8 查得实际的单位长度压降，并作如下修正：

$$\frac{\Delta P}{L} = \left(\frac{\Delta P}{L}\right)_{图} \times 0.776$$

然后填入计算表第 7 列。

(7) 第 7 列数值乘以管道长度求得沿程压力降 $\Delta P'$，填于计算表第 8 列。

(8) 根据室内管道管件的种类和数量，从表 5-5 查局部阻力系数 ξ，填于计算表第9、14 列。

(9) 查表 5-6 得各管段的局部阻力的 α 值，并作如下的修正

$$\alpha = \alpha_{表} \frac{0.776}{0.71} \times \frac{288}{273}$$

则各管段的局部压力降按下面的公式计算

$$\Delta P'' = \Sigma \xi \alpha Q_0^2$$

将计算结果填于计算表第 10 列。

(10) 根据管道系统图上所标管道的标高，计算各管段的始末两端的高差 H，并计算附加压头

$$\Delta P''' = g(\rho_a - \rho_g) H$$

分别填于计算表 11、12 列。

(11) 计算各管段总压力降

$$\Delta P = \Delta P' + \Delta P'' - \Delta P'''$$

填于计算表第 13 列。

(12) 校核室内引入管至最远用户的总压力降之和，并与允许压力降相比较

$$\Sigma \Delta P = 195.30 < 200 \text{Pa}$$

总压力降之和小于并趋近于允许压力降，计算合格，否则，需改变个别管段管径，重新计算。

表 8-2

室内燃气管道水力计算表

管段编号	户数 N (户)	同时工作系数 K	计算流量 Q (Nm³/h)	长度 L (m)	管径 d (mm)	沿程单位长度压力降 ΔP'/L (Pa/m)	沿程压力降 ΔP' (Pa)	局部阻力系数 ζ	局部压力降 ΔP″ (Pa)	管段始末端高差 H (m)	附加压头 ΔP‴ (Pa)	管段总压力降 ΔP (Pa)	备注
1	2	3	4	5	6	7	8	9	10	11	12	13	14
1—2	10	0.54	8.64	8.5	32	4.99	42.42	9.0	32.84	3.2	16.22	59.04	90°直角弯头×5 ζ=5×1.8=9.0
2—3	9	0.56	8.06	0.5	32	4.35	2.18	1.0	3.18	0.5	2.53	2.83	三通直流×1 ζ=1.0
3—4	5	0.68	5.44	8.0	25	7.09	56.73	5.5	21.39	—	—	78.12	90°直角弯头×2 ζ=2×2.0 }5.5 三通分流×1 ζ=1.5
4—5	4	0.75	4.80	2.3	25	5.52	12.70	1.5	4.54	2.3	11.67	5.57	三通分流×1 ζ=1.5
5—6	3	0.85	4.08	2.9	25	3.99	11.57	1.0	2.19	2.9	14.70	−0.94	三通直流×1 ζ=1.0
6—7	2	1.00	3.20	2.9	25	2.46	7.13	1.0	1.35	2.9	14.70	−6.22	三通直流×1 ζ=1.0
7—8	1	1.00	1.60	2.9	25	0.614	1.78	1.0	0.34	2.9	14.70	−12.58	三通直流×1 ζ=1.0
8—9	1	1.00	1.60	0.5	20	1.96	0.98	8.3	21.53	—	—	22.51	90°直角弯头×3 ζ=3×2.1 }8.3 旋塞×1 ζ=2.0
9—10	1	1.00	1.60	1.5	15	8.59	12.88	10.6	27.50	−1.3	−6.59	46.97	90°直角弯头×3 ζ=3×2.2 }10.6 旋塞×1 ζ=4.0
合计				30.0								195.30	

第四节　室内燃气系统的运行管理

室内燃气系统的运行管理主要包括系统的通气点火、日常巡视、燃气设施的定期检修及故障排除等内容。

一、室内燃气系统的通气点火

通气点火时,应清除通气地点火种,备用一定数量的消防设备,并由专业人员操作。具体的操作程序如下:

(1) 关闭室内燃气管道系统的所有阀门;

(2) 选择室内燃气管路的最远点或最高点作为放散点,卸下管端的丝堵,装上临时阀门(单头旋塞阀或球阀),并用软管接到室外空旷地点;

(3) 开启除进户总阀门及燃具阀门外的其他所有阀门;

(4) 缓慢开启总阀门,利用燃气的工作压力将管路中的空气赶到放散点,通过放散管排出室外;

(5) 估计管道内空气已排净或在放散点已嗅到燃气味时,取样并到远离放散点的地方进行点火试验,若火焰为稳定的黄色火焰且无内锥,则说明空气已排净;严禁在放散点上直接点火试验;

(6) 取样合格后,拆下临时阀门,装上丝堵,并逐个开启燃具阀门,排除燃具中的剩余空气;

(7) 对整个燃气系统进行气密性检查,确认无漏气后逐个点燃燃具,并调整火焰直至燃烧完全正常,然后通知用户投入使用。

二、室内燃气系统的日常巡视

系统日常巡视指定期或不定期地对用户室内燃气设施进行外观检查,并对用户使用情况进行检查与监督。

(一)外观检查

外观检查主要包括以下内容:

(1) 检查穿墙、穿楼板等暗设管道和潮湿房间内管道有无锈蚀,管道防锈漆是否脱落;

(2) 燃气表运转是否正常,管接头有无严重变形或接口松弛,橡胶软管是否老化、龟裂或发黏等;

(3) 管道的固定是否有松动现象,水平管道是否倒坡;

(4) 管道接口是否密封完好、严密;

(5) 烟道是否畅通,有无倒灌风现象;

(6) 管路上的阀门开关是否灵活。

在以上各项检查中,如发现异常情况,应立即着手处理,查明原因并修复;经检验合格后方可通知用户通气使用。

(二)对用户的检查与监督

主要内容有:核查用户是否私自增、改、移、拆燃气设施,是否有不当操作及其他违章现象。一经发现,应立即制止、纠正,并做好宣传、示范工作。

三、室内燃气设施的定期检修

定期检修是指根据系统的工作时间,对系统进行周期性的检查和维修,通常检修的周期为 1～2 年,检修的对象主要是:阀门、燃气表和燃具。

(一) 阀门检修

阀门检修时要求拆卸所有阀门,清洗加油并更换已磨损的零部件。具体程序如下:

(1) 打开门窗通风,严禁现场有明火,并设专人巡视;

(2) 关闭进户总阀门,在系统最高处接软管引出室外进行放散;

(3) 确认放散完全后,拆卸所有用户的表前阀和灶前阀,清洗加油并更换已损部件;

(4) 将系统复原并做压力试验,试验的方法和要求与系统安装验收时相同;

(5) 压力试验合格后拆卸进户总阀门,并及时堵塞引入管口(可用橡皮袋、湿抹布等),以防大量燃气泄漏;

(6) 对进户总阀门检修并安装;

(7) 按通气点火的要求置换系统中的空气,并对进户总阀门处带气检漏,确认不漏气后,阀门检修工作结束,可通知用户使用。

(二) 燃气表检修

燃气表的检修有两种方式:就地校验和定期检修。

(1) 就地校验 燃气表属计量设备,根据计量管理部门的规定,燃气表应每年进行一次就地校验,以保证燃气表的计量精度。通常采用特制的标准喷嘴或标准表来就地校验,标准喷嘴和标准表应每三个月进行一次标定。

标准喷嘴是根据所使用燃气的性质与压力设计制造的,其流量为被校正表额定流量的 25%～30%。使用前,用标准校验设备进行标定,绘出压力—流量关系特性曲线。使用时,将燃烧器头部取下,将标准喷嘴用胶管与燃具喷嘴相连接,点燃标准喷嘴,同时记录下一时间段内燃具前压力及被校正表的读数,则从标准喷嘴曲线上可查得实际通过的燃气量,从而求出用户使用公差(即燃气表的检验精度),若不超过 ±4%,则为合格。

标准表是用标准校验设备标定过的燃气表。使用时,将标准表连接在被校正表的出口,标准表出口连接灶具,点燃灶具,同时记录下一时间段内标准表和被校正表的读数,即可求出用户使用公差。

(2) 定期检修 燃气表的定期检修周期取决于其检定有效期,一般为 7～10 年,超过检定有效期的燃气表必须拆下进行定期检修。

定期检修一般由专业厂家来完成,内容包括拆卸并清洗全部零部件,更换已损部件,然后按新表的技术条件组装,再经喷漆、标定并打上检定合格铅印等,即可投入使用。

定期检修通常采用周转表分批进行,以保证用户不间断用气。周转表应建卡管理,卡片上应注明表号、规格、出厂日期、安装日期、安装地点、检修日期及合格证号码等内容。周转表数量应根据用户数量、检修周期等确定。新表库存如已超过一年以上,应重新校验后再投入使用。

(三) 燃具检修

燃具的定期检修主要有以下内容:

(1) 清除燃烧器火孔及喉管等处的污垢、锈渣和灰尘,并更换燃具上已损坏的零部件(如喷嘴、阀门等);

（2）检查燃具的燃烧工况，观察火焰是否有黄焰、连焰、脱火、回火等现象并校正，使燃具燃烧正常。

四、室内燃气系统的常见故障及排除

室内燃气系统的常见故障有系统漏气、管路堵塞以及燃气表、灶具、阀门故障等。一旦发现上述情况，应按操作规程，针对故障原因，采取相应的处理措施，安全、准确、迅速地排除故障，消除事故隐患，确保系统安全、可靠地运行。

（一）系统漏气及处理

（1）漏气的原因　导致系统漏气的原因主要有：管道腐蚀、阀芯缺油或附有杂质、燃气表铅管接头松弛、胶管老化或松弛以及接口松动、密封破坏等。

（2）处理的方法　因燃气管道腐蚀漏气时，应更换新管段；阀门漏气时，应拆下阀芯，清洗加油，加油时应注意不要堵塞阀芯孔，如阀芯损坏应予以更换；燃气表铅管接头损坏或松弛、胶管老化时，应更换新的铅管或胶管。

系统漏气时，若暂时修复有困难或修复时不能切断气源，为防止燃气大量泄漏，可视具体情况做临时堵漏处理。临时堵漏常采用的方法有胶粘带包扎、黄蜡布包扎等。

胶粘带包扎采用的是高强度自粘胶带，使用时，将管道泄漏部位擦拭干净，然后将胶粘带顺序缠扎即可，胶带间搭接宽度一般不小于1cm。

黄蜡布包扎所用黄蜡布为传统的自制堵漏包布，是将裁成条状或块状的绒布浸渍于黄油和石蜡混合加热熔解的溶液中，均匀浸泡后制成。黄蜡布具有较好的密封性能，特别是泄漏面无法做清洁处理或潮湿的情况下，都能密封堵漏。采用黄蜡布堵漏时，将黄蜡布平贴在漏气处，再用细布条将黄蜡布密集捆扎即可。

（3）漏气修复时的安全措施

1）应首先打开门窗，保持空气流通，不得用开启抽油烟机、排气扇等电器的方法来通风；

2）检查周围是否有明火；

3）检漏时可采用皂液检查法、检漏仪测查法或用鼻嗅，严禁用明火检漏；应依次检查每一个管接头、开关、旋塞等漏气点；

4）维修人员应戴防毒面具，并采取措施防止大量燃气泄出；

5）操作所用的管钳、锤凿等工具要防止猛烈碰撞，以免产生火花，引起爆炸或火灾。

（二）管路堵塞及处理

（1）管路堵塞的原因　造成管路堵塞的原因主要有以下几个方面：

1）管道长期运行中，内壁锈蚀的剥落物及施工或吹扫时未被清除的杂物，经燃气压力长期的推动，积存于弯头、三通等处；

2）燃气中的水蒸气因温度降低凝结成水，甚至结冰，积聚于引入管转弯处或有倒坡处等；

3）人工燃气中的萘若含量过高，当气温降低时会结晶并积聚于管路中，造成堵塞；

4）润滑油堵塞阀芯孔、燃具喷嘴堵塞等。

（2）铁屑及杂物的处理　将燃气表、管路末端丝堵或灶具拆下，用打气筒或气瓶加压，使铁屑或杂物慢慢从管口喷出；如不能奏效，则应将管路逐段拆下，进行清除；清除后，应检查管道质量，不符合要求的管段应予以更换，复装完毕后须进行气密性试验。

（3）积水处理　积水的表现为火焰不稳定、跳动、有间断的声音信号。积水一般发生在燃气表内、户外挂墙管及分支水平管处。判断积水部位及处理方法如下：

拆开表前阀的一端或立管上丁字管的丝堵，观察气源，如气源良好，说明积水不在支管内；然后接好燃气表的进口管，再点火检查，如火焰跳动，则说明表后管或灶具内有积水。表后管积水一般是因为倒坡，应调整坡度，若无法调整则在最低处加装积水管或丁字管供放水用；灶具内积水时，应对灶具进行调整修理。

引入管处也易积水结冰，此时可用喷灯适当加热使冰溶化排除积水，同时应调整引入管坡度，适当加大并坡向庭院管。

（4）积萘处理　通常用气泵或气瓶加压将萘击碎并随气流喷出，还可采用溶剂（如煤油）注入管内，使萘溶解流入凝水器内排除。积萘发生在引入管处时，也可像清除冰一样，用喷灯适当加热使之升华而清除，但这样易破坏防腐层，检修后应予以修复。

（三）燃气表故障及处理

燃气表常见的故障有指针不动、表慢、表快、不通气及漏气等。燃气表发生故障时，多数应更换新表，更换下的故障表与送修单一起送到表修厂进行检修，送修单应注明表的故障情况及发生故障日期等。

（四）燃具故障及处理

燃具常见的故障有回火、脱火及黄焰等。

燃具的回火和脱火是因燃气压力变化或燃具与气源不匹配造成的。一般情况下，只要保持燃气压力稳定，并选用合适的燃具即可解决。

黄焰是一种不正常燃烧现象，火焰呈黄色，焰顶有黑烟浮升，常表现为熏黑炊具。黄焰的产生主要有以下原因：

（1）燃气燃烧时一次空气量供给不足。此时，可通过调节燃具进风口的大小来解决。

（2）燃烧器喷嘴直径变大。若用户经常用硬物清理喷嘴，会使喷嘴磨损、口径扩大，从而改变了喷嘴与引射器的配合尺寸，使一次空气量相对变小造成黄焰。遇此情况，可更换喷嘴。

（3）燃气组分发生变化，热值不稳定也会造成黄焰。

（4）燃气中含有悬浮尘埃或燃具混合管、燃烧器头部积聚有大量铁锈、灰尘等杂物也会使一次空气量减小，产生黄焰。

第九章 液化石油气供应与燃气加气站

第一节 液化石油气的储运和灌装

一、液化石油气的输送

由炼油厂或油气田所生产的液化石油气可以用管道、火车槽车、槽船、汽车槽车等方式输送。

（一）管道输送

液化石油气管道输送时，必须保证管道中任何一点的压力都高于液化石油气在输送温度下的饱和蒸汽压力，否则液化石油气在管道中气化而形成"气塞"，将大大降低管道的输送能力，因此在管道起点站应设置泵站进行加压输送，也可以用油气田或炼油厂的液化石油气泵站进行加压输送。

液化石油气管道输送系统由以下几部分组成：起点站贮罐、计量站、中间泵站、管道及终点贮罐。如图 9-1 所示。用泵将起点站贮罐出来的液化石油气加压，经计量站计量后送入输送管道；在长距离输送过程中可设置中间泵站，对液化石油气再次加压，将液化石油气经输送管道送至终点站贮罐。若输送距离较近可不设置中间泵站。

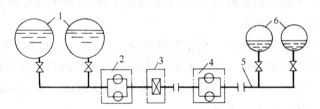

图 9-1 液化石油气管道输送系统

1—起点站贮罐；2—起点站泵站；3—计量站；4—中间泵站；

5—管道；6—终点站泵站

液化石油气输送管道按其设计压力，一般分为三级：

Ⅰ级管道：$P \geqslant 4.0\text{MPa}$；

Ⅱ级管道：$1.6\text{MPa} \leqslant P < 4.0\text{MPa}$；

Ⅲ级管道：$P < 1.6\text{MPa}$。

输送液化石油气的管道应采用无缝钢管，材质为 10、20 或 16Mn。

液化石油气输送管道一般为地下直埋敷设，最小埋深应在冰冻线以下，且不小于 0.8m。与地下建、构筑物及其邻近其他管道之间的最小水平、垂直净距应按国家标准中的有关规定执行。

（二）铁路运输

铁路运输主要是采用专门的铁路槽车运输，铁路槽车与汽车槽车比较，运输能力大，运费低,它与管道运输相比较为灵活。但铁路槽车运输的运行及调度管理都比管道运输和汽车运输复杂,并受铁路接轨和铁路专用线建设等条件的限制。这种运输方式适用于运距较远,运输量较大的情况。

(1)铁路槽车的构造　通常是将圆筒形卧式贮罐安放在火车底盘上,在罐体上设有人孔,其上设置铁路槽车的附属设备包括供装卸用的液相管和气相管、液面指示计、紧急切断装置、压力表、温度计等。如图9-2所示。

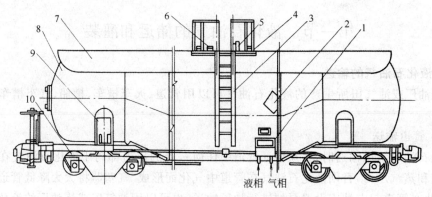

图 9-2　液化石油气铁路槽车结构示意图
1—阀门箱;2—铭牌;3—外梯;4—操作台;5—液位计;
6—安全阀;7—遮阳罩;8—罐体;9—鞍座;10—底架

为减少太阳对槽车的直接热辐射,在罐体上部装有遮阳罩,有的槽车设有隔热层,也防火灾的影响。槽车上还设有操作平台和罐内外直梯。有的槽车罐底设有蒸汽夹套,防止罐内水分冻结。为了便于槽车的装卸,使装卸车软管易于联接,槽车通常设置两个液相管和两个气相管。槽车一般不设排污管。

(2)铁路槽车贮罐的设计压力　槽车贮罐的设计压力,主要根据贮罐内液化石油气在最高温度下的饱和蒸汽压来决定。还应考虑液化石油气在铁路槽车运行时,由于振动或突然刹车对罐体产生冲击力,以及槽车进行装卸作业时,由压缩机、泵加给罐体的压力。

槽车罐体的设计压力按下式计算:

$$P = 1.1P' \tag{9-1}$$

式中　P——槽车贮罐的设计压力;
　　　P'——槽车贮罐的最高工作压力。

(三)公路运输

公路运输是以汽车槽车运输方式为主,它与火车槽车运输相比,其运输能力较小,运费较高,但灵活性较大。它适用于运输量小,近距离的输送。同时汽车槽车也可作为管道输送、铁路槽车运输的辅助运输工具。

(1)汽车槽车的形式　汽车槽车运输是目前我国使用的液化石油气槽车主要有三种形式,即固定式槽车、半拖式槽车及活动式槽车。广泛使用的是固定式槽车。

固定式槽车是将罐体固定在载重汽车底盘上,基本保持原车型的主要技术性能。与半拖式和活动式槽车相比,固定式槽车整体性能好、运行平稳,且比较灵活、行车速度较高,比较适合我国目前的道路情况。其单车的载重量可达10t,小型固定式槽车罐容通常为2～

5t。固定式槽车如图 9-3 所示。

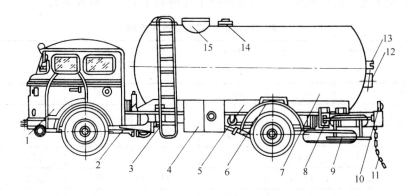

图 9-3　液化石油气汽车槽车

1—驾驶室；2—气路系统；3—梯子；4—阀门箱；5—支架；6—挡板；7—罐体；
8—固定架；9—围拦；10—后保险杠尾灯；11—接地链；12—旋转式液面计；
13—铭牌；14—内装式安全阀；15—人孔

　　半拖式槽车的全称是半拖式固定槽车，这种槽车将罐体固定在拖挂式汽车底盘上，利用了汽车的承载及拖挂能力，罐体长度可不受汽车底架尺寸的限制，但半拖式槽车的车身较长，其整体灵活性较差。

　　活动式槽车是将贮罐用可拆卸的紧固装置安装在普通载重汽车的车箱上。其特点是贮罐既能用于车上运输，又可从车上卸下后作为地上固定贮存。载重汽车既能运输液化石油气，又可在卸下贮罐后运输其他货物，因而机动灵活，改装容易。与固定式槽车相比，它的整体稳定性差，运行速度低、重心高、装载能力小。仅适用于用气量较小的或临时性用户，目前已基本淘汰。

　　（2）汽车槽车的选择　　大型固定槽车与半拖式槽车装载能力大、投资省、运行费用低。一般可做中、小型液化石油气罐瓶站的运输工具。小型固定槽车的装载能力较小，可以作小型液化石油气灌瓶站或作为贮配站向小型工业用户和公共事业用户供气的运输工具。

　　汽车槽车的选择中应尽量选择同一型号的槽车，便于维修。

　　（四）水路运输

　　液化石油气的水路运输是用专门的设备"槽船"。液化石油气槽船一般分为常温压力式槽船和低温常压式槽船。

　　常温压力式槽船上设置常温压力式液化石油气贮罐，一般是球形罐和卧式圆筒罐，也有立式圆筒罐。与低温常压式槽船比较，常温压力式槽船自重大、装载能力小，通常用于近海和内河航线的运输。在低温常压式槽船上设置低温贮槽，船体为双层壳结构，并借助冷冻装置使液化石油气在低温常压下进行贮存，这种槽船多用于远洋运输。

　　二、液化石油气的贮存

　　（一）常用贮罐主要技术规格

　　液化石油气的几种储存方法中，用固定贮罐大量贮存液化石油气较为普遍。由于它具有结构简单、建造方便、类型多、便于选择、可分期分批建造等优点，因此目前国内广为采用。

　　在贮存容积量较小时，多采用圆筒形常温压力贮罐。贮存容量较大时，多采用球形常温压力贮罐,也可采用低温压力式和低温常压式贮罐。这类贮罐绝大多数都建在地面上,也有的建在地下或半地下。这两种贮罐的主要技术规格列于表 9-1 和表 9-2。

常用圆筒形贮罐主要技术规格　　　　　　　　　　　　　　　表 9-1

公称容积 V_N(m³)	几何容积 V(m³)	最大充装重量 G(t)	公称直径 D_N(mm)	壁　厚　(mm)		总长 L_0(mm)	设备总重 (kg)
				筒　体	封　头		
2	2.01	0.85	1000	8	8	2740	931.1
5	5.07	2.14	1200	10	10	4704	1848.5
10	10.01	4.22	1600	12	12	5258	3156.8
20	20.11	8.49	2000	14	14	6762	5547
30	30.03	12.67	2200	14	16	8306	7135
50	50.04	21.12	2600	16	18	9900	12659
100	100.01	42.20	3200	18	20	14764	22729
100	100.02	42.21	3200	20	22	13008	23965
120	120.07	50.67	3200	20	22	15498	27957

注:本系列设计压力为 16×10^5 Pa,使用范围为 $-40 \sim 80$ ℃,主体材质为 16MnR,最大充装容量按 $G = \psi V$ 计算,其中 ψ 取 0.422t/m³。

球形贮罐基本参数表　　　　　　　　　　　　　　　表 9-2

序　号	1	2	3	4	5	6	7	8	9	10
公称容积 (m³)	50	120	200	400	650	1000	2000	3000	4000	5000
内径 (mm)	4600	6100	7100	9200	10700	12300	15700	18000	20000	21200
几何容积 (m³)	52	119	188	408	640	975	2025	3054	4189	4989

注:设计压力均为 16×10^5 Pa。

（二）贮罐的布置

液化石油气贮罐和罐区的布置应符合下列要求:

(1)地上贮罐之间的净距不应小于相邻较大罐的直径。地下贮罐之间的净距不宜小于相邻较大罐的半径,且不应小于 1m。

(2)数个贮罐的总容积超过 3000m³ 时,应分组布置。组内贮罐宜采用单排布置。组与组之间的距离不应小于 20m。

(3)贮罐组四周应设置高度为 1m 的非燃烧体实体防护墙。

(4)防护墙内贮罐超过 4 台时,至少应设置两个过梯,且应分开布置。

（三）贮罐的配件

贮罐的配件包括液相进口管、液相出口管、液相回流管、气相管、排污管、安全阀、放散管、温度计、压力表、液位计、人孔、内梯等。为操作及检修方便,一般设有梯子平台。

（四）贮罐的充满度

在任一温度下,贮罐的最大灌装容积是指当液化石油气的温度达到最高工作温度时,其液体的体积膨胀,恰好充满整个贮罐时的容积。如果灌装量超过最大灌装容积,当温度达到最高工作温度时,其液体体积膨胀量就会超过贮罐中气相空间,则对贮罐产生巨大的作用力,并可能破坏贮罐。液化石油气的灌装温度不同,其最大灌装容积也不同。

贮罐的最大灌装容积,可用容积充满度 K 来表示。

$$K = \frac{V}{V_0} \times 100\% \qquad (9\text{-}2)$$

$$V = KV_0 = G\upsilon \qquad (9\text{-}3)$$

式中 V——任一灌装温度下贮罐的最大灌装容积(m^3);

V_0——贮罐几何容积(m^3);

G——液化石油气的最大灌装量(t);

υ——在灌装温度下液化石油气的比容(m^3/t)。

当液化石油气的工作温度升高到最高工作温度 T 时,液态液化石油气将充满贮罐,其容积为 V_0,即

$$V_0 = G \cdot \upsilon_T \qquad (9\text{-}4)$$

式中 υ_T——在最高工作温度 T 下,液化石油气的比容(m^3/t)。

则任一灌装温度下,贮罐的容积充满度为

$$K = \frac{V}{V_0} = \frac{G\upsilon}{G\upsilon_T} = \frac{\upsilon}{\upsilon_T} \times 100\% \qquad (9\text{-}5)$$

在任一灌装温度下,贮罐的最大灌装容积为

$$V = KV_0 = \frac{\upsilon}{\upsilon_T}V_0 \qquad (9\text{-}6)$$

贮罐的最大灌装重量为

$$G = \frac{V}{\upsilon} = \frac{V_0}{\upsilon_T} = \rho_T V_0 \qquad (9\text{-}7)$$

式中 ρ_T——在最高工作温度下,液化石油气的密度(t/m^3)。

在贮罐的实际运行中,$G = 0.9\rho_T V_0$。

容积充满度主要与以下因素有关:

(1) 液化石油气的组分。由于液化石油气的组分不同,比容不同,在相同的灌装温度和最高工作温度条件下,液化石油气的组分将影响 K 值的大小。

(2) 液化石油气的最高工作温度。液化石油气的最高工作温度 T 越高,其比容 υ_T 也随之增大。若贮罐的灌装温度不变,则 K 值将随 T 的升高而降低。季节的不同也会影响最高工作温度,为合理利用贮罐的贮存容积,冬季与夏季应取不同 K 值。

(3) 液化石油气的灌装温度。当液化石油气的最高工作温度 T 不变时,K 值将随灌装温度的升高而增大,随灌装温度的降低而减少。

三、液化石油气的灌装

液化石油气的灌装包括外运装车和分装液化石油气钢瓶两项内容。

(一) 装车

当需要将液化石油气进一步分配到灌瓶站或更小型储配站时,可利用槽车外运。装车是在汽车装卸台上进行的。装车的方式有以下几种:

(1) 利用泵装卸 采用泵装卸液化石油气是一种比较简单的方法。只需打开贮罐和槽车间的液相管道,为加快装卸速度将两设备的气相管连通,气相管起压力平衡作用,然后开启泵,在泵的作用下液化石油气由贮罐进入槽车。

在整个系统中,应保证泵的吸入口处有比饱和压力大的静压力,否则在吸入管中的液化

石油气将气化造成"气塞"使泵空转。因此采用这种装卸方式要注意泵的选择。提高槽车位置或将泵安装在槽车的下面,可以提高泵的吸入口的静压力。

(2)利用静压差装卸 即利用地形高程差所产生的静压头来进行装卸。装卸时,将欲卸出液化石油气的容器停放在高处,欲装入液化石油气的容器设置在低处。若两个容器的温度相等时,为保证一定的装卸速度,压差不应小于$(0.75\sim1.0)\times10^5$Pa,即高程差不应低于$15\sim20$m。

冬季运输槽车内液化石油气的温度一般比贮罐内液化石油气的温度低,北方地区约低$5\sim10$℃。此时若将运输槽车的液化石油气卸入贮罐中,两容器间的高程差尚需补偿由于温度差而造成的负压差。

这种装卸方法虽然经济、简便,但装卸速度慢,并受地形条件的限制,所以较少采用。

(3)用压缩气体装卸

这种方式是指将不溶于液化石油气的高压气体,送入拟排空的槽车中,提高其压力,使液化石油气流入拟灌装的贮罐中。所用压缩气体应不溶于液化石油气中,同时不与液化石油气形成爆炸性混合气体。一般可用甲烷或含乙烷很少的天然气、工业氮气、二氧化碳等。

(4)加热装卸

利用液化石油气受热后,在容积不变的条件下,其饱和蒸汽压显著提高的特性,用来作为装卸液化石油气的动力。

首先,液化石油气在蒸发器(又称气化升压器)中加热,受热气化的液化石油气蒸汽经气相管进入槽车,一部分液化石油气蒸汽凝结于槽车中液相表面,使表面层温度升高,槽车中气相空间的压力也随之提高,下部液相液化石油气在压力作用下进入贮罐。

(5)用压缩机装卸

用压缩机抽出灌装贮罐中的气相液化石油气,压入拟倒空的槽车中去,从而达到降低灌装贮罐的压力,提高槽车中压力的目的。

用压缩机装卸和加热装卸的物理过程基本相同,都是由于加热液相表面层而维持压力差,而前者,槽车中液相表面层是靠液化石油气蒸汽冷凝放出的气化潜热来加热的。采用压缩机装卸方式,贮罐与槽车的压差一般应保持$(2.0\sim3.0)\times10^5$Pa。

这种装卸方式的优点是流程简单,能同时装和卸几辆槽车,生产能力较高,可完全倒空,液化石油气没有损失。但耗电量较大,管理比较复杂,只有当压缩机使系统形成一定的压差后方能开始装卸。

(二)灌瓶

这是贮配站的一项主要任务,它是在灌瓶间内进行的。按机械化程度可分为手工灌瓶和机械化灌瓶。

(1)手工灌瓶 一般当日灌装量小于1000瓶时,采用手工灌瓶;日灌装量在1000～3000瓶时,通常采用半机械化、半自动化灌瓶;日灌装量大于3000瓶的应考虑采用机械化自动灌装。

手工灌瓶时,把钢瓶放在台秤上,以人工来控制钢瓶的灌装量。灌瓶过程中的钢瓶运输,灌装嘴阀门的开启与关闭,钢瓶上、下台秤等均为手工操作。

手工灌瓶操作繁琐、效率低、体力劳动量大,液化石油气泄漏损失较大,灌装量误差也大。

（2）半机械化半自动化灌瓶　半机械化半自动化灌瓶是指在灌瓶过程中采用自动灌装秤和气动灌装嘴,在灌装到规定重量时,能够自动切断液化石油气的通路而停止灌装,从而提高钢瓶灌装的准确度。一般还采用链条式运输机运送钢瓶,以减轻劳动强度。为了解决手工灌装问题,可以将手工灌瓶嘴改为气动灌瓶嘴,普通台秤改为气动台秤。

（3）机械化、自动化灌装　这种方法是指运到灌瓶站的空瓶,从卸车开始,直到对灌装后的实瓶装车运出的全过程均采用机械化和自动化。具体的工作程序为:用叉瓶器或抓瓶机从运瓶汽车上卸下空瓶;通过卸货台和运输带搬运钢瓶;钢瓶外观检查;钢瓶中残液量检查并倒出残液;灌瓶;实瓶灌装量检查及瓶阀的气密性检验;运送实瓶到装车台或实瓶库;实瓶的装车外运。

图9-4为机械化灌瓶转盘机组的示意图。该机组一般包括下列部件:装有自动灌装秤的转盘、上瓶器、卸瓶器、检斤秤和传送带等。

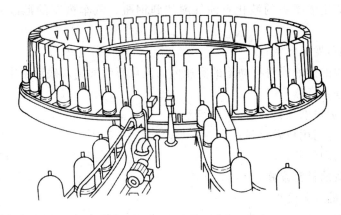

图9-4　液化石油气灌瓶转盘机组

（三）残液回收

从用户运回的钢瓶,在灌装之前应将瓶内的残液（C_5以上组分及杂质）倒空。为此,在储配站内应设置残液倒空回收系统。倒空回收的方法有下列几种:

（1）增加钢瓶内压力倒空（正压法）　利用贮罐内液化石油气气相的压力压入钢瓶内,使之增压,然后翻转钢瓶使残液流入残液贮罐,同时,将残液贮罐上部空间的气相由压缩机抽出。如图9-5所示。

（2）降低残液贮罐内压力倒空　利用压缩机将残液贮罐内气相抽出压入液化石油气贮罐,以降低残液罐内的压力,将钢瓶倒转使残液流入残液贮罐。如图9-6所示。

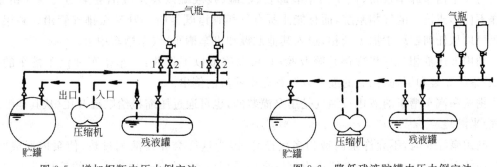

图9-5　增加钢瓶内压力倒空法　　　　图9-6　降低残液贮罐内压力倒空法

（3）利用引射器倒空　利用引射器造成的负压,将钢瓶内的残液抽到残液贮罐内。如图 9-7 所示。

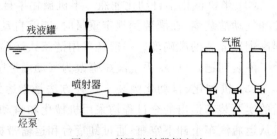

图 9-7　利用引射器倒空法

四、液化石油气储配站的工艺流程及平面布置

液化石油气储配站是从气源厂接收液化石油气,储存在站内的固定贮罐中,并通过各种形式转售给各种用户。其主要任务为:

（1）自气源厂或贮罐站接受液化石油气;

（2）将液化石油气卸入站内固定贮罐进行储存;

（3）将站内固定贮罐中的液化石油气灌注到钢瓶、汽车槽车的贮罐或其他移动式贮罐中;

（4）接收空瓶,发送实瓶;

（5）将空瓶内的残液或将有缺陷的实瓶内的液化石油气倒入残液罐中;

（6）残液处理:

1）供站内锅炉房做燃料;

2）外运供给专门用户做燃料;

（7）检查和修理气瓶;

（8）站内设备的日常维修。

（一）储配站的工艺流程

储配站的规模大小不同、液化石油气的运输方式、装卸车方法以及灌瓶方法的不同,储配站的工艺流程也不同。一般可以采用泵、压缩机或泵—压缩机联合工作的形式。

大型储配站一般采用机械化、自动化的灌装和运输设备,通常采用泵—压缩机联合工作的工艺流程,即用压缩机装卸车,而用泵来灌瓶。

为了完成卸火车槽车、灌瓶和灌装汽车槽车等任务,火车卸车栈桥的液相干管与储罐的液相进口管相连;泵的入口管与储罐的液相出口管相连,而泵的出口管与灌瓶车间的液相管、汽车槽车装卸台的液相管相连。储配站的所有液相管道互相连通,形成统一的液相管道系统。

储配站内的气相干管,通过两条管道接向压缩机的吸、排气干管。压缩机的吸、排气干管又与火车槽车卸车栈桥、汽车槽车装卸台、贮罐、残液罐以及残液倒空架的气相管相通。这样不仅形成统一的气相系统,而且能使所有气相管道既做吸气管又做排气管用。利用压缩机可以从任何贮罐中抽出气相,送入其他贮罐和火车槽车、汽车槽车中去。

利用上述液相与气相管路系统及阀门,可以完成以下作业:火车槽车和汽车槽车的装卸,贮罐的充装和倒罐,钢瓶的灌装以及钢瓶中残液的倒出。

钢瓶和汽车槽车的液化石油气是用泵灌装的,也可通过压缩机给贮罐升压(从其他贮罐抽气)来灌装。

利用泵灌装时,不允许泵内液相多次循环,因为这样会导致液相过热,使泵内形成"气塞",破坏泵的运转。因此在系统内设有安全旁通回流阀,可自动地将多余的液相排入回流管,流回贮罐。

由于气相管道在变化的温度和压力下运行,管内可能产生冷凝液(即液相),为避免将液相以及液化石油气中的杂质、水分带进压缩机气缸,在压缩机入口管上应安设气液分离器,并在压缩机出口管上装设油气分离器,以避免将气缸中的润滑油随气相带出而污染其他设备。

(二) 储配站的平面布置

(1) 站址选择　选择站址一方面要从城市的总体规划和合理布局出发,另一方面应从有利生产、方便运输、保护环境着眼。因此,在站址选择过程中,要考虑到既能完成当前的生产任务,又要想到将来的发展。站址选择一般应考虑以下问题:

1) 站址应选在城市居民区的年主导风向的下风侧。若必须在城市内建站时,应尽量远离人口稠密区,以满足卫生和安全要求。

2) 考虑储配站的供电、供水和电话通讯网路等各种条件,站址选在城市边缘为宜。

3) 液化石油气用铁路运输时,选址应考虑经济合理的接轨条件;用管道输送时,站址应接近气源厂;用水路运输时,站址应选在靠近卸船码头的地方。

4) 储配站应避开油库、桥梁、铁路枢纽站、飞机场等重要战略目标。

5) 站址不应受洪水和山洪的淹灌和冲刷,站址标高应高出历年最高洪水位 0.5m 以上。

6) 应考虑站址的地质条件,避免布置在滑坡、溶洞、塌方、断层淤泥等不良地质的地区;站址的土壤耐压力一般不低于 150kPa。

(2) 平面布置的原则　根据液化石油气储配站生产工艺过程的需要,站内应设置下列建筑物和构筑物:

1) 液化石油气由铁路运输,应设有铁路专用线、火车槽车栈桥卸车及其卸车附属设备。

2) 用于接收和贮存液化石油气的贮罐。

3) 用于压送液化石油气的泵房和压缩机间。

4) 灌瓶间(包括残液倒空、灌瓶和钢瓶存放)。

5) 汽车槽车装卸台。

6) 修理间(包括机修间、瓶修间、角阀修理间、电焊与气焊车间等)。

7) 车库(包括汽车槽车、运瓶汽车和其他车辆)。

8) 消防水池和消防水泵房。

9) 其他辅助用房(包括配电室、仪表间、空压机室、化验室、变电所、水泵房和锅炉房等)。

10) 行政管理及生活用房。

厂区的总平面布置,除考虑生产工艺流程顺利、合理,平面布置整齐、紧凑,合理利用地形、地貌等因素外,还应严格遵守《建筑设计防火规范》要求的防火间距,并考虑留有发展的余地。

为保证安全和便于生产管理,应将储配站分区布置;一般分为生产区(贮罐区和灌装区)和生活辅助区。贮罐区宜布置在储配站的下风侧,生活区布置在上风侧,灌装区布置在贮罐区与生活区之间,以利用装卸车回车场地,保持贮罐区与生活区之间有较大的安全防火距离。

贮罐区内设置各种贮罐、专用铁路支线、火车卸车栈桥及卸车附属设备等。液化石油气贮罐的布置、贮罐之间的距离、贮罐与其他建、构筑物之间的防火间距均应符合有关安全规程的要求。

灌装区内设置灌瓶车间、压缩机室、配电及仪表间、汽车槽车装卸台、汽车槽车车库及运瓶汽车回车场地等。

灌瓶车间是站内的主要生产车间,在灌瓶车间内除进行民用与工业的灌瓶、倒残液、检重、检漏等作业外,还须存放一定量的空、实瓶,属于储存火灾危险性甲类第五项物品的库房,因此车间建筑及总平面布置时应严格遵守安全防火有关规定。

生活辅助区内布置生产、生活管理及生产辅助建(构)筑物。

生产管理及生活用房,可合设在一幢综合楼中,布置在靠近辅助区的对外出入口处。

生产辅助建(构)筑物包括:维修部分、动力部分及运输部分(汽车队)。

维修部分的机修车间、电气焊、角阀及钢瓶修理、新瓶库、材料库等。这些建筑可以成组布置,便于管理和工作联系,又可以形成共同的室外操作场地。

动力部分的变电室、水泵房、空压机室、锅炉房等,可集中布置在辅助区距出入口较远、人员活动较少的一侧,形成动力小区,便于管理。

厂区的工艺管道布置应力求管线最短,采取分散和集中相结合的形式,用低支架地上敷设(通向汽车装卸台的管道在回车场地一段可用埋地敷设,与道路交叉时采用架空敷设),经常操作的管道阀门可集中布置,便于操作。厂区的其他管道如给水、采暖、热力等管道,均应明管敷设。

为便于消防工作,确保安全,罐区应有成环的消防通道。

图 9-8 为年供应量 10000t 的储配站总平面布置示意图。

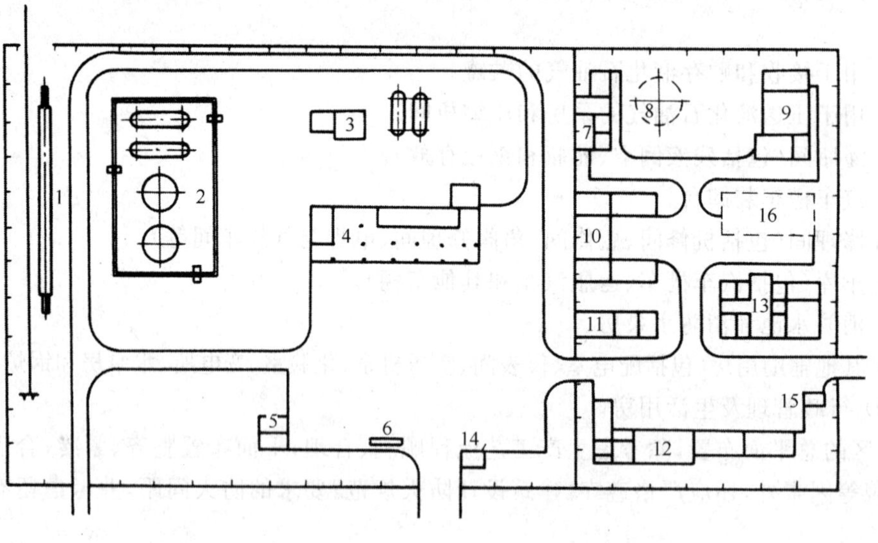

图 9-8 10000 吨/年液化石油气储配站总平面图

1—火车栈桥;2—罐区;3—压缩机室、仪表间;4—灌瓶间;5—汽车槽车库;6—汽车装卸台;
7—变配电水泵房;8—地下消防水池;9—锅炉房;10—空压机房;11—休息室;
12—车库;13—综合楼;14—门卫;15—传达;16—钢瓶大修

（三）液化石油气储配站储存总容积的确定

为了保证不间断的供气，特别是在用气高峰季节也能保证正常供应，储配站中应储存一定数量的液化石油气。目前最广泛采用的储存方式是利用贮罐储存。

储配站贮罐设计总容积可按下式计算：

$$V=\frac{nKG_r}{\rho_y\varphi_b} \tag{9-8}$$

式中　V——总储存容积（m³）；

　　　n——储存天数（d）；主要取决于气源情况（气源厂个数、检修周期和时间、气源厂的远近等）和运输方式。

　　　K——月高峰系数（推荐选用 $K=1.2\sim1.4$）；

　　　G_r——年平均日用气量（kg/d）；

　　　ρ_y——最高工作温度下的液化石油气密度（kg/m³）；

　　　φ_b——最高工作温度下贮罐允许充装率，一般取 90%。

（四）钢瓶的检修

根据受压容器制造和安全使用的要求，延长钢瓶的使用年限，钢瓶在每次灌装之前都应该进行外观检查，将有缺陷、漆皮严重脱落、附件损坏以及根据上一次检查日期需要进行定期检查和试验的钢瓶，送到修瓶车间去全面的检查和修理。

钢瓶检修的主要内容包括：检查钢瓶阀门，修理和更换钢瓶底座和护罩，进行水压试验和气密性试验，检查钢瓶的重量和容积以及除锈、喷漆等。检修程序如图 9-9 所示。

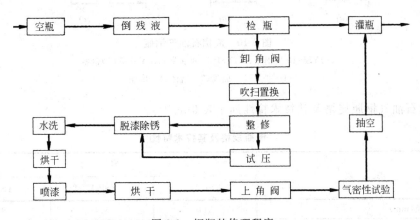

图 9-9　钢瓶的修理程序

第二节　液化石油气的用户供应

液化石油气的用户供应方式有钢瓶直接供应和管道供应两大类。具体的供应方法有：单瓶供应、双瓶供应、瓶组供应、贮罐集中供应及混合气管道供应等。

一、液化石油气钢瓶及附件

（一）钢瓶的构造和规格

钢瓶是供用户使用的盛装液化石油气的专用压力容器。供民用、商业及小型工业用户使用的钢瓶,其充装量一般为 5kg 、10kg、12.5kg、15kg 和 50kg。

钢瓶的构造形式如图 9-10 所示。一般由底座、瓶体、瓶嘴和护罩(或瓶帽)组成。充装量 15kg 以下的钢瓶瓶体,是由两个钢板冷冲压成形的封头拼焊而成,瓶体仅有一道环形焊缝。充装量在 50kg 以上的钢瓶瓶体,是由两个封头和一个圆筒拼焊而成,瓶体上有两道环形焊缝和一道纵向焊缝。瓶体底焊有圆形底座,便于立放和码垛。瓶体上部正中钻有圆孔,其上焊接瓶嘴,瓶嘴内孔为锥形螺纹,用以连接钢瓶阀门。钢瓶阀门与瓶嘴连接配套出厂。在瓶嘴周围焊有三个耳片,用螺栓将护罩与耳片连接在一起,用以保护瓶阀并便于手提搬动。50kg 的钢瓶不用护罩,而是采用瓶帽。

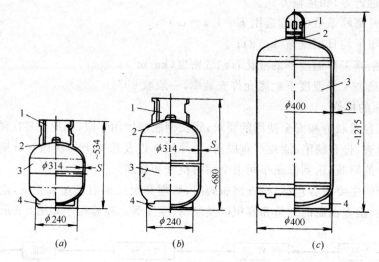

图 9-10　液化石油气钢瓶

(a)YSP-10 型钢瓶;(b)YSP-15 型钢瓶;(c)YSP-50 型钢瓶

1—护罩;2—瓶嘴;3—瓶体;4—底座

液化石油气钢瓶规格及其技术特性列于表 9-3。

钢瓶规格及其技术特性　　　　　　　　　表 9-3

参　数		型　号		
		YSP-10	YSP-15	YSP-50
筒内直径(mm)		314	314	400
几何容积(L)		23.5	35.5	118
钢瓶高度(mm)		534	680	1215
底座外径(mm)		240	240	400
护罩外径(mm)		190	190	—
设计压力(Pa)		16×10^5	16×10^5	16×10^5
允许充装量 (kg)		10	15	15
壁厚(mm)	16MnR,16Mn	2.5	2.5	3.5
	20	3.0	3.0	4.0
重量(kg)	16MnR,16Mn	10.85	14.07	47.60
	20	12.52	16.12	52.50

钢瓶出厂前须进行水压试验及气密性试验。

钢瓶水压试验的试验压力为 $24 \times 10^5 Pa$，试验时应缓慢地升至试验压力，持续 1min 检查无渗漏，压力不下降即为合格。在进行水压试验时，周围气温和试验用水的温度应不低于 5℃，并不应对同一钢瓶连续进行多次超过设计压力的试验。

钢瓶在成批生产前，或改变材料，变更工艺时，应进行水压爆破试验，每次不少于 3 个。在正常生产的情况，按生产顺序每 500 个为一批量抽出 1 个做水压爆破试验。

钢瓶装上气阀后，应做气密性试验，其试验压力为 $16 \times 10^5 Pa$，持续 1 分钟不得泄漏。

（二）钢瓶用阀门

钢瓶用的阀门是作为充装、排放和关闭液化石油气用。阀门的形式基本上可分角阀和直阀。

（1）角阀　目前钢瓶上主要使用角阀，为了保证安全使用，对阀体进行压力为 $38 \times 10^5 Pa$ 的水压试验，3 分钟无渗漏和其他异常现象为合格。这项检查按顺序批量抽查 1%，但不应少于 3 个。装配好的角阀逐个以 $25 \times 10^5 Pa$ 压力的空气进行气密性试验，浸入水中 1min，任意部位无漏气及无异常现象为合格。

常用角阀型号有以下几种：

1）YSF-1 型角阀　这种角阀的结构形式如图 9-11 所示。角阀上部装设手轮及传动部件，下部为锥形阳螺纹与钢瓶连接，中部为阀座和液化石油气的出入口。角阀手轮 8 用铝合金制造，O 形密封圈 7 及上密封垫 6 用橡胶制造，活门垫用尼龙制造，其余件均为铅黄铜制品。

当逆时针方向旋转手轮 8 时，阀杆 4 随其转动，通过连接板 3 拨转活门部件 2 同作逆时针方向旋转，此时借螺纹作用，活门部件 2 向上移动，活门垫离开阀座使钢瓶与外部相通。反之，手轮作顺时针方向旋转，则活门垫压紧阀座，关断通路。这种角阀是外压母式。

2）YSF-2 型角阀　这种角阀的结构形式如图 9-12 所示。YSF-2 型角阀的制造材料和工作原理与 YSF-1 型角阀相同。这种角阀是内压母式。此外，阀杆下端做成板状连接体，直接插入活门部件上端的槽内，阀杆转动时带动活门部件转动。

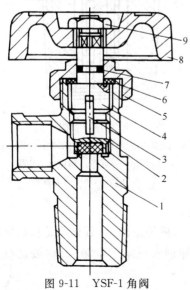 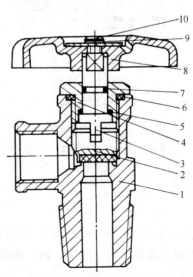

图 9-11　YSF-1 角阀
1—阀体；2—活门部件；3—连接板；4—阀杆；
5—压紧帽；6—上密封垫；7—O 形密封圈；
8—手轮；9—螺母

图 9-12　YSF-2 角阀
1—阀体；2—活门部件；3—阀杆；4—压母；
5—密封垫；6、7—O 形密封圈；8—手轮；
9—弹簧垫圈；10—螺钉

3）带安全阀的角阀　其结构如图9-13所示。这种角阀上部有旋转手轮,下部有与钢瓶相连接的锥形螺纹,中间有安全阀。顺时针方向旋转手轮时,固定在手轮上的阀杆沿其上的螺纹向下移动,阀杆推动活门部件使其上的密封垫紧压在阀座上。采用耐油橡胶密封圈以防止阀杆漏气。

角阀上安全阀的作用是当钢瓶内压力超过额定压力时即能自动开启,以防止内压继续上升。安全阀与角阀的开闭无关,它始终承受着容器的内压。当内压超过$(16\sim19)\times10^5$Pa时,安全阀开始放散,当内压降到放散压力的80%时,安全阀停止放散。安全阀是用弹簧压住密封垫以封住安全阀口,弹簧的压力可用螺旋盖来调节。

（2）直阀　直阀的构造及工作原理如图9-14所示。这种阀从工作原理上讲是属于背压自动关闭型直通式截止阀,阀口密封力与工作压力成正比。钢瓶内液化石油气的压力和导套内弹簧的压力使密封垫将阀口紧紧密封,弹簧和导套通过托片支撑于弹性挡圈之上,使阀芯不致向下掉落。如果由于某种原因造成阀口处漏气时,可将阀盖盖上,起到二次密封的作用。

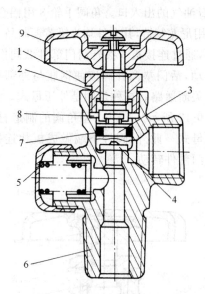

图9-13　带安全阀的角阀

1—压盖;2—阀杆;3—活门部件;4—密封垫;

5—安全阀;6—锥形螺纹;7—密封圈;

8—金属垫圈;9—手轮

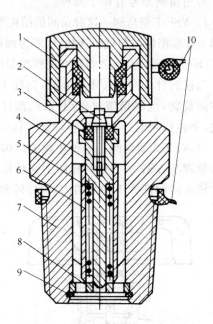

图9-14　直阀

1—阀盖;2—顶杆;3—活门部件;4—阀芯;

5—弹簧;6—导套;7—阀体;8—托片;

9—弹性挡圈;10—阀盖系带

（三）减压阀

减压阀实质上是一种调压器,它直接装在液化气钢瓶的角阀上,其作用是将高压的液化石油气调至低压供用户使用。减压阀的结构及工作原理参见第七章第二节《液化石油气调压器》部分。

减压阀在使用时应注意下列问题:

（1）减压阀以反丝和瓶阀连接,并通过橡胶密封圈和瓶阀密封,每次换气时,应注意密封圈是否完好,然后将减压阀与瓶阀接口对正、拿稳,按逆时针方向慢慢旋转手柄,切记不要用力过猛,以不漏气为宜。

（2）严禁乱拧、乱拆减压阀。发现问题,要请专业人员进行修理或更换,经检验达到标准后,才能继续使用。

（3）减压阀上阀盖的呼吸孔调节空气量,以保证其降压和稳压作用。若发现呼吸孔堵塞,可用针或细铁丝透通,但注意不要损坏减压阀内的橡胶薄膜。

（4）不能让液化石油气液体进入减压阀内,否则会使减压阀损坏。

二、液化石油气单瓶供应

单瓶供应系统参见第八章中图 8-4。钢瓶一般置于厨房内,使用时打开钢瓶角阀,液化石油气依靠室温自然气化,并经减压阀,压力降至 2500~3000Pa 进入燃具燃烧。

钢瓶与燃具之间一般用耐油耐压软管连接,软管长度不能大于 2m,软管不得通过门、窗和墙。软管应放置在便于检查的地方,两端最好用管子卡固定,以防泄漏,每次更换钢瓶时,应检查软管是否完好,若出现老化、开裂等现象,要予以更换。

当用金属管道连接钢瓶和燃具时,管道应用管卡固定以保证一定的强度和系统的严密性。

钢瓶置于室内的优点是:简单、经济且金属耗量少。特别是在冬季室内空气温度比室外温度高,可保证气化时所需热量,气化率高并可减少钢瓶中的残液量。

三、液化石油气双瓶供应

双瓶供应系统参见第八章中图 8-5。其中一个钢瓶工作而另一个为备用瓶。当工作瓶内液化石油气用完后,备用瓶开始工作,空瓶则用实瓶替换。如果两个钢瓶中间装有自动切换调压器,当一个钢瓶中的气用完后能自动接通另一个钢瓶。

双瓶供应时,钢瓶多置于室外。应使用主要成分为丙烷的液化石油气,以减少气温对自然气化的影响和尽量减少瓶内的残液量。

钢瓶一般放在薄钢板制成的箱内,箱门上有通风的百叶窗,如果不用金属箱也可用金属罩把钢瓶顶部遮盖起来。箱的基础（或瓶的底座）用不可燃材料,基础高出地面应不小于 10cm。钢瓶箱不宜设在建筑物的正面和运输频繁的通道里;为避免钢瓶受阳光的照射,应把钢瓶箱放在建筑物的背阴面。金属箱距一楼的门、窗应不小于 0.5m,距地下室和半地下室的门、窗（包括检查井、化粪池和地窖）应不小于 3m。钢管不准穿过门、窗,其敷设高度应不小于 2.5m。室外管应有不小于 50cm 的水平管段,以补偿温度变形。

四、液化石油气瓶组供应

（一）瓶组供应的形式

瓶组供应,是指用多个钢瓶（即瓶组）为用户提供液化石油气,它一般采用自然气化方式,常应用于用气量较大的用户,如住宅小区或建筑群、商业用户及小型工业用户。这种系统多采用 50kg 钢瓶,通常布置成两组,一组是使用部分,称为使用侧,另一组是待用部分,称为待用侧。

瓶组供应系统,一般分为设置高低压调压器的系统以及设置高中压调压器的系统。二者的系统形式（见图 9-15）基本相同,不同之处是:前者的调压器为高低压调压器,用低压管道对用户供气;后者的调压器为高中压调压器,采用中压管道输气。

前者主要适用于户数较少的场合。一般从调压器出口到管道末端的燃烧器之间的阻力损失在300Pa以下（包括燃气表的阻力损失在内）。这种系统是利用集气管下部的阀门来控制系统的开闭，这种阀门之所以必须设置在集气管下部，是因为夜间不用气时防止液化石油气冷凝留在集气管中。由调压器前后的压力表可以判断钢瓶内液化石油气量的多少和调压器的性能。

后者主要适用于高层建筑。当瓶组使用侧的钢瓶数超过4个时，通常设置专用的切换阀门以便于替换瓶组。

瓶组供应系统也可以设置自动切换调压器（即二级调压）来供气，如图9-16所示。它适用于用户较多、输送距离较远（在200m以上）的场合。

自动切换调压器是高中压调压器，其构造形式及切换动作如图9-17所示。开始工

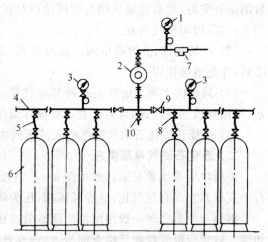

图9-15 设置高低（中）压调压器的系统
1—低压压力表；2—高低（中）压调压器；3—高压压力表；
4—集气管；5—高压软管；6—钢瓶；7—备用供给口；
8—阀门；9—切换阀；10—泻液阀

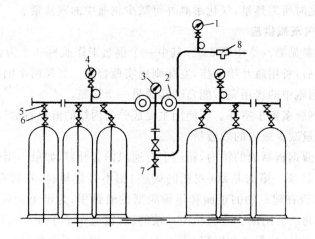

图9-16 设置自动切换调压器的系统
1—中压压力表；2—自动切换调压器；3—压力指示器；4—高压压力表；
5—阀门；6—高压软管；7—泻液阀；8—备用供给口

作时，首先扳动转换把手，通过凸轮的作用使一个调压器的膜上弹簧压紧，这个调压器即为使用侧调压器，另一个调压器则为待用侧调压器。由于弹簧压紧程度不同，两个调压器的关闭压力也就不同。当使用侧调压器工作时其出口压力大于待用侧调压器关闭压力，所以待用侧钢瓶不供给气体，只由使用侧钢瓶供给。随着液量的减少，液温降低及成分的变化，调压器入口压力降低，出口压力也相应下降，当降到低于待用侧调压器的关闭压力时，则待用侧调压器也开始工作（此时是两侧同时工作）。当使用侧瓶组内的液体用完时，扳动转换把手，原来待用侧调压器膜上弹簧被压紧变成使用侧；原来使用侧瓶组关闭，更换钢瓶后成为新的待用侧。使用侧、待用侧或两侧处于工作状态时，指示器上均有标志。

当以上自然气化方式瓶组气化供气的供气量不能满足用户需求时,可采用带强制气化装置的瓶组气化供气。但所使用的液化石油气钢瓶,需采用特制的设有导液管的钢瓶。强制气化装置可采用小型电热气化器。

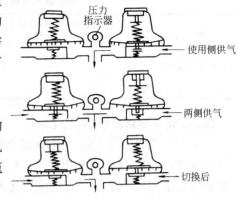

图 9-17 自动切换调压器工作原理

（二）用气量及钢瓶数量的确定

首先,应根据用户的用气工况计算出平均日用气量和高峰平均小时用气量(计算方法参见第三章的第二节),然后根据用气量确定钢瓶数量。

不带自动切换调压器时,所需钢瓶数用下式计算:

$$N=N_1+N_2+N_3=2N_1+N_3 \tag{9-9}$$

式中　N——钢瓶总数(瓶);

　　　N_1——使用瓶数(瓶);

　　　N_2——备用瓶数(瓶);

　　　N_3——更换瓶数(瓶)。

使用瓶数 N_1 可按下式计算:

$$N_1=\frac{G_h}{G_{1h}}+N_{2p} \tag{9-10}$$

式中　G_h——高峰平均小时用气量(kg/h);

　　　G_{1h}——用气高峰时一个钢瓶的气化能力(kg/h);

　　　N_{2p}——相当于 2 天平均日用气量所需要的钢瓶数(瓶)。

使用瓶数 N_1 一般与备用瓶数 N_2 相等。

更换瓶数 N_3 可按下式计算:

$$N_3=\frac{G_h}{G_{2h}} \tag{9-11}$$

式中　G_{2h}——更换瓶的气化能力(kg/h)。

带自动切换调压器时,所需钢瓶数为:

$$N=N_1+N_2=2N_1 \tag{9-12}$$

（三）瓶组气化站(间)的布置

瓶组供应的钢瓶一般设在建筑物内,称为瓶组气化站(间),简称瓶组站(间)。瓶组间的布置应符合下列要求:

（1）瓶组间与建、构筑物的防火间距应不小于表 9-4 的规定;当瓶组总容积小于 1m³ 时,可与建、构筑物毗邻,也可设在用户建筑物内地面以上的专用房间内;当瓶组总容积大于 4m³ 时,应符合瓶装供应站对防火间距的要求。

（2）瓶组间的建筑耐火等级不低于二级。

（3）瓶组间的照明应为 1 级区标准。

（4）瓶组间的换气次数不小于每小时三次。

项　目	瓶组间的总容积(m³)		项　目	瓶组间的总容积(m³)	
	<2	2~4		<2	2~4
明火、散发火花地点	25	30	重要公共建筑	15	20
一般工业与民用建筑	8	10	道　路	5	5

四、贮罐集中供应（贮罐气化站）

对于大型多层民用住宅、住宅群以及城市某个居民小区的供应，由于其用气量很大，常采用贮罐供应设备，用管道集中供气。贮罐可以设置在地上，也可以设置在地下。地上贮罐操作管理方便，但在居民区内经常受场地及安全距离的限制。图 9-18 为地下贮罐供气的示意图。

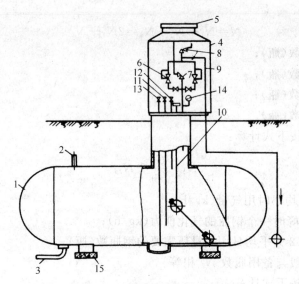

图 9-18　地下贮罐装置示意图

1—贮罐；2—贮罐间气相连接管；3—贮罐间液相连接管；4—护罩；5—风帽；6—减压器；
7—高压安全阀；8—低压安全阀；9—贮罐输气管道；10—浮子式液位计；11—贮罐罐装阀门；
12—贮罐气相管阀门；13—排污和倒空管阀门；14—压力表；15—贮罐支座

地下贮罐之间的管道连接要考虑到贮罐既能单独工作又能同时工作的可能性。在此种系统中每个贮罐必须装设液、气相阀门，液位检查装置和安全阀。当检修某一贮罐时不影响其他贮罐的正常工作。

当贮罐的几何容积已定，根据贮罐自然气化能力、供气户数、燃具类型及数量，可用下式计算所需的贮罐数：

$$N = \frac{nqK_0\rho}{GH_l} \tag{9-13}$$

式中　N——贮罐的个数；

　　　n——供应户数；

　　　q——每个用户燃具的热负荷(kJ/h)；

　　　K_0——燃具同时工作系数；

H_l——液化石油气的低发热值(kJ/Nm³);

G——一个贮罐的自然气化能力(kg/h);

ρ——液化石油气的密度(kg/Nm³)。

地下贮罐的自然气化能力,据实验资料,当地温为13.3℃、罐中液化石油气的充满度不小于50%时,1m³贮罐容积的气化能力约为0.6m³。如果用户耗气量很大,则需要贮罐的容量也很大。这时所需贮罐的容量不是基于储存的需要,而是为了满足气化所需的换热面积。这样既不经济又降低了安全性。因此,在这种情况下宜采用强制气化供应。

地下贮罐埋设在冰冻线以下的土壤或罐池中。贮罐上的各种阀件和仪表集中设置在人孔盖上,并用护罩保护。贮罐表面一般用沥青或环氧煤沥青防腐,并作牺牲阳极法阴极保护。

贮罐气化供气采用强制气化方式时,汽车槽车将液化石油气卸入贮罐内,液化石油气依靠罐内自身的压力(或用烃泵加压)进入气化器中气化,气化后的气态液化石油气进入气液分离器进行气液分离(气液分离器同时具有稳压作用),然后经调压器降压后进入输气管网。

在该工艺中,气化器和气液分离器的设计压力与气化方式有关。当采用等压强制气化时,其压力与贮罐的设计压力相同;当采用加压强制气化时,其压力取加压烃泵的出口压力。气化器的设计温度取气化器设计压力下液化石油气的饱和温度。

气化器与贮罐的连接方式主要有液相连通、气液两相连通及带调节阀的气液两相连通等三种。如图9-19所示。

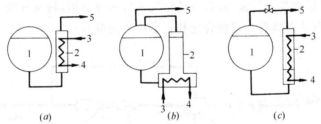

图9-19　气化器与贮罐的连接方式

(a)液相连通;(b)两相连通;(c)两相连通(带调节阀)

1—贮罐;2—气化器;3—热媒入口;4—热媒出口;5—气体输出管

液相连通时,见图9-19(a)。贮罐的液相出口与气化器液相进口连通,气化后气体直接从气化器顶部导出。这种连接方式只要贮罐内有足够的压力,气化器的位置、高度可以不受限制,但气化器的出口应设浮球阀等装置,以防止液化石油气溢出。

气液两相连通时,见图9-19(b)。气化后的气体进入贮罐的气相空间,再由贮罐顶部导出。这种连接方式适用于丙烷组分较多的液化石油气。当用气负荷处于低峰时,由贮罐自然气化供气;当用气负荷增加,贮罐压力低于调压器进口最低允许压力时,才启动气化器。由于气化器内的液位与贮罐内的液位相同,为避免贮罐液量的变化引起气化能力的变化,应使气化器的换热部分安设在贮罐处于最低液位时仍能被液化石油气淹没的高度。

带调节阀的气液两相连通时,见图9-19(c)。即在贮罐与气化器的气相上设一调节阀。这种连接方式在一般情况下气化器中的液位低于贮罐的液位,气体自气化器顶部导出。当贮罐的压力较低时,可以调节调节阀的开度,使气化器的液位上升,气化量增加,部分气体送入贮罐,以提高气化压力。

五、液化石油气混合气供应（混气站）

（一）液化石油气混气供应的一般要求

对于气温较低的大面积区域液化石油气管道供气，由于输送距离较远，供气范围很大，为避免气化后的气态液化石油气在输气管道内再液化，可采用气态液化石油气掺混空气的方法供气。气态液化石油气中掺混空气后，混合气体中气态液化石油气的分压就降低，其露点也随之下降，适当增加混入空气的比例，混合气中的气态液化石油气的露点大大降低，即使在冬季也能正常供气。

在与空气混合时，混合气中气态液化石油气的比例必须高于它在空气中爆炸上限的1.5倍。一般控制在气态液化石油气/空气为 17/73 至 49/51 左右，热值控制在 15MJ/Nm³（相当于人工煤气热值）或 50 MJ/Nm³（相当于天然气热值）左右。

当混合气与其他燃气互换时，其广义华白指数的变化不应大于±5%。同时应对一次空气指数、脱火指数、回火指数、黄焰指数、不完全燃烧指数作验算。

（二）液化石油气混空气的工艺

气态液化石油气混空气的工艺，是在气化设备后加设混气装置。混气装置有引射式、比例流量式、压缩机供空气式等。由于引射式混气装置可利用气态液化石油气自身的压力为动力，运行费用低，并且具有混气比例稳定、调节范围大、使用安全等优点，国内目前一般都采用这种混气装置。

引射式混气装置的工作原理如图 9-20 所示。它是利用一个文丘里设备，使进入该设备的气态液化石油气形成高速气流，在设备的空气入口形成负压，将空气吸入文丘里设备内并进行充分混合，从而获得具有一定混合比和一定压力的混合气。

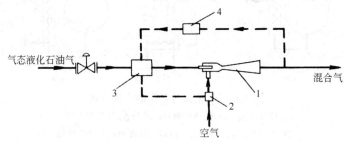

图 9-20　引射式混气装置原理图

1—引射器；2—空气过滤器；3—控制装置；4—检测装置

（三）液化石油气混空气的供应方式

根据气态液化石油气混空气站的作用和规模不同，混合气的供应方式有高压混气供应和中、低压混气供应两种。

高压混气供应，是指混气站生产的混合气体用压缩机加压后送入贮气罐，再经调压器降压后供应用户。这种供气方式生产规模较大，宜作为城市燃气补充或调峰时采用。

中、低压混气供应的方式又有两种，一种是混合气体生产出来后经调压器减至中压，通过输气管网直接或再经二次调压后供给用户；另一种是将中压气体先送入贮气柜，然后直接或再次调压后供应用户。

气态液化石油气混空气作为管道供气的气源，与煤制气、油制气等人工燃气相比，具有工艺流程简单、基建投资少、建设周期短、运行管理方便等优点，在液化石油气气源能得到保证且价格较为低廉的情况下,应是城市燃气中首选的供气方式。对已有燃气管道供应系统的城市,可用其作为高峰负荷及事故时的补充气源。用混合气作为补充气源时,必须考虑燃气的互换性。同时,气态液化石油气掺混空气后,其热值和华白指数大大降低,原来使用瓶装液化石油气的用户,其燃气用具需改装或更换,使燃气用具的燃烧性能符合相应混合气的要求。如果新建的城市管网以后要与天然气干管相接,则在建设初期可用液化石油气—空气混合气作为基本气源。这样,在改用天然气时燃气分配管网及附属设备都可以不需改换而继续使用。

六、人工燃气增热站

人工燃气的增热,即向热值低的人工燃气中掺混热值高的气态液化石油气。这种混气方法为低热值燃气(如发生炉煤气及水煤气)和其他发热值低、无输送价值的工业废气的利用开辟了道路。在城市旧的燃气管网中,如果提高管网输气能力确有困难,也可通过燃气的增热来提高管网输送的热负荷。人工燃气的增热方法很多。例如为了满足高峰用气负荷的需要,可向焦炉煤气中掺混35%～40%的气态液化石油气与水煤气,或掺混25%左右的气态液化石油气与发生炉煤气,组成热值较高的混合气体。

图9-21为在高峰时向人工燃气中掺混气态液化石油气和水煤气的增热系统。液化石油气由贮罐进入气化器,经加热气化后进入调压器,然后经过过滤器和计量表进入水煤气管道。气态液化石油气和水煤气的混合气经过排送机加压后,通过混合器计量表进入焦炉煤气管,与焦炉煤气混合后送往输气管网或贮气柜中。

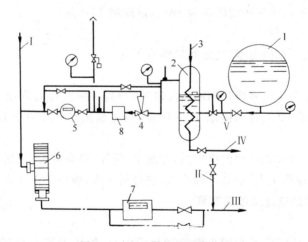

图9-21 人工燃气的增热装置

Ⅰ—水煤气管道;Ⅱ—焦炉煤气管道;Ⅲ—到分配管网去的混合气管道;Ⅳ—凝结水;Ⅴ—液化石油气
1—贮罐;2—蒸发器;3—水蒸气管道;4—调压器;5—液化石油气计量表;
6—排送机;7—混合气计量表;8—液化石油气过滤器

第三节 液化石油气瓶装供应站

瓶装供应站(简称供应站或供应点)是在城镇中设于居民区专门供应居民用户使用液化石油气的气瓶供应站。供应站的作用是接收由灌瓶厂(站)用汽车送来的气瓶,再将气瓶供应居民用户使用。

供应站的规模与设置差别很大，一般大、中城市在居民集中居住区设置专门的供应站，中、小城市的供应站多数与灌瓶厂（站）结合。在欧美各国，供应站、点的大小差别很大，有的供应点是将装有重瓶的集装箱露天放在商店门口或加油站路边。设有建筑物的供应站一般由瓶库、营业室、办公室、灶具维修间及仓库等组成。

本节介绍的内容为单独设置在居民区内的设有建筑物的供应站。

一、瓶装供应站的规模和参数

（一）规模

供应站的规模与居民居住现状有关。对单独设置在居民区内的供应站，其供应范围以半径为 0.5～1km 为宜。我国《城镇燃气设计规范》规定其规模以 5000～7000 户为宜，一般不超过 10000 户。这种规模及供应范围方便居民换气，也便于管理。

（二）供应站的瓶库与储瓶量

供应站的瓶库由重瓶和空瓶组成。实瓶的储量为计算月平均日销售量的 1.3～1.5 倍，总存重瓶容积不超过 10m³；空瓶量为计算月平均日销售量的 1 倍。

瓶库内重瓶与空瓶要分区码放，15kg 以下的重瓶可双层码放。

（三）气瓶周转率

供应站的气瓶周转率应与城市灌瓶厂（站）共同考虑。气瓶周转率与居民用气情况、运输条件和管理水平等因素有关。对大型城市一般为 10%～20%，其中供应站考虑多少比例，各城市不等。例如：北京市的气瓶周转率为 16% 左右，供应站占 6%；天津市灌瓶厂（站）与供应站各占一半；南京市气瓶周转率为 18%，供应站占 10%。

（四）运瓶汽车

我国各城市运瓶汽车的类型、装瓶数量各有不同。

（五）其他设施

一个供应站除了作为主要建筑物的瓶库以外，与其必须配套的营业室、办公室，一般取建筑面积为 10～15m²，灶具维修间取 12～16m²，仓库面积在供应用户为 5000～7000 户时取 12m²。

人员设置：对 5000～7000 户的供应站，在北京、天津、南京等地，一般设 9 人左右。其中供气站站长 1 人，营业员 1 人，灶具维修 2 人，管理员 1 人，瓶库工人 4 人。

二、瓶装供应站的选址及平面布置

（一）选址

（1）供应站的地址应设置在用户供应区域的中心；供应半径不超过 1km，应便于居民换气。

（2）有便于运瓶汽车出入的道路。

（3）有便于消防用的消火栓。

（4）供应站周围应有非燃烧体的实体围墙。

（5）供应站的瓶库与站外建、构筑物的防火间距见表 9-5。

（二）平面布置

供应站的总平面一般由三部分组成：

（1）瓶库：可根据地区气候条件采用非开敞式、半开敞式和开敞式建筑，瓶库主要一侧应有运瓶汽车的回车场地，瓶库的平台高度应与运瓶汽车的车厢底高相适应。

序　号	项　　　目	总存瓶容积(m³)	
		≤10	>10
1	明火、散发火花地点	30	30
2	民用建筑	10	15
3	重要公共建筑	20	25
4	主要道路	10	10
5	次要道路	5	5

(2) 营业和灶具维修间应方便用户出入。

(3) 办公室、生活用房及其他用房应与瓶库有 10m 以上的防火间距。

三、瓶装供应站的防火安全要求

(1) 供应站建筑物防火要求　供应站的瓶库建筑的耐火等级为二级。

当瓶库为非开敞式建筑物时,应有良好的通风措施。

(2) 供应站瓶库用电负荷　从防火安全出发,瓶库用电负荷为三级。

(3) 供应站的爆炸危险场所等级及范围

1) 在正常情况下,爆炸性混合气体可能出现的场所为 1 级区。供应站的瓶库属 1 级区,其范围为非开敞式、半开敞式和开敞式瓶库的建筑物的内部空间。

2) 在正常情况下,爆炸性混合气体不可能出现,仅在不正常情况下偶尔短时间出现的场所为 2 级区。供应站半开敞式和开敞式瓶库的敞开面向外水平距离 7.5m,垂直高度 3m 以下的空间为 2 级区场所;瓶库在自然通风良好条件下,通向露天的门和窗外水平距离和垂直距离 3m 以内的空间为 2 级区场所;当门、窗外有障碍物导致通风不良时,2 级区的水平距离要延伸至 7.5m。

(4) 供应站应设置携带式检漏报警器,用以巡视检测。

(5) 供应站应有直拨外线电话。

(6) 供应站内及瓶库内应设有干粉灭火器。

四、瓶装供应站的管理

供应站的管理,要体现安全管理的要求。管理的内容主要包括:供应站业务管理、站内环境及装卸车、钢瓶安全管理、灶具维修、事故应急措施等。

(一)供应站业务管理

(1) 供应站站长应贯彻执行公司制订的供应站各岗位职责及供应站职工手册。

(2) 供应站的业务应按业务流程作业。

1) 供应站进气流程如下:

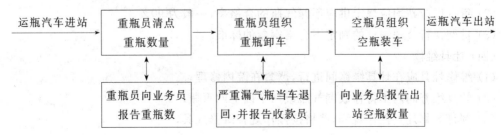

2）供应站销售流程如下：

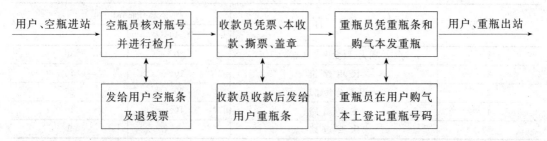

3）业务交接班流程

收款员根据当班的全部业务，做出交接班记录及日报表，并以现金、售气小票、重瓶和空瓶库存数向下班交接，同时上报公司调度。

重瓶员、空瓶员清点的瓶数与收款员核对无误后，共同在交接班记录上签字并向下班交接。

（二）站内环境及装卸车

（1）站内环境要求如下：

1）站内空、重瓶不得随意码放；

2）站内严禁存放其他易燃易爆物品；

3）站内消防器材应按规定放置，并应使用方便；

4）站内场院严禁吸烟或燃烧杂物，设禁烟标志；

5）经常保持运瓶汽车的通道畅通无阻；

6）站内各处要经常保持整齐清洁。

（2）装卸车

1）应制订装卸车安全操作规程；

2）装卸车人员要穿戴防静电的防护用品；

3）卸车过程中发生重瓶大量漏气，应及时处理，并报公司技安部门；

4）装卸钢瓶时，要轻拿轻放，不得摔、磕、碰、撞。

（三）钢瓶安全管理

（1）供应站在销售重瓶的过程中，应严格检查出售的重瓶，存在下列问题的重瓶不能出售：

1）漏气瓶；

2）超重 1kg 以上的重瓶；

3）无底座或护罩的重瓶；

4）其他有明显缺陷，影响用户安全使用的重瓶。

（2）每一供应站均应规定供应不漏气瓶的合格率，一般为 90%。

（3）贯彻执行公司制订的判定不合格钢瓶的标准。

（四）灶具维修

（1）维修灶具应在灶具维修间进行，严禁在院内修理；

（2）灶具维修间内不得存放漏气瓶或两个以上的重瓶；

（3）制订装修灶具操作规程，严格按操作规程维修灶具；

（4）对用户报修的灶具，修理时间一般不应超过24h。

（五）事故应急措施

供应站均应制订事故应急方案，以便及时处理事故。事故应急方案的内容一般包括：

（1）报警程序；

（2）组织指挥系统；

（3）各岗位人员在应急事故中的任务；

（4）抢修与救护；

（5）清理与保护现场。

第四节　燃气汽车及加气站

一、燃气汽车概述

燃气汽车，是指以天然气、液化石油气等气体燃料来取代传统的汽油、柴油等液体燃料作为动力的汽车。根据其所用燃料的不同，燃气汽车可分为三大类：液化石油气汽车（LPG）、压缩天然气汽车（CNG）、液化天然气汽车（LNG）。

与传统的燃油汽车相比，燃气汽车具有很多优势：

（1）污染少　近年来大气污染越来越严重（尤其是城市），而污染的来源又大多来自汽车的废气排放。据统计，城市空气污染源总量的约 $60\%\sim70\%$ 来自汽车。汽车尾气中的 CO、HC、NO 及粉尘中含铅物质能够阻碍人体内氧气和血红蛋白的结合，能致癌，对眼睛、咽喉有刺激，在空气中易形成酸雾。随着汽车工业的发展及汽车数量的增加，这种污染危害已受到越来越多的重视。

天然气和液化石油气在常温常压下为气态，以气态进入内燃机，燃料与空气同相，混合均匀，燃烧比较完全，可大幅度降低 CO 和 HC 的排放量，彻底改善微粒排放污染。天然气和液化石油气经净化处理后，其有害物质和含量也比液体燃料也要小得多，如硫的含量可降到 3×10^{-6}（质量比）以下，远低于汽油、柴油的 $0.1\%\sim0.2\%$。由于天然气和液化石油气火焰温度低，也会使 NO_x 排放量减少。此外以甲烷为主要成分的天然气是碳氢原子比最小的烃类化合物，以产生相同热量计算，甲烷产生的 CO_2（温室气体的主要成分）也可比汽、柴油降低 15% 以上，这对减小造成地球变暖的"温室效应"也是大有好处的。

（2）运行成本低　运行成本包括两个方面：一是燃料本身的成本，二是将其应用于汽车时所需设备的附加成本。

天然气采自天然气井或油田，只需稍加净化便可直接使用；汽、柴油和液化石油气是从原油中提炼出来的，从生产成本上看，天然气最经济，汽、柴油和液化石油气基本相当。从储存和运输成本上看，由高到低的是天然气、液化石油气、汽油、柴油。另外，由于国家鼓励采用"环保清洁燃料"，各地政府都对燃气汽车采取一定的优惠政策。因此，燃气汽车燃料成本比燃油汽车燃料成本要低得多。

（3）使用性能好　以天然气和液化石油气为燃料的发动机，冷启动性能好，运转平稳，不含汽、柴油中存在的胶质，因而在燃烧中不会产生如汽、柴油燃料中胶质产生的积炭，同样由于其硫含量和机械杂质均远低于汽、柴油，对气缸、活塞、活塞环、气门等零部件的危害也较小；燃气不会对机油产生稀释，因此发动机寿命长，汽车大修里程可提高 20% 以上；不用经常注入机油和更换火花塞,比使用油燃料节约 50% 以上的维修费用。

(4) 安全性能好 以天然气与汽油比较为例。汽油蒸汽较重,液态挥发有过程,且不易散失,易着火爆炸;而天然气较轻(其相对密度为 0.58～0.62),泄漏后很快升空,易散失,不易着火。天然气的爆炸极限为 4.7%～15%,比汽油(爆炸极限为 1%～6%)高 2.5～4.7 倍,而且天然气自燃点(在空气中)为 650℃,比汽油自燃点(510～530℃)高,故天然气比汽油泄漏着火的危险小。

另外,天然气汽车的钢瓶系高压容器,其材质及制造、检验试验在各国均有严格的规程控制,在我国即有《汽车用压缩天然气钢瓶标准》(GB 17258—1998),其试验压力高于工作压力 4 倍,并安装有防爆设施,不会因汽车碰撞或翻覆造成失火或爆炸;而汽油汽车的油箱系非压力容器,从构造上看并没有十分严密的封闭措施,汽车经碰撞、翻覆或漏油后易发生火灾事故。

(5) 调整能源结构,缓解"石油危机" 随着国民经济的迅速发展,我国的汽车数量急剧增长。但我国的原油产量几乎没有增长,而每年进口原油数量却在不断增加。因此,用燃气汽车替代燃油汽车,可有效缓解石油短缺压力。

基于燃气汽车的种种优势,研究、发展燃气汽车的热潮席卷世界各地。1988 年在澳大利亚悉尼召开了第一届燃气车辆应用新进展学术会议及展览,之后每两年举办一次,燃气汽车的保有量也逐年增加。据不完全统计,截止到 1997 年,全世界的燃气汽车约 505 万辆,其中天然气汽车 104.687 万辆,液化石油气汽车 401.1 万辆。

我国的燃气汽车发展也很迅速。早在 20 世纪 60 年代,重庆、自贡就利用天然气井的压力给汽车充气,充气压力达到 9MPa;1984 年中原油田也利用气井压力给汽车充气,压力达到 15 MPa。1989 年我国召开了用燃气代汽油作汽车燃料的会议,当时四川已改装 47 辆汽车,建了三座充气站,从新西兰引进了配件,改装了五辆油罐车,同时我国在华北、新疆、大庆、辽河、吉林的燃气汽车也得到了迅速发展。到 1997 年末,拥有天然气和液化石油气汽车 5917 辆,其中天然气汽车 4594 辆,计划 2010 年发展到 20～30 万辆。目前北京、上海等大城市,主要在公交系统发展 CNG 汽车,在出租车行业发展 LPG 汽车。截止 2001 年底,北京已建 CNG 加气站 25 座、LPG 加气站 68 座;改装 CNG 汽车 6000 余辆、LPG 汽车 3.5 万辆。

当然,燃气汽车也有缺点,在发展过程中也遇到了很多问题。如压缩天然气汽车在存储和携带时,需较大体积的储气瓶(公交车携带的 CNG 储气瓶一般为 7×50l 或 4×80l),充一次气只能供公交车行驶约 200km,这也是目前 CNG 汽车只应用于公交系统的主要原因;液化天然气汽车虽解决了上述问题,但其液化、储存及运输的技术难度大,成本高,目前尚处于开发试验阶段。

二、燃气汽车加气站的类型及站址选择

(一)加气站的分类

目前的加气站主要有液化石油气加气站、压缩天然气加气站、加油加气合建站及液化天然气加气站四种。由于液化天然气加气站在我国尚未推广,也无相应的规范,故本书仅介绍前面三种。

加气站应根据储气规模划分等级,参见表 9-6、9-7 和 9-8。压缩天然气加气站不分等级,其储气设施的总容积应根据加气汽车数量、每辆汽车加气时间等因素综合确定,在城市建成区内不应超过 16m³。

级 别	液化石油气储罐容积(m³)		级 别	液化石油气储罐容积(m³)	
	总 容 积	单 罐 容 积		总 容 积	单 罐 容 积
一 级	45<V≤60	≤30	三 级	V≤30	≤30
二 级	30<V≤45	≤30			

注：V 为液化石油气储罐总容积。

加油和液化石油气加气合建站的等级划分   表9-7

加油站 液化石油气 加气站	一级(120<V≤180)	二级(60<V≤120)	三级(30<V≤60)	三级(V≤30)
一级(45<V≤60)	×	×	×	×
二级(30<V≤45)	×	一级	一级	一级
三级(20<V≤30)	×	一级	二级	二级
三级(V≤20)	×	二级	二级	三级

注：(1) V 为油罐总容积或液化石油气储罐总容积；(2)柴油罐容积可折半计入油罐总容积；(3)当油罐总容积大于
60m³ 时，油罐单罐容积不应大于 50m³；当油罐总容积小于或等于 60m³ 时，油罐单罐容积不应大于 30m³；(4)液
化石油气单罐容积不应大于 30m³；(5)"×"表示不应合建。

加油和压缩天然气加气合建站的等级划分   表9-8

级 别	油品储罐容积(m³)		压缩天然气储气设施总容积 (m³)
	总 容 积	单 罐 容 积	
一 级	60~100	≤50	≤12
二 级	≤60	≤30	

注：柴油罐容积可折半计入油罐总容积。

（二）站址选择

加气站的站址选择应符合下列规定：

（1）站址的选择和分布应符合城镇规划、环境保护和防火安全的要求，并应选在交通便利的地方。

（2）城市建成区内不得建一级液化石油气加气站和一级加油加气合建站。所建其他等级的加气站和合建站，应靠近城市交通干道或车辆出入方便的次要干道上；郊区所建的加气站和合建站，宜靠近公路或设在靠近建成区的交通出入口附近。

（3）在城市建成区内进行液化石油气加气站和合建站站址选择时，液化石油气槽车的运行应符合城市易燃易爆危险物品交通运输的有关规定。

（4）天然气加气站（加气母站）和合建站，宜靠近天然气高、中压管道或储配站建设。供气参数应符合天然气压缩机性能要求。新建的加气站（加气母站）和合建站不应影响现有用气户与待发展用气户的天然气使用。

（5）加气站的储罐、加气机、卸车点、放散管等设施，应根据相关规范的要求，与站外建、构筑物保持必要的防火间距。

三、加气站的系统组成及工艺

（一）液化石油气加气站

目前液化石油气加气站的形式主要有以下三种：

（1）储配站附属的加气站　即与已有的液化石油气储配站并设的加气站。有的是放置在储配站内部一角的（一般是储配站进口处一侧）；有的利用储配站的外墙，将工艺管道从储配站引出后再建成的。这种形式的加气站因利用了储配站内的液化石油气储罐，可不用新上储罐，而且加气站的安全防火距离也较容易得到保证。缺点是储配站一般均在城市边远地区，使汽车加气很不方便。

（2）储罐式加气站　这是目前最常见、应用最多的加气站形式，与加油站很类似。加气站主要由储罐（地上或地下）装置、泵和压缩机、汽车槽车卸车点、加气区（包括加气机、加气岛等）、管路管件及检漏报警装置等组成。图 9-22 为该种加气站的组成及工艺流程示意图。来自槽车的液化石油气通过单臂连接头，启动气体压缩机将其卸入液化石油气储罐内。汽车加气时，启动罐装烃泵将液化石油气从储罐内抽出至加气计量机，再用灌装枪加入汽车内。

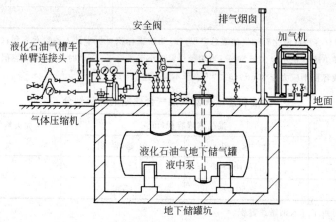

图 9-22　地下储罐式加气站的组成及工艺流程

（3）移动式汽车加气站　它是将液化石油气的储罐（一般为几立方米的容器）、烃泵、加气计量机等一同配置在可移动的基础底座上。该加气站的特点是设计紧凑，更适宜在人口密集、车辆拥挤的城区内设置。由于所有设备均安置在基础底座上，它比地下式储罐更省安装费用，也便于搬动。

（二）压缩天然气加气站

压缩天然气加气站和加气母站（除自身具有给天然气汽车加气功能外，并可通过车载贮气瓶运输系统为子站供应压缩天然气的加气站）一般由天然气引入站管道和脱硫、脱水、调压、计量、压缩、贮存、加气等主要生产工艺系统及循环冷却水、废润滑油回收、冷凝处理、供电、供水等辅助生产工艺系统组成，可分为贮存加压生产区和加气营业辅助区。贮存加压生产区内设天然气压缩机房（含天然气过滤、调压、计量、压缩脱水装置和储气瓶库、天然气压缩机冷却系统）；加气营业辅助区包括加注区（含天然气加气岛）、营业站房（含营业室、财务室、值班室、办公室、仪表总控制室等）、综合辅助用房（含高低压变配电室、消防水系统等）。

天然气加气站的工艺流程见图 9-23。来站天然气经过滤、调压计量后经缓冲稳压后进入压缩机，天然气压缩机将天然气压缩加压至 25MPa 进入高压脱水装置除去剩余水分，脱水后经程序控制器选择安排，进高压储气瓶组或高压储气管束，分不同压力储气，不同高压

202

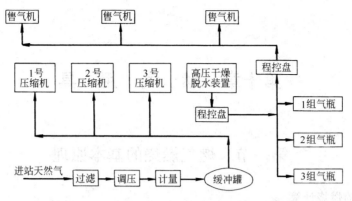

图 9-23　天然气加气站的工艺流程

天然气又在程序售气控制器下经天然气售气机向燃气汽车售气。当高压储气系统存气不足时,经程序控制器天然气可经压缩机加压直接供给售气机,经计量向燃气汽车售气。

天然气加气子站(依靠车载贮气瓶运进天然气进行加气作业的加气站)一般由压缩天然气的接受、贮存、加气等系统组成。在子站内可配置小型压缩机用于瓶组间天然气的转输。

四、加气站的配套设施

加气站的配套设施主要包括消防设施、电气装置、给水排水、采暖通风和空气调节、建、构筑物的防火、防爆以及通信和绿化等。

无论是瓶组供气站、贮罐供气站、液化气混空气供气站还是汽车用燃气加气站,都必须有健全的安全管理制度,主要包括以下内容:入站须知、罐区安全管理制度、压缩机(泵)安全管理制度、残液处理安全管理制度、机动车辆安全管理制度、危险作业报告审批制度、消防器材管理制度以及紧急情况下的处理措施等。

第十章 燃气用具

第一节 燃气燃烧的基本原理

一、燃气的燃烧计算

（一）单一气体燃烧，其热值与反应式，列于表10-1中。

（二）混合气体的燃烧

（1）热值 混合气体的热值，可按成分含量计算。其高热值或低热值，等于各种成分含量的相应热值之和，即：

混合气体的高热值 $\qquad H_h = \sum_{i=1}^{n} \frac{r_i H_{hi}}{100}$ $\qquad$ (10-1)

混合气体的低热值 $\qquad H_l = \sum_{i=1}^{n} \frac{r_i H_{li}}{100}$ $\qquad$ (10-2)

式中 H_{hi}——混合气体中各成分的高热值（kJ/Nm^3）；

$\qquad H_{li}$——各成分的低热值（kJ/Nm^3）；

$\qquad H_h$——混合气体的高热值（kJ/Nm^3）；

$\qquad H_l$——混合气体的低热值（kJ/Nm^3）；

$\qquad r_i$——成分含量百分比（%）。

单一气体含量的热值可由表10-1查得。

各种单一气体热值与燃烧反应式 $\qquad$ 表 10-1

气体名称	反 应 式	气体热值（kJ/Nm^3）	
		高 热 值	低 热 值
氢	$H_2 + 0.5O_2 = H_2O$	12724	10768
一氧化碳	$CO + 0.5O_2 = CO_2$	12615	12615
甲 烷	$CH_4 + 2O_2 = CO_2 + 2H_2O$	39752	35823
乙 炔	$C_2H_2 + 2.5O_2 = 2CO_2 + H_2O$	58370	56359
乙 烯	$C_2H_4 + 3O_2 = 2CO_2 + 2H_2O$	63294	59343
乙 烷	$C_2H_6 + 3.5O_2 = 2CO_2 + 3H_2O$	70191	64251
丙 烯	$C_3H_6 + 4.5O_2 = 3CO_2 + 3H_2O$	93456	87467
丙 烷	$C_3H_8 + 5O_2 = 3CO_2 + 4H_2O$	101039	93030
丁 烯	$C_4H_8 + 6O_2 = 4CO_2 + 4H_2O$	125559	117425

气体名称	反 应 式	气体热值(kJ/Nm³)	
		高 热 值	低 热 值
丁　　烷	$C_4H_{10}+6.5O_2=4CO_2+5H_2O$	133580	123364
戊　　烯	$C_5H_{10}+7.5O_2=5CO_2+5H_2O$	158848	148495
戊　　烷	$C_5H_{12}+8O_2=5CO_2+6H_2O$	168989	156374
苯	$C_6H_6+7.5O_2=6CO_2+3H_2O$	161887	155412
硫化氢	$H_2S+1.5O_2=SO_2+H_2O$	25306	23329

（2）理论空气量与理论烟气量　理论空气量和理论燃烧烟气量的计算，有以下两种方法：

1）按燃气组成计算

理论空气需要量

$$V_0=\frac{1}{21}\left[0.5H_2+0.5CO+\Sigma\left(m+\frac{n}{4}\right)C_mH_n+1.5H_2S-O_2\right] \tag{10-3}$$

式中　　　　　　　V_0——理论空气需要量（Nm³ 干空气/Nm³ 干燃气）；

H_2、CO、C_mH_n、H_2S——燃气各成分的容积成分；

O_2——燃气中氧气的容积成分。

理论烟气量

三原子气体体积：

$$V_{RO_2}=V_{CO_2}+V_{SO_2}=0.01(CO_2+CO+\Sigma mC_mH_n+H_2S) \tag{10-4}$$

式中　V_{RO_2}——三原子气体体积（Nm³/Nm³ 干燃气）；

V_{CO_2}、V_{SO_2}——二氧化碳和二氧化硫的体积（Nm³/Nm³ 干燃气）。

水蒸气体积：

$$V_{H_2O}=0.01\left[H_2+H_2S+\Sigma\frac{n}{2}C_mH_n+120(d_g+V_0d_a)\right] \tag{10-5}$$

式中　V_{H_2O}——理论烟气中水蒸气体积（Nm³/Nm³ 干燃气）；

d_g、d_a——燃气和空气的含湿量（kg/Nm³ 干燃（空）气）。

氮气体积：

$$V_{N_2}=0.79V_0+0.01N_2 \tag{10-6}$$

式中　V_{N_2}——理论烟气中氮气体积（Nm³/Nm³ 干燃（空）气）。

理论烟气总体积：

$$V_f=V_{N_2}+V_{H_2O}+V_{RO_2} \tag{10-7}$$

式中　V_f——理论烟气量（Nm³/Nm³ 干燃气）。

2）按低热值计算

燃气的低热值与理论空气需要量 V_0 及由此产生的理论烟气量 V_f 大致成直线关系。

低热值燃气（$H_l=2000\sim12600$kJ/Nm³）

$$V_0 = \frac{3.658 H_l}{1000} \quad (Nm^3/Nm^3) \tag{10-8}$$

$$V_f = \frac{3.031 H_l}{1000} + 1.0 \quad (Nm^3/Nm^3) \tag{10-9}$$

高热值燃气($H_l = 16700 \sim 29300 kJ/Nm^3$)

$$V_0 = \frac{4.556 H_l}{1000} - 0.25 \quad (Nm^3/Nm^3) \tag{10-10}$$

$$V_f = \frac{4.765 H_l}{1000} + 0.25 \quad (Nm^3/Nm^3) \tag{10-11}$$

(3) 实际空气量与烟气量

实际空气量：

$$V = \alpha V_0 \tag{10-12}$$

式中　V——实际空气需要量(Nm^3 干空气/Nm^3 干燃气)；

　　　α——过剩空气系数。工业设备中，一般取值在 $1.05 \sim 1.20$；民用燃具中，一般取值在 $1.3 \sim 1.8$；

　　　V_0——理论空气需要量(Nm^3 干空气/Nm^3 干燃气)。

实际烟气量：

三原子气体的体积不受影响。

水蒸气体积

$$V_{H_2O} = 0.01 \left[H_2 + H_2S + \Sigma \frac{n}{2} C_m H_n + 120 (d_g + \alpha V_0 d_a) \right] \tag{10-13}$$

式中　V'_{H_2O}——实际烟气中水蒸气体积(Nm^3/Nm^3 干燃气)。

氮气体积

$$V_{N_2} = 0.79 \alpha V_0 + 0.01 N_2 \tag{10-14}$$

V'_{N_2}——实际烟气中氮气体积(Nm^3/Nm^3 干燃气)。

过剩氧气体积

$$V_{O_2} = 0.21 (\alpha - 1) V_0 \tag{10-15}$$

V_{O_2}——理论烟气中氮气体积(Nm^3/Nm^3 干燃气)。

实际烟气总体积

$$V'_f = V'_{N_2} + V'_{H_2O} + V_{RO_2} + V_{O_2} \tag{10-16}$$

V'_f——实际烟气量(Nm^3/Nm^3 干燃气)。

(4) 燃烧速度　一般燃气中含氢和其他燃烧速度快的成分百分比越多，燃烧速度就越快；燃气-空气混合物初始温度增高，火焰传播速度增大。图 10-1 为一次空气系数对火焰传播速度的影响。图 10-2 为燃气-空气混合物初始温度对各种燃气燃烧速度的影响。

(5) 燃烧温度　如果在热平衡方程式中将由于化学不完全燃烧而损失的热量考虑在内，则求得的温度称为理论燃烧温度。实际燃烧过程中，由于热辐射等原因，热量向周围散失，理论燃烧温度实际上是一个参考温度。其计算式为：

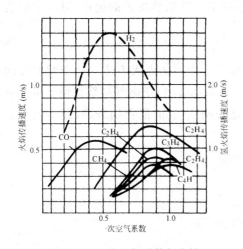

图 10-1 一次空气系数与火焰
传播速度的关系

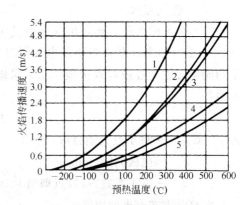

图 10-2 可燃混合物初始温度与
火焰传播速度的关系

1—水煤气；2—陈焦煤气；3—汽油增热煤气；

4—天然气；5—发生炉煤气

$$t_{th}=\frac{H_l-Q_c+(c_g+1.20c_{H_2O}d_g)t_g+\alpha V_0(c_a+1.20c_{H_2O}d_a)t_a}{V_{RO_2}c_{RO_2}+V_{H_2O}c_{H_2O}+V_{N_2}c_{N_2}+V_{O_2}c_{O_2}} \tag{10-17}$$

式中　　　　　　t_{th}——理论燃烧温度　（℃）；

H_l——燃气的低热值　（kJ/Nm³）；

Q_c——化学不完全燃烧而损失的热量　（kJ/Nm³ 干燃气）；

1.20——水蒸气的比容　（Nm³/kg）；

c_g、c_a、c_{H_2O}——分别是燃气、空气、水蒸气的平均定压容积比热　[kJ/(Nm³·K)]；

d_g、d_a——分别是燃气、空气的含湿量　（kg/Nm³ 干燃（空）气）；

t_g、t_a——分别是燃气、空气的温度　（℃）；

V_{RO_2}、V_{H_2O}、V_{N_2}、V_{O_2}——每标准立方米干燃气完全燃烧后所产生的三原子气体、水蒸气、氮、氧的体积　（Nm³/Nm³ 干燃气）；

c_{RO_2}、c_{N_2}、c_{O_2}——三原子气体、氮、氧的平均定压容积比热　（kJ/(Nm³·K)）；

二、燃气的着火与点火

（一）燃气的着火

燃气和空气混合物的燃烧过程可分为两个阶段：着火阶段和剧烈燃烧。

着火阶段是燃烧的准备阶段，在这个阶段内，一个特定的燃气-空气混合物系统受到氧化，进行着没有光和火焰的"燃烧"。如果氧化反应产生的热量大于散失于系统外的热量，热量就在系统内积累，系统温度升高，促使氧化速率加快，这就比初始氧化产生更多的热量，系统温度进一步升高，逐步地使过程强化起来，达到一个临界温度-着火点，发生自燃，过程就由准备阶段发展到剧烈氧化燃烧。燃气的着火不仅与其性质有关，还与系统的热力条件有关。

燃气-空气混合物着火前向此系统提供能量，系统内就出现氧化反应，这反应由缓慢变到剧烈的燃烧需要一段氧化反应时间,称作感应期。以加热提供的能量,温度愈高着火就愈快。

(二)燃气点火

(1)电火花点火 电火花点火是民用燃具广泛使用的点火方法。处于两电极间的燃气、空气分子在数千伏高电压的电场作用下,产生火花放电,把燃气局部点燃。电火花所产生的能量必须超过最低点火能 E_{min}。对碳氢化合物-空气的混合物来讲,最小点火能计算式为:

$$E_{min} = kd^2$$

式中 E_{min}——最小点火能(J);

d——电极间距(mm);

k——修正系数,可取近似值 $0.0017(J/cm^2)$。

影响电火花点火的因素:

1)燃气种类的影响。天然气点火比其他燃气稍难,天然气要求的最小点火能 E_{min} 较高,而且点燃的浓度范围较窄。见图 10-3。

2)电极间距和形状的影响。当电极间距大于临界值 D_0 时,E_{min} 不受间距大小影响;若小于 D_0 时,热量就要向电极散失,点燃燃气就需要更多能量;继续减小电极间距到一定程度,就难以点燃,此距离称熄火距离。见表 10-2。电极尺寸越大,对 E_{min} 影响也越大。

可燃组分在空气中的点火能和熄火距离 表 10-2

燃 气	点火能(10^{-5}J)		熄火距离(mm)	
	化 学 计 量	最 小	化 学 计 量	最 小
氢	1.51	1.51	0.51	0.51
甲 烷	33.03	29.01	2.54	2.03
乙 烷	42.04	24.03	2.29	1.78
丙 烷	30.52	—	2.03	1.78
正丁烷	76.03	26.00	3.05	2.03
正戊烷	82.06	22.02	3.30	1.78
乙 炔	3.01		0.76	
乙 烯	11.10		1.25	—
丙 烯	28.22	—	2.03	
苯	55.06	22.52	2.79	1.78
环丙烷	24.03	23.03	1.78	1.78

3)燃气-空气混合物中燃气含量变化的影响。例如,混合物中天然气含量在9%附近熄火距离最小,如图 10-4 所示。

4)缺氧的影响。当使用缺氧的空气与燃气的混合物,对 E_{min} 影响特别明显,不仅明显增大,而且着火极限变窄。

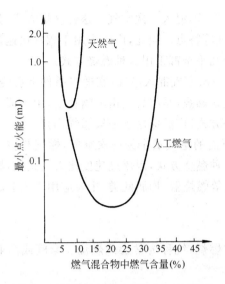

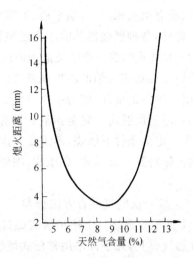

图 10-3　天然气与人工燃气(含 50％氢)　　　　　图 10-4　熄火距离随天然气-空气
　　　　　点火性能的比较　　　　　　　　　　　　　　　　　混合物成分的变化

5)气流速度和电火花位置的影响。火孔口喷出的燃气-空气混合物速度和浓度分布的状况以及产生电火花的位置也影响点火。合适的点火位置仅限于火孔上方一个狭小范围内。例如对于 10％的甲烷-空气混合物来说,直径 5mm 的火孔,点火位置在 8mm 以内。

(2)其他点火方式　有电热丝点火器、小火点火器等,这些点火源的温度都大大超过燃气的自燃温度。

无催化作用的电热丝点火的最低点火温度随燃气流速的增加,电热丝直径和电热丝线圈直径的减小而增高。见图 10-5、图 10-6。

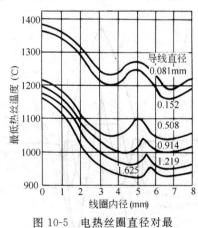

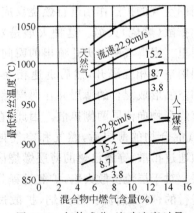

图 10-5　电热丝圈直径对最　　　　　　　　图 10-6　气体成分、流动速度对最
　　　　低点火温度的影响　　　　　　　　　　　　　　低点火温度的影响

三、燃气的燃烧方法

燃气燃烧方法,按一次空气和二次空气的比例及混合方法,可作如下分类。

(一)按一次空气混合比例分类

(1)扩散式燃烧　在燃烧之前,燃气不与空气混合,不形成混合气,只是把燃气喷射到空气中,使其燃烧。燃烧所需的空气,全为二次空气,不混入一次空气。这种燃烧方式,具有不回火、没有灭火噪声、火焰平稳、不需要调节空气等特点。因此,广泛应用于燃气快速热水器等。此外,各种燃烧器具的小火燃烧器、点火棒几乎全都采用这种燃烧方式。

(2) 大气式燃烧 把燃烧范围内的空气作为一次空气混入燃气,在适当条件下燃烧,由于燃烧稳定而形成火焰的内焰锥及外焰锥。大气式燃烧,是将燃气由喷嘴喷出,由于喷射作用,吸引了周围的空气,成为一次空气。这种燃烧方式,广泛应用于一般燃气用具。

(3) 完全预混式 完全预混式即完全燃烧所需的空气量全为一次空气,燃气与空气混合后,在一定的条件下燃烧,不需要二次空气。这种燃烧方式,因燃烧速度比大气式快,燃烧器也就比较特殊。鼓风式、高压式、陶瓷板红外线等燃烧器,均属此类,主要应用于工业燃气用具。

(二) 按一次空气混合方法分类

(1) 常压式燃烧 上述扩散式燃烧和大气式燃烧,统称为常压式燃烧。家庭或商业用的各种燃气燃具,几乎都采用常压式燃烧器。

(2) 高压式燃烧 将燃气压力升到 7000～70000Pa 从喷嘴喷出,燃烧所需的空气,全都以一次空气形式由大气中吸入。燃气压力随燃气种类而有所不同。一般应用于工业干燥器、工业炉等方面。

(3) 鼓风式燃烧 鼓风式燃烧是利用混气装置将燃气和空气按各种比例混合,然后供应燃烧。这种燃烧方式,用于温度分布均匀、精密快速加热作业等方面。

四、燃气的燃烧特性

火焰是燃气与空气进行剧烈氧化反应的反应区,伴随有高温和发光。根据是否预混空气可将燃烧方式分为扩散式燃烧和预混式燃烧,它们形成的火焰分别称扩散(燃烧)火焰和预混(燃烧)火焰;由于气流流速引起的流态不同,火焰还可分为层流火焰和湍流火焰。

(1) 扩散火焰 燃气与空气没有预先混合(即一次空气系数 $\alpha' = 0$),由火孔流出的燃气依靠周围空气的扩散作用进行燃烧反应,形成的火焰称扩散(燃烧)火焰。这种火焰是发生在一个薄层里。当燃气刚由火孔流出的瞬间,燃气流股与周围空气相互隔开,然后迅速相互扩散,使燃气和空气形成混合的薄层并在薄层燃烧,所形成的燃烧产物向薄层两侧扩散。因此,在引燃燃气-空气混合物的薄层后,燃气和空气再要接触就必须通过扩散,穿透已燃的薄层燃烧区的燃烧产物层。对于层流扩散火焰,扩散过程是以分子状态进行的;对于湍流扩散火焰,扩散过程是以分子团状态进行的。

1) 层流扩散火焰 燃气从火孔流出的速度小,气流处于层流状态,依靠扩散作用使燃气和空气混合,经引燃形成的燃烧区即为火焰,由于分子扩散速度缓慢,燃烧反应速率很快,所以火焰厚度很薄,可视作焰面。焰面各处的燃气与空

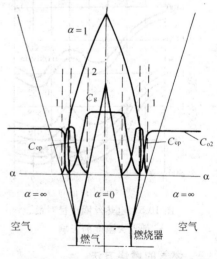

图 10-7 层流扩散火焰的结构
1—外侧混合区(燃烧产物+空气);
2—内侧混合区(燃烧产物+燃气)

210

气按化学计量比反应,因此焰面保持稳定。如果空气过多,则燃烧反应剩余的氧将继续向焰面内扩散,与焰面内燃气反应,焰面内移;如果空气不足,未燃的燃气将继续向外扩散,继续与氧反应使焰面外移。焰面上燃烧产物浓度最高,向两侧扩散。图 10-7 示出火焰结构及各点的燃气、氧气和燃烧产物的浓度(分别用 c_g、c_{O_2}、c_{cp} 表示)状况。焰面外为空气及燃烧产物,离焰面愈远燃烧产物浓度愈小、氧浓度愈大;焰面上燃烧产物浓度最高,燃气及氧浓度最低;焰面内燃气浓度渐增,燃烧产物浓度逐渐下降。燃气沿流股中心线方向逐渐被燃烧至圆锥顶端燃尽。锥顶与火孔口间距离称火焰长度,它是扩散火焰最重要的性质。

2)湍流扩散火焰　燃气从火孔流出的速度增加,火焰不断增长,火焰表面积增大,单位时间燃烧的燃气量增加。当燃气流速增到某一程度,流股前端破裂成众多气团,气流流态由层流变为湍流,此时火焰开始扰动,结果增加了燃气与空气的接触面积,增大了氧分子扩散速率,使燃烧反应速率加快,火焰长度缩短。随着燃气流速不断增加,火焰逐渐失去稳定性,与火孔口脱离。湍流扩散火焰内部是由破裂的燃气分子团与空气相互扩散进行燃烧反应,传质阻力比层流时小得多,燃烧强度得以增强。应该指出,上述的是燃气向大气空间自由射流的扩散火焰结构,如果火焰被约束在燃烧室内,由于存在热烟气的回流,对扩散火焰的影响就更复杂些,热烟气的高温能增加燃烧速率,有利于燃气的着火和火焰稳定;但烟气回流会降低可燃混合物氧含量,会造成火焰延长和加宽,其后果将使燃烧室尺寸扩大。

(2)预混火焰　燃气与空气预先混合,当一次空气系数为 $0<\alpha'<1$ 时,引燃由火孔流出的混合气,其中部分燃气燃烧,形成火焰内锥,其余的燃气仍依靠扩散作用与二次空气燃烧,形成火焰外锥,这就是部分预混火焰。当 $\alpha' \geqslant 1$ 时,火焰外锥消失,即为完全预混火焰。如果完全预混火焰周围配置有稳焰物体,如火道、多孔耐火材料板或合金金属网等,火焰变得不明显,此即为无焰燃烧。

1)层流部分预混火焰　如图 10-8 所示,部分预混层流火焰的结构由内锥、外锥和肉眼看不见的外焰膜构成。火焰内锥由于空气不足,含有大量的未燃的燃气和氧化反应中间产物,属还原性的预混火焰;火焰外锥是上述未燃尽的物质继续与周围空气反应形成氧化性的扩散火焰。最后高温烟气在外锥的外侧形成透明的高温外焰膜。燃烧天然气时,形成预混火焰的一次空气系数 α' 较窄,必须控制在着火极限内,高于着火上限则内锥消失,低于着火下限则混合物不能着火。

2)湍流部分预混火焰　当燃气-空气混合物流速增高,流态变为湍流部分预混火焰时,与层流部分预混火焰相比,湍流的火焰长度缩短,锥顶变圆,火焰内外锥界面不如层流时光滑,出现弥散的亮边,焰面皱褶,总表面增大。当湍动继续增大到某程度,焰面将强烈扰动,流股破裂成众多小气团,形成许多小块组成的燃烧层,此时传质表面大大增加,燃烧得以强化。

湍流部分预混火焰的长度短、燃烧强度大,有利于缩小燃烧室尺寸。这类火焰的烟气中 NO_x 含量较低,有利于环境保护。

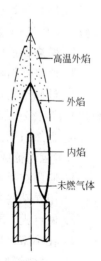

　高温外焰

　外焰

　内焰

　未燃气体

图 10-8　部分预
混层流火焰

第二节　燃气燃烧器

一、燃烧器的种类

燃烧器的类型很多,分类方法也各不相同。常见的几种分类方法如下:

(1) 按燃烧方式分类

1) 扩散式燃烧器　燃气所需空气不预先与燃气混和,一次空气系数 $\alpha'=0$;

2) 大气式燃烧器　燃烧所需部分空气预先与燃气混合,$\alpha'=0.4\sim0.7$;

3) 完全预混式燃烧器　燃烧所需的全部空气预先与燃气混和,$\alpha'=1.05\sim1.10$。

(2) 按空气的供给方式分类

1) 空气由炉膛负压吸入;

2) 空气由高速喷射的燃气吸入;

3) 空气由机械鼓风进入。

(3) 按燃气压力分类

1) 低压燃烧器　　燃气压力在 0.01MPa 以下;

2) 高(中)压燃烧器　　燃气压力一般在 0.01MPa 至 0.3MPa 之间。

二、扩散式燃烧器

扩散燃烧分为自然引风式扩散燃烧和鼓风式扩散燃烧。

(一) 自然引风式扩散燃烧

(1) 特点

燃气从燃烧器火孔喷出,射入相对静止的空气中,依靠扩散作用与空气混合进行燃烧反应,一次空气系数为 0。其特点如下:

1) 燃烧过程稳定,热负荷调节范围宽,不回火,燃烧天然气时,脱火极限比其他燃气低,即较易产生离焰、脱火。

2) 燃烧器适应性好,改变燃气成份也能较好地稳定燃烧。

3) 燃烧器结构简单,体积小,易制作。

4) 过剩空气量大,火焰温度低,燃烧热效率低。天然气扩散燃烧时火焰内缺氧,短裂解析出炭粒,特别是含乙烷以上重质烃高的天然气更容易析炭冒烟。

5) 自然引风扩散燃烧一般体积热强度小,火焰长,燃烧室尺寸较大。

(2) 应用范围

1) 应用在要求火焰具有一定亮度,或者需要还原性氛围气的工业炉内。

2) 用在某些要求火焰长、温度较低、加热均匀的工业炉。

3) 做点火灯或长明火炬。

4) 在小型锅炉或热水器中应用。

(3) 燃烧器型式

依靠燃气燃烧产生的热烟气和周围大气间产生的静压差,使空气自动地不断向火焰送。燃烧器是在各种耐热材料制的管子上钻孔,即制成燃烧器,火孔依工艺要求可排列成单排、多排、环形、漩涡等形式;也可以是单孔;也可让火孔成对地以一定角度喷出,使火焰冲撞,增强燃气与空气的混合;也可把火孔制成缝隙形,例如在钢管上安有陶瓷制的缝形火孔,燃气由缝口喷出燃烧,形成极薄的鱼尾形或蝙蝠形火焰。

(二)鼓风式扩散燃烧

(1)特点

空气采用机械送风,燃气与空气两股气流或平行、或同心圆、或环绕、或斜交地喷出燃烧器后在炉膛内混合燃烧。其特点如下:

1)鼓风式扩散燃烧器不回火,热负荷大,负荷调节范围宽。

2)为了强化燃烧,提高燃烧温度,可分别对燃气和空气预热,为避免燃气预热分解,预热温度一般控制在600℃以内。

3)与同等负荷引射式燃烧器比较,结构紧凑,体积较小。

4)适应性强,变换不同燃气均可稳定运行。

5)由于机械送风,需要送风设备和消耗电能。

6)空气-燃气比无法靠气流的动能自行调节,要另行控制。

7)过剩空气系数较大,燃烧效率较低。

(2)应用范围 这类燃烧器结构简单,运行可靠,热负荷大,调节范围宽,广泛用于集中供热的锅炉和工业加热炉。天然气生产炉法炭黑中,以鼓风机送入低于理论需要量的空气,进行鼓风扩散燃烧制取炭黑产品。

(3)燃烧器型式 为使进入炉膛的燃气、空气迅速混合,增加传质界面,强化燃烧反应,采取使燃气和空气呈多股流出、气流旋转、增大燃气流和空气流之间的速度差和增强气流扰动等措施,依这些办法设计出各种型式和用途的鼓风式扩散燃烧器。

1)套管式燃烧器。如图10-9所示,燃烧器由大管套小管构成,燃气流经小管,空气则从大、小管间的环形空间流过,在炉膛内混合燃烧。

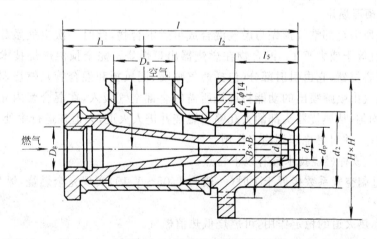

图 10-9 圆套管式燃烧器

2)旋流式燃烧器。燃烧气内设旋流结构(如蜗壳、导流片等),空气经过旋流机构呈螺旋状旋转前进,燃气分成多股气流从孔口喷出,燃气与空气在炉膛(或火道)混合燃烧。

此外,还有中心供气蜗壳式燃烧器、边缘供气蜗壳式燃烧器、轴向叶片旋流燃烧器等。

三、大气式燃烧器

燃气燃烧所需全部空气的一部分靠燃气从喷嘴喷出的动能产生的引射作用吸入,在引射器内空气与燃气混合后,由火孔喷出进行燃烧。其一次空气系数为$0<\alpha'<1$。这种燃烧方法大量用于在自然空气中燃烧,其燃烧器称作大气燃烧器,其结构示意于图10-10。

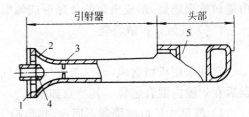

图 10-10　燃气引射式大气燃烧器示意图
1—调风板;2——次空气口;3—引射器喉部;
4—喷嘴;5—火孔

（1）特点

该种燃烧技术具有以下特点：

1）和扩散燃烧比较,其火焰温度较高,燃气燃烧较完全,效率较高,烟气中一氧化碳及其他可燃物浓度较低。

2）家用燃气低压燃具的一次空气系数有自调节作用,在一定范围内基本上不随燃气压力变化(或燃气喷嘴处燃气流速变化)而变化。热负荷调节相对较宽,适应性较强。

3）与全预混燃烧比较,火孔热强度、燃烧温度要低些。

4）当热负荷较大时,燃烧器结构较笨重。

（2）应用范围

1）广泛用于家庭燃气燃具和商业用户的燃烧器。

2）中小型锅炉。

3）某些温度较低的工业炉。

（3）燃烧器型式　图10-10中所示的大气燃烧器的头部,按火孔的排列可分为单环、双环、星形、棒形和管排等型式,以满足不同加热工艺要求。

家庭常用的燃气烹饪灶的燃烧器,常用火盖式多孔燃烧器,其内圈火孔比外圈火孔低,当使用弧形底锅时,不会造成压火,改善二次空气供应。

四、完全预混燃烧

燃气燃烧所需全部空气预先与燃气混合成可燃混合物,此时一次空气系数就等于过剩空气系数,并且等于或大于1。混合物在燃烧器出口燃烧。完全预混燃烧技术广泛采用引射式完全预混燃烧器,它由引射部分(包括燃气喷嘴、调风板和混合管)、燃烧器头部和火道构成。利用燃气由喷嘴喷出的动能将燃烧所需的全部空气吸入,在混合管内充分混合使速度场、浓度场均匀,从燃烧器头部的火孔喷出燃烧并进入火道,火道在运行中处于赤热状态,提高了燃烧速率,并对燃烧起到稳定作用。

（1）特点　该种燃烧技术具有以下特点：

1）可在过剩空气系数接近于1时(一般为1.05～1.10)实现完全燃烧,燃烧温度高,热效率较高。

2）由于赤热火道的稳定作用,可燃烧低热值燃气。

3）燃烧的火道体积热强度可达$(10～20)×10^4 MJ/(m^3 \cdot h)$或更高,相当于扩散燃烧炉膛体积热强度百倍以上。因此,加热设备可设计制作得十分紧凑。

4）不用送风设备,简化供风系统,不耗费电能。

5）容易发生回火,为防止回火,燃烧器头部有时需用水冷或风冷,结构较复杂。

6）热负荷大时,燃烧器结构较笨重。

7）需要较高的燃气压力,压力高时噪声大。

（2）应用范围　用于大、中型工业炉,如大型燃气转化炉的燃烧室,轻油裂解管式炉。

利用燃气在多孔陶瓷板上燃烧产生较多的红外线的原理,制成红外线辐射器,用于多种干燥作业,尤其是薄层干燥,可提高产品质量,缩短干燥时间,提高产量;也可制作燃气红外线取暖炉用于家庭、农业和商业部门。

(3)燃烧器型式 引射式全预混火道燃烧器的燃烧过程是在赤热火道中瞬间完成,外观看似无焰或仅有短的蓝色火苗,因而也称作无焰燃烧器。

五、特种燃烧技术

燃气及其他燃气的燃烧技术,从燃烧基本原理来说有两种,即扩散燃烧和预混燃烧。但是通过改变燃气、空气供应条件,燃烧运行的条件,不同结构的燃烧器和燃烧设备等,可形成一些特殊的燃烧技术,满足某些特殊的生产工艺要求,如高燃烧强度、均匀加热、高热效率,较低温度的燃烧反应和低污染的排烟等。

(一)高速燃烧技术

(1)原理 以一定压力的燃气和空气经充分混合,在尺寸较小的燃烧室内,以很高的体积热强度进行正压燃烧,产生的高温烟气以 $150\sim300m/s$ 的速度从燃烧室或火道出口流出,冲向物料表面,高速气流破坏物体表面气流边界层,大大增加了对流换热系数。高速高温气流冲向动力机械转子,即可做功,使燃气燃烧的热能转变为机械能。

(2)特点 与工业上常用的燃气燃烧器对比,该技术具有以下特点:

1)燃烧室体积热强度很高,可达 $75\times10^4MJ/(m^3\cdot h)$,因此炉膛体积小,燃烧装置结构紧凑,可获得很高的燃烧温度。

2)高速气流对炉膛内气体产生强烈的卷吸搅拌作用,使炉温均匀,炉膛内温差可在 $\pm1.5℃$ 以内,使物料受热均匀。高速气流强化了对流传热,物料迅速被加热,缩短热处理时间,不仅提高了炉的产量,而且减少物料氧化损失。

3)温度调节范围宽。空燃比(空气对燃气体积比)调节灵活,可使炉膛气氛调整为还原性、中性或氧化性。由于是鼓风式正压燃烧,负荷调节比大,可达 $1:50$,而一般燃气燃烧器负荷调节比为 $1:10\sim1:30$,因此扩大了使用范围。

4)烟气在高温区域停留时间短。由于高速高温烟气气流可卷吸炉内较低温度的烟气,迅速稀释高温烟气和降低高温烟气温度,因此烟气中 NO_x 含量较低。

5)高速燃烧的燃烧室为正压操作,一般需要鼓风机等供风设备。

6)燃烧装置紧凑、体积小。当需要大热负荷时,可减少燃烧器的数量,节约空间。

7)燃烧室受高速高温气流冲击,需采用耐高温、抗冲刷的耐火材料。

8)运行时噪音大。

(3)应用 常应用于金属制品的热处理炉,玻璃、陶瓷制品的加热炉。燃气燃气轮机燃烧室的体积热强度达 $(42\sim63)\times10^4MJ/(m^3\cdot h)$,要求空燃比在宽范围内调节,需高速高温气流,高速燃烧技术也适用于此类动力机械的燃烧室。

(4)燃烧器型式 图 10-11 所示的高速燃烧器相当于一个鼓风式燃烧器在其出口增设一个带有烟气喷嘴的燃烧室。燃气和空气在燃烧室内进行强烈混合和燃烧,完全燃烧的高温烟气以非常高的流速喷进炉内,与工件进行强烈的对流换热。这种燃烧器的热负荷可达 2330kW。

(二)低 NO_x 燃烧技术

目前国外已采用多种新型低 NO_x 燃烧器,其 NO_x 抑制原理不外是采用促进混合、分割火焰、烟气再循环、阶段燃烧、浓淡燃烧以及它们的组合形式。

（1）促进混合型低NO_x燃烧器　其结构形式如图10-12所示，它是美国为阿波罗登月号着陆用发动机而设计的，由于燃料呈细流与空气垂直相交，故混合快而均匀，燃烧温度也均匀。若干小火焰组成很薄的钟形火焰，火焰很快被冷却，所以燃烧温度低。火焰薄，烟气在高温区停留时间也短。因此NO_x生成受到抑制。该燃烧器特点是在负荷变化50%～100%以内，火焰长度基本不变，NO_x排放量随过剩空气系数减少，降低不多，在低过剩空气量下燃烧稳定，CO排放量少。该燃烧器适用于中小型工业锅炉。

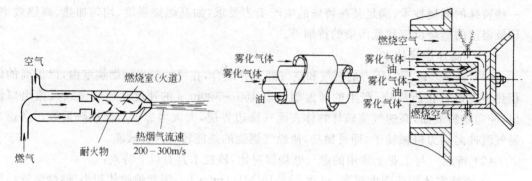

图10-11　高速燃烧器　　　　　　　图10-12　促进混合型低NO_x燃烧器

（2）分割火焰型低NO_x燃烧器　最简单的形式是在喷嘴出口处开数道沟槽将火焰分割成若干个小火焰，如图10-13所示。由于火焰小，散热面积增大，燃烧温度降低和烟气在火焰高温区的停留时间缩短，故抑制了NO_x生成。一般可降低NO_x40%左右。

（3）烟气自身再循环型低NO_x燃烧器　该燃烧器如图10-14所示，它利用燃气和空气的喷射作用将烟气吸入，使烟气在燃烧器内循环。由于烟气混入，降低了燃烧过程氧的浓度，同时烟气吸热，降低了燃烧温度，防止局部产生和缩短了烟气在高温区的停留时间，故抑制了NO_x的生成。

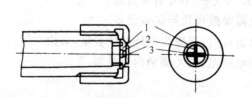

图10-13　分割火焰型低NO_x燃烧器　　　图10-14　烟气自身再循环型低
1—分割片；2—槽；3—喷口　　　　　　　　　NO_x燃烧器

这种燃烧器结构简单，不需要增加设备，故中小型燃烧设备应用较合适。NO_x降低率约为25%～45%。

（4）阶段燃烧型低NO_x燃烧器　最简单的阶段燃烧型低NO_x燃烧器如图10-15所示。燃料与一次空气混合进行的一次燃烧是在$\alpha' < 1$下进行的，由于空气不足，燃料过浓，燃烧过程所释放的热量不充分，因此燃烧温度低。一次燃烧空气不足，燃烧过程氧的浓度也低，所以NO_x生成受到抑制。

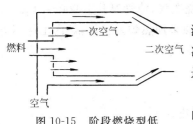

图 10-15　阶段燃烧型低
NO_x 燃烧器

一次燃烧完成后,尚未燃尽的燃气与烟气混合物再逐渐与二次空气混合,进行二次燃烧,使燃料达到完全燃烧二次燃烧时,由于一次燃烧产生的烟气的存在,使得二次燃烧过程的氧浓度与燃烧温度都低,所以也抑制了 NO$_x$ 生成。

上述阶段燃烧是燃料一次供给而空气分段供给形成的,也可燃料分段供给,而空气一次供给,其效果比空气分段供给更好些。

（5）组合型低 NO$_x$ 燃烧器　组合型低 NO$_x$ 燃烧器是将上述四种抑制原理部分或全部组合在一起而形成的,其结构更加复杂,效果则更好些。

（三）浸没燃烧技术

（1）原理　燃气与空气充分混合后,在燃烧室内完全燃烧,高温烟气直接喷入液体中,从液相中鼓泡而出,液体强烈扰动,气-液两相获得良好接触,强化了传热、传质过程。鼓泡式浸没燃烧虽然简单,传热、传质效果好,但气流阻力大,因此还可依据实际需要和条件,采取填充塔式、筛板塔式和气-液两相并流的喷淋塔式。

（2）特点　该技术具有以下特点:

1）浸没燃烧中高温烟气与液体直接接触传热,两相温差小,可小到 $1\sim2℃$,排气温度低,热效率高,可达 90%～95%。有效地提高了燃气能量的利用率。

2）鼓泡式浸没燃烧由于烟气的搅拌作用使液相温度分布均匀,有利于化工过程的条件控制。

3）由于烟气中含水蒸气,因此在蒸发作用中,受热液体上方水蒸气分压可低于大气压。例如水可在 $86\sim88℃$ 沸腾。沸点下降有利于蒸发与浓缩工艺。

4）浸没燃烧烟气与液体直接接触传热,不需间壁式传热面,不存在材料表面结垢、结晶和腐蚀问题。只有面积很小的浸没入溶液的鼓泡管与溶液接触,可节省大量金属和特种材料。

5）浸没燃烧必须采取正压燃烧才能克服溶液的阻力,燃气可靠本身压力进入燃烧室,空气则需要鼓风机送入。

6）浸没燃烧点火和停工操作较复杂,操作中易发生噪音。

（3）应用

1）大型游泳池、浴池冷水加热。

2）腐蚀性的、产生结晶的溶液浓缩。例如各种制盐工艺,废酸、废碱液浓缩。

3）污水处理。

4）液化天然气再气化。

5）原油、重油裂解。

（4）燃烧装置型式　浸没燃烧法浓缩溶液装置,见图 10-16。

（四）燃气辐射管技术

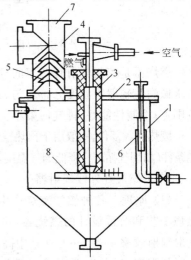

图 10-16　浸没燃烧浓缩溶液设备

1—筒体;2—盖板;3—燃烧器;

4—排烟管;5—除沫管;6—溢流管;

7—防爆膜;8—鼓泡器

217

（1）原理　在耐热钢或耐热陶瓷材料的管中，完全燃烧燃气，使管温升至800～1100℃，此时管子就可发射辐射热，称作辐射管。再以辐射管做热源来加热炉内工件，炉内工件不与烟气接触，是一种间接加热技术。

（2）特点　该技术具有以下特点：

1）烟气不进入炉膛，炉内气氛便于调节和控制。

2）炉内的温度分布可依辐射管合理安排，达到均匀加热。

3）升温、冷却速度快，调节幅度大，可实现较复杂的程序升温控制

4）辐射管可制成多种形状，如直管形、套管形、U形、W形、O形和P形等，依用途选择，使用方便。

5）依辐射管的形式和烟气废热回收状况，效率一般为50％～65％，高的可达75％。不回收烟气废热，效率不超过50％。

（3）应用　应用于需要控制炉内气氛的加热炉，或要求隔绝烟气与水蒸气直接接触的加热工艺，或炉内温度要求均匀分布的加热工艺，以及需要利用辐射加热的场合。

（4）辐射管的结构　辐射管结构如图10-17，图中示出套管式燃气辐射管。实际应用最广泛的是带废热回收的套管型和U形辐射管，以及带废热再循环的套管型辐射管。辐射管主要由管体、燃烧器和废热回收部件构成。

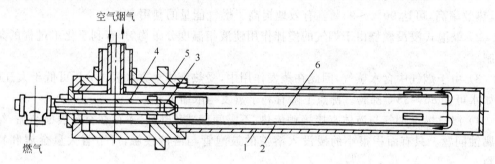

图10-17　套管式燃气辐射管

1—外管；2—内管；3—燃气喷嘴；4—空气通道；5—烟气通道；6—燃烧区

燃烧器是控制辐射管功率的输出、影响温度分布、热效率及管体使用寿命的重要部件。要求做到使辐射管温度分布均匀、无局部过热；燃烧完全，排气温度低；调节比大，负荷变动范围宽；控制性能好；排气污染小。

废热回收部件，一般用于预热空气，可提高辐射管热效率5％～20％，同时可改善辐射管内燃烧条件（如烟气循环）；降低烟气温度，防止局部过热，减少排气污染，延长辐射管使用寿命。

（五）燃气红外线辐射器

（1）原理　各种燃气燃烧产生的高温烟气和受热物体均能发射出红外线，采用适宜的燃烧工艺和合适设计的燃烧器，可将燃气燃烧产生的热能较多地转变为红外线的辐射能。一般辐射效率45％～60％（其中高温烟气辐射热占10％～15％）。因此，燃气燃烧加热耐火材料如陶瓷、耐火砖、耐热合金等发出红外线并利用它供热是燃气红外线辐射器的特征。辐射器发出的红外线被受热物体吸收后就转化成热，使物体升温。

（2）特点　燃气红外线辐射器具有以下特点：

1）燃气红外线辐射器表面热强度比电红外线辐射器高得多，前者多在 41.8kJ/（m² ·

h)以上,后者仅为 $2.1\sim5.0$ kJ/(m² · h);前者波长为 $2\sim6\mu$m,与一般物体对热射线吸收特性相符,后者波长一般小于 2μm,物体吸收此波长热射线效果较差。

2)以红外线辐射方式加热同其他工业上常用的蒸气、热风加热相比,由于红外线具有一定的穿透能力,可使某些薄层材料由内向外加热,从而提高产品质量和生产率。

3)燃气红外线辐射供暖和常规对流供暖相比,具有效率高、热量有效利用和适用范围广的优点。对流供暖中,由于热空气相对密度小,大量热量集中在房屋上方,传给天花板,而需要热量的房间下方空气温度最低;尤其是大房间,需要供暖的仅是局部,对流供暖却是对整个房间供热,浪费热能,如果采用燃气红外线辐射供暖,就不必直接加热空气,利用红外线有聚焦定向作用,直接对准人体、物体供热,哪里有人有设备就向那里供热。所以,采用燃气红外线辐射供暖,在取暖效果相当下,室内气温比对流供暖低 $5\sim10$℃,有效地节约热能。燃气红外线辐射器还可用于露天场所供暖。

4)燃气红外线辐射器负荷调节范围小,对燃气供给条件如压力、组分等要求稳定。

(3)应用 广泛应用于工业各部门,如机器制造业的油漆烘干,木材、建筑和涂料业的干燥,纺织印染和铸造砂型的烘干,玻璃业的退火、整形,食品业的干燥、脱水、灭菌和烘烤,以及多种行业的干燥、加热等作业。

民用中,燃气红外线采暖器广泛用于居室和各类建筑物的采暖。

(4)燃气红外线辐射器的类型 根据加热工艺的需要,可选择不同型式的燃气红外线辐射器,有表面燃烧式、辐射管式、直接加热耐火材料式、暗红外线辐射式。如图 10-18 为 4 块气孔陶瓷板构成,每块尺寸为 115mm×115mm×40mm,天然气或液化石油气在过剩空气系数 $1.03\sim1.05$ 下全预混燃烧,板表面温度达 $800\sim900$℃,热负荷 26.7kW/h。

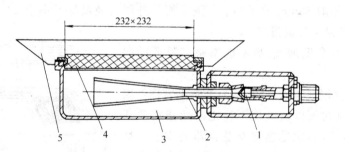

图 10-18 气孔陶瓷板红外线辐射器
1—喷嘴;2—混合管;3—头部外壳;4—气孔陶瓷板;5—反射罩

第三节 民用燃气用具

一、家用燃气灶

随着厨房设备的进步,早年使用的燃气灶具在造型和性能等方面都有了很大改进,而且型号规格也相应增多。

(一)基本结构

(1)燃烧器 燃气灶普遍采用大气式环形燃烧器,火孔以圆形为多,部分为缝隙形和矩齿形。

燃烧器材质几乎均为铸铁,火盖用黄铜或不锈钢加工而成,采用镶嵌形式。有一种火孔呈锯齿形的燃烧器,形状大致与上同,区别在于镶嵌部设置了缝隙或火孔。这种燃烧器加工复杂,常因加工精度不够,致使镶嵌不严而引起回火,但容易清扫,不堵塞火孔。此外,还有一种用钣金加工法制成的燃烧器,这种加工方法很难使火孔壁增厚,容易引起回火。为此,燃烧器火盖改用铸件,为提高板金部分的耐久性,可外上搪瓷,这样必然会增加成本。由于这类燃烧器内表面平滑,混气管可做得小些,因此较铸铁燃烧器小而轻。

火孔的角度、大小及数量应按燃烧器的热负荷和锅支架的位置决定。一般火孔角度以温度分布与燃烧的点成 40°～50°的居多,若近于垂直,则易影响正常燃烧;呈水平状态时,又会降低热效率,故应考虑与锅支架的间隙后决定。火孔不宜过大,否则易引起回火或火焰变长影响正常燃烧;火孔过小,又容易堵塞。常用火孔呈圆形,孔径为 2.4～3.2mm。另有一种缝隙形火孔,为了防止回火,其宽度不宜超过 1mm。当燃气压力下降或调节旋塞时,常常引起不完全燃烧,故应充分研究火孔长度、排列状况及与锅支架的关系。

混气管的大小按热负荷确定。长时间使用或使用大型容器时,混气管长度以不致旋塞过热为宜,当然其中也包括旋塞安装部分。

(2)锅支架　锅支架应能使容器稳妥地置于热效率最高的位置,而又不妨碍燃烧。若容器直径不大,燃烧条件也好,还能与火孔接近些,锅支架可略向中心低一些,其斜度一般不大于 1/8。锅支架的外围最高部位,即使在使用大口径容器时,也应有使煤气完全燃烧的高度及排烟的间隙。在火焰长度、角度和燃烧器大小都符合标准的条件下,火孔中心和锅支架最高部位的间隙以 25～35mm 为宜。

锅支架通常取三个支撑点。若取四点,只要其中一点高低不一,容器在沸腾时就会摇晃。为了能兼搁小型容器,支撑位置应设于中心位置附近,一般家用容器直径都不小于80mm,故中心间距取 80mm 就足够了。锅支架的外围直径最好不小于 200mm,这样,即使所用容器较大,其稳定性也很好。

锅支架常触及高温烟气,故不能忽略其材质的耐热性和耐久性。

(3)灶架　使用灶架的目的,是为了防止燃烧器周围过热、火焰被风吹灭以及燃烧不稳定。灶架需要适当的强度和耐热性,能承受燃烧器及容器的重量。灶架设置于燃气灶的外侧,不能忽视其外形,但在需要供应二次空气或使用大型容器时,绝不能影响排烟。使用过程中,灶架也是最易被汤汁沾污的部位,故其造形应便于清扫,通常采用不易锈蚀的材料或进行表面处理。图 10-19 为一种双眼灶的基本结构。

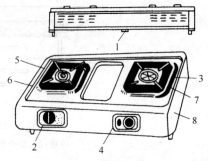

图 10-19　家用双眼灶结构示意图

1—进气管;2—开关钮;3—燃烧器;
4—火焰调节器;5—盛液盘;6—灶面;
7—锅支架;8—灶框

二、燃气热水器

燃气热水器分直流式和容积式两种。

(一)直流式热水器(快速热水器)

快速热水器是指冷水在流经筒体的瞬间被加热至所需的出水温度的水加热器。它能快速、连续供应热水,热效率比容积式热水器高出 5％～10％。

筒体结构分有水套式和水管式两类。水套式是用铜板制成的双层筒的间隙为水套,冷水由水套下部进入,热水从上部流出。在内筒烟侧自上而下分 2 至 3 段,布置向心翼片并做

锡浸镀处理。下段翼片可厚些间距亦大些。水套的容量不宜过大。水管式是用铜管($\phi 8\sim$
16mm)以管距 $30\sim 50$mm 自下而上盘绕铜板制成的筒体(燃烧室)外侧,然后与设在筒体顶
部的带有翼片的铜管相接,冷水从下部进入,热水由翼片换热器流出。

水管式快速热水器的换热主要依靠翼片,约占总换热量的 85%,筒体外侧的盘管换热
量约占总换热量的 15%。如果为提高热效率而进一步加大翼片的换热面积,则当停供热水时
翼片的余热会导致管内发生"后沸"现象,这对后制式热水器是很不利的。据经验数据,对水管
式快速热水器热负荷每 10kW 可取换热面积 $0.34\sim 0.52$m^2,其中翼片面积占 70% 左右。

翼片用 $0.4\sim 0.6$mm 厚的铜板制成,片之间距为 $3\sim 5$mm。穿入翼片的铜管直径比盘
绕筒体的铜管直径略大些。绕于筒体的铜管用锡焊或钎焊以使其与筒体紧密贴合。铜管弯
曲部位不宜多,否则管内流动阻力增大会影响自动燃气阀的动作,使热水器不能正常工作。
翼片与燃烧器之间距不能太小,否则温度较高的烟气将与之接触,热水器运行中由于热负荷
及水压的变化,可导致产生蒸气使水管与翼片过热而明显缩短热水器的使用寿命。

图 10-20 所示为压差式热水器的工作原理。在供水管中设一节流孔将气-水联锁阀的
水膜阀内两个腔分别接到节流孔前后位置上。当冷水流过节流孔时,薄膜两侧产生压差致
使薄膜向左位移克服燃气阀的弹簧力顶开燃气阀盘,燃气进入主燃烧器燃烧;水流停止时节
流孔前后压差消失,在弹簧力作用下关闭燃气阀。此种控制形式水阀既可设在热水出口侧,
也可设在冷水进口侧。因为水间可设在热水出口侧,故此控制形式亦称后制式。后制式热
水器可设置供水管道,热水出口可设在远离热水器的地方,同时可多点供应热水。

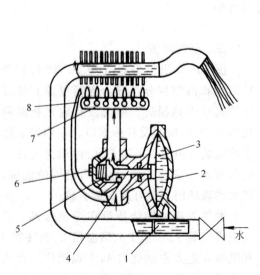

图 10-20 压差式(前制式)热水器工作原理
1—节流孔;2—水腔;3—薄膜;4—阀杆;
5—燃气阀;6—弹簧;7—燃烧器;
8—点火小火

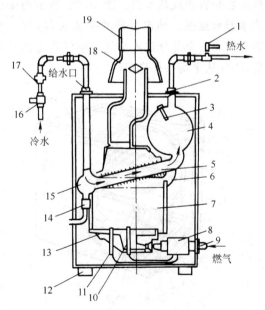

图 10-21 封闭式容积热水器
1—热水阀;2—出水口;3—恒温器;4—贮水箱(大);
5—热交换器;6—回流管;7—燃烧室;8—燃气
阀门装置;9—燃气进人管;10—电点火装置;
11—火焰检测装置;12—支脚;13—主燃烧器;
14—排水阀;15—贮水箱(小);16—给水阀;
17—减压止回阀;18—安全排气罩;19—排气筒

221

（二）容积式热水器

容积式热水器能储存较多的水，间歇将水加热到所需要的温度。容积式热水器的储水筒分为开放式（常压式）和封闭式两种。前者是在常压下把水加热，热损失较大但易除水垢；后者是在承受一定蒸气压力下把水加热，热损失较小但筒壁较厚，除水垢亦困难。图10-21所示为封闭式容积热水器（为快速加热型）。

它的燃气系统包括燃气引入管1、燃气阀门装置2、电气点火装置11、火焰检测装置（燃烧器安全装置）10和主燃烧器13等；水路系统包括给水阀门16、减压、逆止阀17、储水箱15及6、回流管4、出水阀9和排水阀14等；热交换系统包括燃烧室3、热交换器5；烟气排除系统包括烟管、安全排气罩18、排气筒19。

在储水箱6内设有恒温器7，通过它和燃气阀门装置联合工作，根据水温变化情况来控制燃气供应量的多少。

火焰检测装置起熄火保护作用。一旦主燃烧器中途熄火则立即关断燃气通路。

（三）平衡式热水器

根据热水器排烟方式分类，则有直排式、烟道式和平衡式三种。平衡式热水器是一个封闭体系，燃气燃烧所需空气依靠炉内烟气浮力从室外吸入炉内，烟气排放到室外大气中。炉内的压力状况不受室外风力影响，这是被称作平衡式的缘故。平衡式热水器分快速热水器和容积式热水器。图10-22所示为平衡式容积热水器示意图。伸出屋外的平衡头部，其上半部分排除烟气而下半部分进入空气。空气再进入炉内参与燃烧，烟气从平衡头部排出。

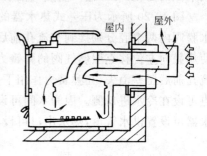

图10-22 平衡式容积热水器

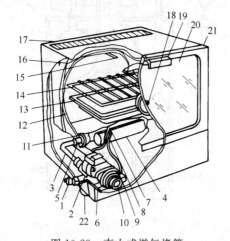

图10-23 直火式燃气烤箱

1—进气管；2—恒温器；3—燃气管；4—主燃烧器；5—主燃烧器喷嘴；6—燃气阀门；7—点火电极；8—点火辅助装置；9—压电陶瓷；10—燃具阀钮；11—空气调节器；12—烤箱内箱；13—托盘；14—托网；15—恒温器感温件；16—绝热材料；17—排烟口；18—温度指示器；19—拉手；20—烤箱玻璃；21—烤箱门；22—烤箱腿

三、燃气烤箱

图10-23所示为燃气烤箱。烤箱由外护结构和内箱部分组成。内箱覆盖有绝缘层使其减少热损失。箱内设有放置物品的托网和托盘，顶部设有排烟口。在内箱上部空间里装有恒温器的感热元件（敏感元件），它与恒温器联合工作，控制烤箱内的温度。烤箱的玻璃门上装有温度指示器。

燃气管道和燃烧器设在烤箱底部。燃气由进气管1经阀门6、恒温器2、燃气管3和喷嘴5进入主燃烧器4，实现燃烧。点火使用压电自动点火装置，它由压电陶瓷9、点火电极7和点火辅助装置8组成。燃气燃烧生成的高温烟气通过对流和辐射换热的方式加热食品。最后烟气由排烟口17排入大气中。

四、燃气采暖器

（一）自然循环式

自然循环式燃气采暖器，就是在铁板箱内燃烧燃气并间接加热空气，通过对流使室内空气循环，达到采暖的目的。燃烧烟气经烟道排至室外，用于自然换气较少的房间效果很好。

通常，燃烧生成的热量中，有效热量约占 70%，其中被加热空气的对流热量约占 50%，采暖器表面的辐射热约占 20%；损失热量占 30%，其中烟道表面辐射热约 10%，烟气带走约 20%。

外形除箱型落地式外，还有长方形的壁挂式和地埋式等多种。其结构如图 10-24 所示，大致可分如下三个主要部分：

（1）燃气燃烧系统　燃烧系统几乎都用铸铁制大气式、半大气式和冲焰式燃烧器。为了便于点火，一般都装有小火燃烧器，小火旋塞与主火旋塞连动，以防点火不当引起爆炸。设有调温装置和自动点火装置的，还须安装小火安全装置。因燃烧室温度相当高，热损失也很大，故应选用耐热性能好的材料。壳体会受辐射热影响而变色，有必要设隔热板。若不设小火安全装置，则应在外壳上设耐热透明的观察孔（可利用云母板之类），便于了解点火状况。

（2）热交换器　落地式采暖器可按图 10-24 所示那样，并排 1～2 个与燃烧室相同的套筒，高温烟气从中通过，空气则在壳体与套筒间对流。壁挂式采暖器，则可并列几根管状物，高温烟气在管内上升，加热管间空气。为了加大传热面积，表面可加工成凹凸状或增装散热翅片。

热交换器内表面，容易被点火初期出现的冷凝水腐蚀，应对表面作适当处理。排烟口虽有防风器，但在自然通风条件好的室内使用时，有的直接将烟气排放在室内。

（3）壳体　壳体内容纳燃烧器和热交换器，其表面应作适当装饰。为使对流空气循环，下部空气进口和上部循环口需有足够的截面，内部不能蓄热，以防壳体过热。周围要采取隔热措施，以免手触及后被烫伤。正面设观察孔，以便了解燃烧状况，同时可充分利用部分辐射热。

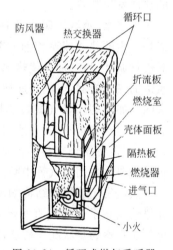

图 10-24　循环式燃气采暖器

（4）各种循环式采暖器

1）落地式　落地式有矩形或圆形两类，自然通风好的普通建筑，多采用烟气直接排放在室内的形式。结构最简单的循环式采暖器，无热交换部分，高温烟气和对流空气混合循环。

2）壁挂式　循环式采暖器，结构大，占地多，而且烟道设置也不明显。由于中间热交换部位采用开口形式，还能产生适当的辐射热。

3）地埋式　地埋式就是将采暖器设置在地板下，并设有空气通路，保证烟气及对流空气畅通，适用于场地狭小的环境使用。为改善空气循环，应单独设置空气出入口，两者不要靠得太近，出口热空气温度过高，会使人不适。

缺点是点火困难，必须采取相应的防火措施，因此应用不广。

（二）强制循环式

这种形式比自然循环采暖器多一个风机,依靠风机促使空气循环,不仅能提高热交换效率,而且还能调节送风方向,使室内温度分布均匀。容量大的可作集中供暖的热风机用。

(1) 带风机的强制循环采暖器　自然循环采暖,室内上下温差较大,而依靠风机强制送热风,不仅温度分布均匀,而且能产生适当的气流。

其结构是为给循环式采暖器增添一风机,并把热交换部分改为适宜于送风的形状,其他部分与自然循环式无多大差别。送风一般都用轴流风机,装于热交换器后面,在取暖器正面有送风口。

热交换器是按保证适当的送风温度设计的,为了不致因突然停电而停止送风或电压下降使风量减少造成采暖器内各部分过热,应设置电磁阀等安全装置。电机也不能受热交换器的辐射热影响。此外,不能出现对流空气进入燃烧室而使燃烧不稳或小火熄灭等情况。

热风出口速度以 2m/s 左右为宜,如设置能改变风向的导流板,则可分散或集中送风。导流板的宽度应略大于间隙,否则效果不好。

(2) 大型热风发生装置　集中供暖普遍都用蒸汽或热水,可是在小范围内设置锅炉需要大量投资,操作管理麻烦。为此,可改用运行操作简便、设备费用低廉、不受操作规程约束的热风发生装置。

用热水、蒸汽供暖有两种形式,一种是使锅炉产生的热水或蒸汽直接进各房间的散热器进行循环;另一种是使热水或蒸汽进入送风风道的热交换器,空气经此被加热后送入各个房间。如果利用燃气燃烧热取代后者热交换器内的热水或水蒸气,并适当修改热交换器的结构,直接将燃烧热传给流通的空气,这样总热效率要比使用蒸汽等中间介质高。

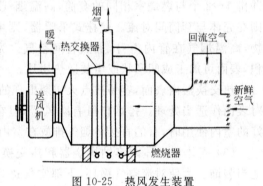

图 10-25　热风发生装置

热风发生装置的结构如图 10-25 所示,它并排使用几个大气式直管燃烧器,点火容易,也便于观察燃烧状况。燃烧器上方设有热交换器,但燃烧器附近不能过热。

第四节　其他用户常用燃气用具

一、燃气沸水器

沸水器是供应开水和温开水的燃气用具,图 10-26 所示为容积式自动沸水器的构造原理图,它由水路系统、燃气系统和自动控制系统组成。

(1) 水路系统　包括冷水箱 20、炉膛水套(热水箱 37)、沸水箱 17、上水管 36 和沸水供水管等。冷水从上水管进入冷水箱 20,然后入炉膛水套底部(热水箱),沸腾后进入沸水箱 17。沸水流出管有两个:其一是经过冷却器 18 至温开水阀 22,此管水温在 60℃ 左右;其二是从沸水箱 17 直到沸水阀 23,此管水温为 95℃(水沿管流动时被冷却)。

(2) 燃气系统　包括燃气导管 1、安全阀 2、继动气阀 4、恒温阀 8 和浮球控制节流阀 14 等。

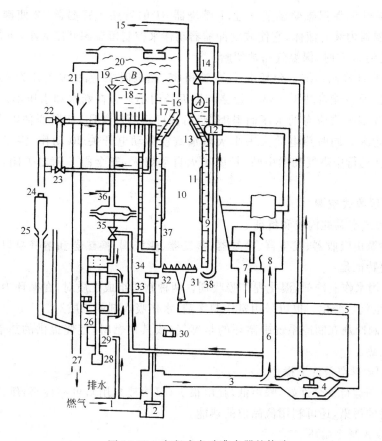

图 10-26　容积式自动沸水器的构造

1—燃气管道；2—安全阀；3—主路燃气管；4—继动气阀；5—主燃烧器管；6—分路燃气管；7—保温燃
烧器管；8—恒温阀；9—水套隔层；10—燃烧室；11—内圈传热片；12—感温器；13—顶端传热片；
14—浮球；15—烟道；16—沸水喷口；17—沸水箱；18—冷却器；19—冷水浮球阀；20—冷水箱；
21—蒸气放散管；22—温水阀；23—沸水阀；24—放水阀；25—容器托盘；26—按钮电开关；
27—排水管；28—按钮；29—点火阀；30—微动电开关；31—主燃烧器；32—热电偶；33—常明火；
34—电热丝；35—水-气联锁阀；36—上水管；37—热水箱；38—放散小火炬；A、B—浮球

　　在点火前，这一系统的阀门均处于关闭状态。启动时，先将燃气管路上阀门打开，燃气
进入安全阀 2 和点火阀 29 下段。然后手按按钮 28 接通电开关 26，电热丝投入工作，点燃
引火器 33（长明小火）。此时热电偶被加热，使微动电开关 30 动作，将安全阀 2 打开，接通
燃气管道，则进入主燃烧器的燃气被引火器点燃。另外，流经安全阀 2 的一部分燃气，通过
水-气联锁阀 35 至点火阀 29 的上段，当去掉按钮的推力后，点火阀上段阀口关闭，此时长明
火所需燃气由点火阀上段气路供应。

　　在安全阀 2 之后有主路燃气和分路燃气，主路燃气是指经由继动气阀 4、主燃烧器管 5
至主燃烧器的管路，继动气阀 4 受浮球控制节流阀 14 的控制，在运行中继动气阀 4 内皮膜
的两面皆充有燃气，由于进气开口大小的差别而使皮膜两面产生压差，用其控制继动球阀的
开闭。流经皮膜上的燃气，经浮球控制节流阀 14，去放散小火炬 38 被烧掉。当停止用水
时，沸水箱 17 中水位升高，致使浮球控制节流阀 14 关闭，继动球阀亦随之关闭，切断了主路
燃气的供应；当沸水箱 17 中水位再下降时，主路燃气管路重新接通。分路燃气是指由分路

燃气管6、恒温阀8、保温燃烧器管7至主燃烧器31的管路。感温器12使沸水温度保持90℃以上,感温器内装有液体,它使波纹伸缩器动作来控制恒温阀开度大小,进行保温燃烧;当沸水温度达到98℃时,保温气路被切断。

(3) 安全自动控制系统 包括水-气联锁阀35、热电偶32和微电动开关30。当发生断水、断燃气的情况时能自动关闭燃气管路和熄灭长明小火。在断水和水压不足时,水-气联锁阀35的皮膜因失去应有的水压而退缩,牵引阀杆将阀门关闭,切断通往引火器33的气路,长明小火熄灭。同时热电偶失去小火热量致使微动电开关30动作,将安全阀2关闭切断3气路。在运行中燃气突然中断,长明小火自动熄灭,安全阀2随之关闭,燃气通路被切断。

二、燃气吸收式空调

(一) 吸收式空调的构成和特征

吸收式空调由吸收器、发生器、冷凝器、蒸发器、膨胀阀、换热器和溶液泵以及清扫机构组成。其主要特征是:

(1) 一般用水作制冷剂,溴化锂作吸收剂。两种物质组成工质对,在循环中只有浓度变化,不发生化学变化。也可采用氨作制冷剂,水作吸收剂的工质对。

(2) 驱动制冷剂在制冷系统中循环的是燃气(或其他燃料)燃烧提供的热能,也可利用各种回收的余热。

(3) 在低压-真空条件下操作。

吸收式空调运行安全性好,噪声低,耗电很少(仅溶液泵用),可靠性高,维修费低,尤其是没有氟氯烃的污染,还可利用低品位的热能。

(二) 吸收式制冷循环

单效吸收式制冷循环如图10-27。其循环的步骤如下:

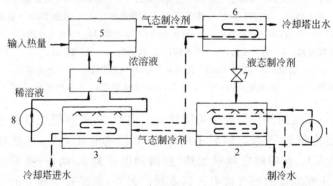

图10-27 单效吸收式制冷循环

1—制冷剂泵;2—蒸发器;3—吸收器;4—换热器;5—发生器;6—冷凝器;
7—液态制冷剂膨胀阀;8—溶液泵

(1) 经膨胀阀流出的制冷剂进入蒸发器,由于节流膨胀形成低压和低温,制冷剂被蒸发成气态,同时吸收了楼房空间内自成环路的起载冷作用的介质,如循环水或空气中的热量。

(2) 由蒸发器出来的制冷蒸气进入吸收器,被对水有很强亲和力的吸收剂浓溴化锂溶液吸收。

(3) 浓溴化锂溶液在吸收器中吸收了制冷剂水以后变稀,用溶液泵送经换热器到发生器中,在这里稀溶液被加热,驱出制冷剂,溶液变成浓溴化锂溶液,经换热器回到吸收器,又可用来吸收制冷。

(4) 发生器中产生的制冷剂蒸气进入冷凝器被凝缩成液态,放出的热量由冷却水带走。液态制冷剂再进入膨胀阀进行下一周期循环。

三、燃气动力机的压缩-膨胀式冰箱

该型式的制冷原理与电动机为动力的制冷原理相同,只是使用的动力机为燃气轮机。其基本制冷循环如图10-28所示。

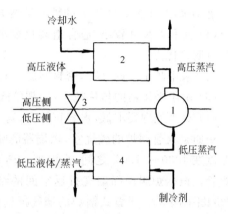

图10-28　压缩-膨胀式制冷系统原理图
1—压缩机;2—冷凝器;3—膨胀阀;4—蒸发器

制冷循环系统由制冷剂(工质)在一个闭合环路中循环。制冷剂蒸气在压缩机中被压缩并升高压力和温度,进入冷凝器内制冷剂放出热量,同时被冷凝成液体,热量由用于冷却的空气或冷却水带走;制冷剂在进入节流器膨胀降压后,在蒸发器中沸腾蒸发,此时制冷剂吸收循环系统外被冷却的介质或空间的热量,使介质或空间降温,制冷剂又被气化呈蒸气状态;接着再进入压缩机开始下一轮的循环。常用的制冷剂为氟氯烃、液氨。

制冷系统主要由压缩机、冷凝器、节流元件、蒸发器、燃汽轮机等构成。

压缩机提供制冷循环的动力,它保持低压侧的蒸发和高压侧的冷凝,建立压力差以使制冷剂循环。压缩机由燃气轮机或电动机等提供动力。

冷凝器用于释放压缩后制冷剂蒸气的热量,并使制冷剂冷凝成液态。一般用于制冷装置的冷凝器有空气冷却式、水冷却式和空气-水蒸发冷却式。

制冷系统通常使用的节流元件有毛细管、自动膨胀阀和恒温膨胀阀。较大型的制冷系统则常使用孔板和浮阀。

制冷剂在蒸发器中沸腾蒸发,此时制冷剂吸收循环系统外被冷却的介质或空间的热量,使介质或空间降温。根据制冷剂在其中的状态不同,蒸发器可分为淹没式和干式两种,当液态制冷剂覆盖蒸发器全部传热面的,称淹没式;有部分传热面被用来加热制冷剂的,称干式。按制冷剂冷却的介质不同,蒸发器分为冷却空气介质的蒸发器和冷却水介质的蒸发器。

燃气轮机是驱动压缩机运转的动力。适用于较大能力的制冷系统。燃气轮机的优点是具有高的功率质量比,单位功率尺寸小;燃料适用范围宽,从天然气到各种性质的城市燃气、成品油等皆可应用;不需冷却水;润滑油不被燃烧产物污染;操作几乎无振动,可靠性高,维修费低等优点。但开车运行需要起动器,一般可用电动机、内燃机或蒸气轮机作起动器。燃气轮机转速在 $300\sim60000$ r/min 之间,要用变速箱变速来满足压缩机转速的要求。燃气轮机消耗燃气的化学能仅有 $20\%\sim30\%$ 转变为轴功率,效率比内燃机低,除约 7% 散热损失外,排气中有较多的温度较高的热量,易于回收利用,可用来发生中压蒸气、并供应热水。总热效率可达 $70\%\sim80\%$。

四、燃气锅炉

中小型燃气锅炉向组装化、自动化、轻型化发展。目前使用的燃气锅炉,有中小容量的卧式内燃火管锅炉、小型立式锅炉,以及较大容量的水管锅炉。

火管锅炉有卧式和立式两种。锅壳纵向轴线平行于地面的称为卧式锅炉、锅壳纵向轴线垂直于地面的称立式锅炉。

近年来,小中型燃气锅炉的炉型发展方面,卧式火管锅炉受到重视,其原因有:

(1) 高和宽尺寸较小,适合组装化要求,锅壳结构也使锅炉围护结构简化,比组装水管锅炉有明显优点。

(2) 采用微正压燃烧时,密封问题容易解决,而且炉胆的形状有利于燃油燃气。

(3) 由于采用新的传热技术(如螺纹式烟管等),使传热性能接近一般水管锅炉水平。

(4) 对水处理要求低,水容积较大,对负荷变化的适应性强。

炉胆是火管锅炉的燃烧室,燃烧器的喷嘴置于炉胆前部,燃烧延续到后部,炉胆出口烟气温度在 1000~1100℃ 之间,高温烟气离开炉胆后进入一个折返空间,折返后进入第二回程烟管。根据炉胆局部烟气折返空间的结构形式可分为干背式锅炉和湿背式锅炉,见图 10-29 及图 10-30。干背式锅炉的烟气折返空间是由耐火材料围成的;湿背式锅炉的折返空间是由浸在炉水中的回燃室组成的,有些锅炉的水管后壁是密封的,高温烟气碰到后壁后折返沿炉胆内壁回到炉胆前部,此类锅炉也可视为湿背式锅炉。某些锅炉为了简化后烟室结构和制造工艺,其后回烟室传热面被水包围,部分传热面不被水包围,而是用耐火衬层保护,这种后回烟室为"半湿背"结构。

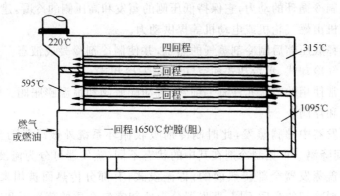

图 10-29　干背式锅炉

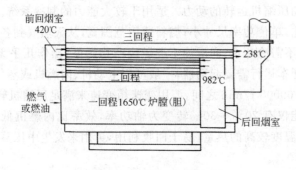

图 10-30　湿背式锅炉

干背式锅炉的优点是结构简单，打开锅炉后端盖板后，火管和所有烟管都可以检查和维修。但炉胆后部的耐火材料每隔一段时间需要更换，后管板受到高温烟气直接冲刷，内外温差较大。

湿背式锅炉的炉胆末端和第二回程的起端与浸在炉水中的回燃室相连，回燃室也能传热，约占5％的传热面积，因此热效率高，不存在耐火材料的更换问题，散热损失也小，锅炉后管板也不受烟气的直接冲刷。因有回燃室，结构较复杂，与回燃室相连的炉胆和烟管的检修比较困难。但湿背式结构避免了折返空间的烟气密封问题，更适合于微正压燃烧。所以绝大部分卧式火管锅炉为湿背式。

火管锅炉的受热面布置按烟道回程可分为二、三、四、五回程。因为二、四回程锅炉的烟囱布置在炉前，安装使用不便，五回程结构复杂，应用较少。绝大部分火管锅炉为三回程布置。

对同容量锅炉来说，回程数量少的锅炉受热面面积也小，单位受热面平均吸热量大，回程数量多的锅炉受热面面积也多，单位受热面平均吸热量就小。单位面积吸热量小则锅炉有较高的效率和较平稳的效率特性；低负荷时，效率下降较小。从传热方面说，只比较受热面积是不全面的，在火管锅炉中影响传热的另一要素是烟气的速度和扰动。有些二回程锅炉，受热面积小，但采取措施使烟气旋转扰动，增加传热系数，以较小的受热面积达到同样高的热效率。当然，烟速的增加会带来能耗的增加和磨损。

火管锅炉根据炉胆的布置又可分为对称型和非对称型两种。所谓对称型是指炉胆布置在锅壳对称中心线上，不对称型是指炉胆偏心布置。

五、宾馆、饭店等商业用户常用燃具

（一）中餐灶

也称中餐炒菜灶，是专门烹制富有我国传统风味菜肴的燃气用具。它有热负荷大，火力强和集中的特点，以满足爆、炸、煎、煸、熘等多种烹饪工艺的火力要求。图10-31所示为三眼中餐炒菜灶结构图。它由燃气供应系统、灶体、炉膛、点火装置、安全装置和供水系统组成。

燃气供应系统包括进气管、燃气旋塞阀、燃烧器、常明火和点火装置等。

灶体包括灶架、围板、灶面板等。灶架用角钢焊制而成，围板、灶面板用不锈钢板或经表面处理的普通钢板制成。

炉膛包括锅支架、排烟道等。

炒菜灶一般设主火、次火和子火三种灶眼，主火燃烧器热负荷最大，通常为20～40kW，火力强而集中，主要用于爆炒，同时可满足其他烹饪工艺要求。子火热负荷较小，一般为8～

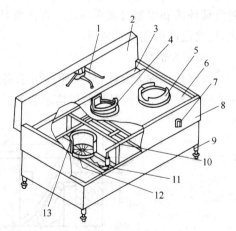

图10-31 三眼中餐燃气炒菜灶结构图

1—水龙头；2—后侧板；3—排水槽；4—子火锅支架；5—主火锅支架；6—面板；7—旋钮；8—前围板；9—支腿；10—燃气管；11—喷嘴；12—燃烧器；13—炉膛

l0kW，用于炖、煨工艺或高汤。次火热负荷介于主火和子火之间，常为14kW，兼顾各种烹饪工艺，但功能一般。灶眼数目和火力要求可根据需要设置，如三眼灶，可设二个主火和一个子火,或一个主火、一个次火和一个子火。

炒菜灶用的燃烧器有大气式燃烧器、鼓风式燃烧器两种。大气式燃烧器有多喷嘴主管式燃烧器、多火孔燃烧器、缝隙式燃烧器等。鼓风式燃烧器多为旋流式。

（二）西餐灶

西餐灶也称西式灶,主要用于西餐烹调。根据西餐的制作特点,西餐灶一般由灶具、烤箱及其他烘烤装置组合而成。图 10-32 为一种组合式西餐灶。

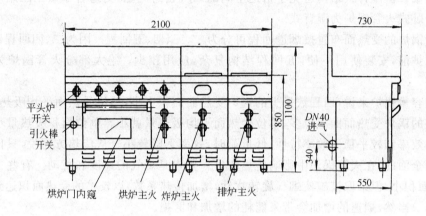

图 10-32　XZR2100-A 组合式西餐灶

西餐灶的灶面部分是由两个或多个燃烧器组成,它相当于一台单独的燃气灶。烤箱部分是用于对食品进行烤制而设计的。烤箱内部装有燃烧装置,同家用烤箱一样,可采用自然对流循环式和强制对流循环式。在西餐灶的面板上装有对灶面、烤箱及其他部分的控制开关,使之能同时或分别使用。

（三）大锅灶

大锅灶也称为大灶,是一种适用于宾馆、食堂等进行蒸、煮、炒、炸等烹饪操作的灶具。图 10-33 为某食堂大锅灶的结构示意图。

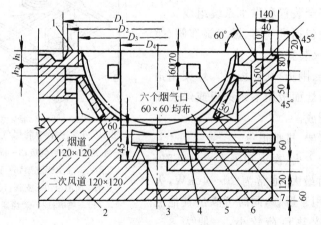

图 10-33　食堂大锅灶

1—灶面;2—灶体;3—支架;4—长明小火管;5—燃烧器;6—锅;7—环形烟道斜砖

大锅灶除了燃气用具必备的燃烧器、开关外,灶上还置有放水龙头和喷水装置。有的大锅灶还配有安全、自控、熄火保护装置,使用方便、安全可靠,是一般营业、团体用燃气用具中常用的炊事用具。

大锅灶的燃烧方式有扩散式、大气式和鼓风式。其排烟方式有间接排烟和烟道排烟。间接排烟式大锅灶运行所需空气取自室内,燃烧后的烟气由烟道送至排烟装置排出室外;烟道式大锅灶运行所需空气取自室内,燃烧后的烟气由烟道排至室外。

（四）柜式煮饭器

图 10-34 所示为柜式煮饭器。它主要适合于宾馆、餐厅、学校等用餐集中的场所。主要使用燃气作为加热热源,利用高温的烟气完成对食物的加热。二次空气口 5 保证空气的充足供给,使燃烧器 7 能完全有效的燃烧,满足燃烧器设计热负荷的要求。

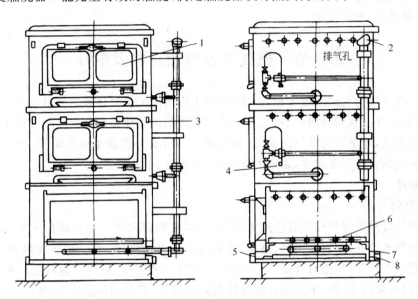

图 10-34　柜式煮饭器

1—门;2—燃气管;3—排风口调节器;4—小火燃烧器;5—二次空气孔;
6—承锅栅;7—燃烧器;8—承液盘

除以上几种燃具外,宾馆、饭店、食堂等用户还广泛使用蒸锅灶、烧烤灶、烤炉、消毒灶、保温台等灶具。这些灶具虽结构不同、功能各异,但其工作原理、所用燃烧器大同小异,故本书就不一一介绍了。

第十一章　燃气工程施工技术

　　燃气工程施工,是燃气工程建设各阶段中最重要的组成部分。与工程建设其他各阶段相比较,在这一阶段中,劳动力、机械、材料耗用量最大,资金投入量最多,延续时间最长,形成产品过程中最易受外界环境影响,并最终形成工程实体。因此,在施工阶段,运用正确的施工技术,选用适当的材料,科学地组织施工,严格施工工序,严把质量关,可以降低工程造价,提高工程质量,缩短工期。

第一节　燃气工程常用材料及配件

　　燃气工程主要为管道安装工程,因此,燃气工程所需的主要材料为管材及与之配套使用的管件,其他配件主要包括阀门、法兰等。燃气管网根据其性质可分为地下管道工程与地上管道工程两大类,地下管道常用作输气、配气干、支管,地上管道多用作配气支管及用气管。用作输送燃气的管材种类很多,常用的有钢管、铸铁管、塑料管等。

一、管材

(一)钢管

　　城市燃气管网中常用的钢管包括无缝钢管、焊接钢管两类。钢管具有强度高、韧性好、抗冲击性和严密性好,耐压能力强,抗压、抗震的强度大,塑性好,便于焊接和热加工等优点。但钢管耐腐蚀性较差,使用时常需进行防腐,且防腐工艺复杂,使用寿命较短。敷设于地下的钢管,估用年限约 20 年,采用经过绝缘防腐后的钢管,其估用年限约 30 年。

　　与铸铁管相比,输送同流量介质,钢管可以节省大量金属。与塑料管相比,钢管的抗拉强度、承压能力及对温度变化的适应能力大于塑料管。接口的严密和牢固性比铸铁管、塑料管更可靠,因此,在长输管线和高压管网中规定必须使用钢管,中压燃气管道中亦多用钢管。当中低压管道通过主要干道时,规定也应使用钢管。一般钢管规格的习惯表示方法是 $D_w \times \delta$。按制造方法不同,钢管可分为:

　　(1)普通无缝钢管　用普通碳素钢、优质碳素钢或低合金钢热轧或冷拔加工而成,多用于输送压力较高的燃气管道,其化学成分应严格保证。连接方式多采用焊接,焊接要求应按《城镇燃气输配工程施工及验收规范》(CJJ 33—89)的规定执行,当与阀门及其他设备连接时用法兰连接。

　　(2)焊接钢管(又称卷焊钢管)　焊接钢管又分为螺旋焊缝钢管和直缝钢管。直缝钢管主要用 A_2、A_3、A_4 乙类或甲类普碳钢,由钢板直接对焊而成,尺寸精度较好,并能根据需要卷制各种口径的钢管。螺旋焊缝钢管用卷材制成,造价比钢板卷制的直缝钢管低廉,焊缝在管子上形成的线条也比直缝钢管均匀,生产效率较高;但其焊缝较长,钢材和焊接的质量需很好控制。其连接方式与无缝钢管相同。

　　(3)镀锌焊接钢管　即通常所说的水、煤气钢管,多用于低压配气支管、用气管。连接方式除设计规定采用焊接以外,多采用螺纹(即丝扣)连接,燃气管用的螺纹应为圆锥螺纹,接口由内螺纹及外螺纹组成,因具有一定的锥度,安装时在螺纹部涂敷填料。采用螺纹连接的燃气管网,一般使用的最大公称直径(DN)为50mm。

（二）铸铁管

铸铁管是目前燃气管道中应用最广泛的管材,它使用年限长,生产简便,成本低廉,且有良好的耐腐蚀性,一般情况下,地下铸铁管的使用年限为60年以上。但铸铁管消耗金属多,重量大,质脆,易断裂,抗冲击能力差。

铸铁管规格习惯以公称直径 DN 表示,主要用于中、低压人工燃气工程中。铸铁管的接口主要为承插式及法兰式接口。铸铁管按材质分为灰口铸铁管、高级铸铁管和球墨铸铁管。

（1）灰口铸铁管　灰口铸铁管曾是铸铁管中最主要的管材。灰口铸铁中的碳以游离状石墨形式存在,破断后呈灰色,故称灰口铸铁。灰口铸铁塑性好,切断、钻孔方便,易于切削加工。

（2）高级铸铁管　高级铸铁管(又称可锻铸铁管)是对铸铁进一步采取了脱硫和脱磷措施,铸造方法上也加以改进,使铸铁组织致密,韧性增强,改善了铸铁性能。

（3）球墨铸铁管　球墨铸铁管是在熔铸过程中加入了镁、稀土元素等微量金属元素,使铸铁中的石墨组织呈球状,从而消除了普通铸铁或高级铸铁中因片状石墨所引起的金属晶体连续性被割断的缺陷,极大的改善了管材的韧性和抗冲击性,但铸铁管道的接口方式决定其耐压能力受到一定限制,是目前城市燃气中低压管网中推广使用的管材。在中低压管网,球墨铸铁管具有运行安全可靠、破损率低,施工维修方便、快捷,防腐性能优异等优点。

（三）塑料管

在塑料管中,有聚氯乙烯(PVC)管、聚乙烯(PE)管、聚丙烯(PP)管等,适用于燃气管道的塑料管主要是聚乙烯(PE)管,聚乙烯管道根据其材料密度的不同,又分为高密度聚乙烯(HDPE)管道、中密度(MDPE)聚乙烯管道和低密度(LDPE)聚乙烯管道。其中,高密度聚乙烯管道是一种难透气、难透湿、最低渗透性的管材,且耐热性能和机械性能均良好。目前,燃气工程上推广使用的即是高密度聚乙烯管,其性能稳定,脆化温度低,具有质轻、耐腐蚀及良好的抗冲击性能,材料延伸率大,可弯曲使用,内壁光滑,管子长,接口少,运输施工方便、劳动强度低的优点。但聚乙烯管材在有紫外线照射、高温、氧气等环境中易老化,因此,作为燃气输送的聚乙烯管,只宜作为埋地管道使用。

目前国内聚乙烯燃气管材分为 SDR11 和 SDR17.6 两个系列(SDR 为公称外径和壁厚之比)。SDR11 系列适用于输送人工燃气、天然气、液化石油气(气态);SDR17.6 系列仅适用于输送天然气。聚乙烯燃气管道连接应采用电熔连接(电熔承插连接、电熔鞍形连接)或热熔连接(热熔承插连接、热熔对接连接、热熔鞍形连接),不得采用螺纹连接和粘接。聚乙烯管与金属管道连接,应采用钢塑过渡接头连接和钢塑法兰连接。对于小口径聚乙烯管($D{\leqslant}63mm$),一般采用一体式的钢塑过渡接头;对于大口径聚乙烯管($D{>}63mm$),一般采用钢塑法兰接头。

（四）其他管材

近年来,燃气材料市场上又出现了一种新型复合管材-钢骨架塑料复合管。它是以优质低碳钢丝网为增强相,高密度聚乙烯、聚丙烯为基体;通过对钢丝点焊成网与塑料挤出填注同步进行,在生产线上连续拉膜成型的双面防腐压力管道。

钢骨架塑料复合管解决了金属管道耐压不耐腐,非金属管道耐腐不耐压,钢塑管易脱层,玻璃钢管对铺设环境要求较高、抗冲击力差的缺点。有较好的刚度和强度,抗蠕变性强,耐磨,内壁光滑且不结垢,节能、节材效果明显,机械力学性能好,具有良好的抗冲击、抗拉伸特性,以及适中柔韧性,无毒性,保温性能好,导热系数低,使用寿命长达 50 年。

二、管件

管件又名异形管,是管道安装中的连接配件。当管道变径、引出分支管、改变管道走向时,或者为了安装或维修的方便拆卸以及管道与设备连接时,设置管件。

管件的种类和规格随管材的材质,管件的用途和加工制作方法而变化。常用的主要有铸铁管道上用的铸铁管件,无缝钢管上使用的无缝钢制管件,焊接钢管上用的螺纹连接管件和塑料管上用的管件。

(一)铸铁管件

同工程中使用的管材相配套,铸铁管件也分为普通灰口铸铁、高级铸铁和球墨铸铁三种。

管件外表面应铸有规格、额定工作压力、制造日期和商标,管件内外壁均应涂刷热沥青进行防腐。

管件承插口填料作业面的铁瘤必须修剔平整。法兰盘在铸造成型后应按标准进行机械加工,法兰背面的螺帽接触面必须平整,其他不妨碍使用的部位允许有不超过 5mm 高的铸瘤,管件外表面不应有任何细微裂纹。

常用的铸铁管件有承盘短管、插盘短管、承插乙字管、承堵或插堵以及三通、四通、弯头和渐缩管等,部分管件如图 11-1 所示。

(二)螺纹连接管件

低压小口径燃气管道及室内燃气管道(管径不大于 50mm),通常采用螺纹连接管件,管件有两种材质,可铸锻铁和钢制管件。钢制管件有镀锌和不镀锌两种,管件上均带有圆锥形或圆柱形螺纹,燃气管道上规定使用镀锌管件。经常使用的螺纹连接管件有管箍、活接头、对丝、弯头、三通和丝堵等,如图 11-2 所示。根据管件端部直径是否相等可分为等径管件和异径管件,异径管件可连接不同管径的管子,如异径弯头、补心等。螺纹连接弯头有 90°和 45°

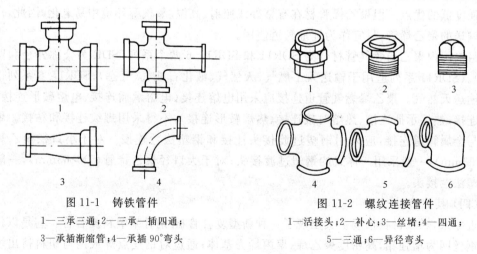

图 11-1　铸铁管件
1—三承三通;2—三承一插四通;
3—承插渐缩管;4—承插 90°弯头

图 11-2　螺纹连接管件
1—活接头;2—补心;3—丝堵;4—四通;
5—三通;6—异径弯头

两种规格。管件应具有规则的外形、平滑的内外表面,没有裂纹、沙眼等缺陷,管件端面应平整,并垂直于连接中心线,管件的内外螺纹应根据管件连接中心线精确加工,螺纹不应有偏扣或损伤。

(三)无缝钢制管件

无缝钢制管件是把无缝管段放于特制的模型中,借助液压传动机将管段冲压或拔制成管件。由于管件内壁光滑,无焊缝,因此介质流动阻力小,可以承受较高的工作压力。目前生产的无缝钢制管件有弯头、三通等。

(四)塑料管件

塑料管件有注压管件和热熔、电熔焊接管件,两者均可用于塑料燃气管道的安装。

注压管件分螺纹连接和承插连接两种,主要用于聚氯乙烯管(PVC)及聚丙烯管(PP)。螺纹管件上带有内螺纹或外螺纹,是可拆卸接头,用于室内燃气管道上。承插管件上带有承口或插口,承口内表面和插口外表面涂以粘接剂,插入凝固后形成不可拆接头。不可拆卸接头一般用于室外埋地燃气管道。

聚乙烯(PE)管道的连接主要采用电熔、热熔焊接,接头管件有两种,一种是承口式,承口内表面缠有电热丝,另一种是插口式。承口式和插口式都可制成三通弯头和大小头等形状。

三、阀门

(一)阀门概述

阀门是燃气管道中重要的控制设备,用以切断和接通管线,调节燃气的压力和流量,或用于管道泄漏和维修时关闭局部管段,减少放空时间,限制管道事故危害的后果。由于阀门经常处于备而不用的状态,又不便于检修。因此对它的质量和可靠性要求主要有以下几点:

(1)严密性好。阀门关闭后应不泄露,阀体无沙眼、气孔,必须严密。

(2)强度可靠。阀门除承受与管道相同的试验与工作压力外,还要承受安装条件下的温度、机械震动和自然灾害(如地震或其他地质条件的变化等)等各种复杂的应力。阀门一旦断裂将会酿成恶性事故。

(3)耐腐蚀。阀门中的金属材料和非金属材料应能长期经受燃气和土壤酸碱度的腐蚀而不变质。

另外,阀门还应具有可靠的大扭矩驱动装置,开关迅速,动作灵活。

(二)阀门的产品型号

目前阀门种类繁多,为便于选用和简化表达,每一种阀门都有一个特定的型号,统一规定(JB 308—75)。表达顺序如下:1—阀门类别;2—驱动方式;3—连接形式;4—结构形式;5—密封面或衬里材料;6—公称压力;7—阀体材料等七项内容。

阀门类别的代号用汉语拼音字母表示。如闸阀代号为 Z,截止阀代号为 J,球阀代号为Q,旋塞阀代号为 X,安全阀代号为 A 等等。

驱动方式用阿拉伯数字表示。如 0 代表电磁动,1 代表电磁-液动,2 代表电-液动,3 代表蜗轮等等。

阀门与管路的连接方式代号用阿拉伯数字表示。如 1 表示内螺纹,2 表示外螺纹,4 表示法兰,6 表示焊接,7 表示对夹等等。

阀门结构形式主要指启闭零件等的结构,其代号用阿拉伯数字表示。如 3 代表闸阀中的明杆平行式单闸板阀,蝶阀中的斜板式蝶阀;7代表球阀中的固定直通式球阀,旋塞阀中的油封直通式旋塞阀等。

阀瓣和阀座的密封面和衬里材料的代号用汉语拼音字母表示如 T 表示铜合金,X 表示橡胶,H 表示合金钢,Y 表示硬质合金等等。

公称压力代号直接用数字表示,单位为 MPa。

阀体材料代号用汉语拼音字母,如 Z 表示灰铸铁,T 表示 H62,P 表示 1Cr18Ni9Ti 等等。

（三）常用阀门的类型

燃气管道中常用的阀门有球阀、旋塞阀、闸板阀、蝶阀等。

（1）球阀　球阀是带有旋球的阀门,转动旋球,使其通道位置与阀体密封面位置作相对运动,来控制流体的流动。球阀的阀芯上有一与管道相通的通道,将阀芯相对阀体转动 90°,就可使球阀关闭或开启。球阀只供全开全关各类管道或压力容器中介质使用。球阀由阀体、扳手、球、阀杆、密封圈填料组成。扳动扳手带动阀杆转动球体的位置进行开关,球体与阀座密封。球阀材质为铜、铸铁、铸钢、不锈钢。球阀密封性较好,开关迅速,流阻小,开关力矩小。阀门是否处于工作状态,一看扳手位置即一目了然。尤其适合安装在开关频繁的场合。其结构型式如图 11-3 所示。

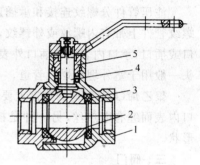

图 11-3　球阀

1—阀体;2—球体;3—密封圈;
4—阀杆;5—填料压盖

（2）闸板阀　闸板阀是流体流动的通道为直通的阀门,阀体两端口的轴线在一直线上,闸板由阀杆带动,沿阀座密封面作升降运动。闸板阀供全开、全关各类管道或压力容器中介质使用。

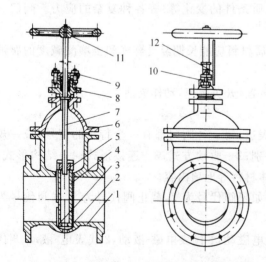

图 11-4　明杆平行式双闸板闸阀

1—阀体;2—阀体密封圈;3—闸板密封圈;4—闸板;
5—阀杆螺母;6—阀盖;7—阀杆;8—填料;9—填
料压盖;10—填料箱;11—手轮;12—指示牌

闸板阀是利用闸板来启闭阀门,调节闸板高度,即可调节流体流量。闸阀通常用黄铜、铸铁、铸钢、不锈钢制造。闸阀阻力小,开关速度较缓慢,介质流向不受限制,降低压力具有缓冲性,适合安装在主管道上。

闸阀就其阀杆运行状况分明杆和暗杆两种。明杆闸阀在开启时,阀杆上行,由于阀杆露出可以表明闸阀的开启程度,适用于地上燃气管道,暗杆闸阀开启时,阀杆不上行,因此适用于地下管道。

闸阀按闸板结构分平行式及楔式两种。平行式闸阀的两密封面互相平行,采用双闸板的结构。楔式闸阀的两密封面成一角度,制造成单或双闸板,研磨的难度较大,但不易出故障。如图 11-4 所示为明杆平行式双闸板闸阀。

（3）蝶阀　蝶阀的阀瓣利用偏心轴或同心轴的旋转进行启闭。阀瓣和阀体之间两端相连，在半启闭状态下，阀瓣受力较好，适用于流量调节。蝶阀具有体小轻巧，拆装容易，操作灵活轻便，结构简单，造价低廉等优点，管道埋深较浅或管道间距较小时宜采用蝶阀。但是由于翻板不易和管壁紧密配合，关闭严密性较差，大多用于控制压力、调节流量，加装遥控设备后，可实施远程控制。该阀有方向性，安装时应注意介质流向与阀体上所示方向一致。如图11-5所示为手动对夹式蝶阀。

（4）截止阀　阀瓣启闭时的移动方向和阀瓣平面垂直的阀门叫截止阀，这也是一种使用较广的阀门，其特点是密封可靠，但流阻较大，因而在主管道上不宜采用。截止阀不能适应气流方向改变，因

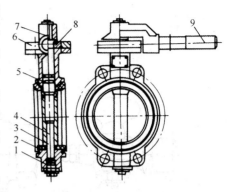

图 11-5　手动对夹式蝶阀
1—阀体；2—橡胶衬套（阀座）；3—蝶板；4—阀杆；
5—O型密封圈；6—限位盘；7—手柄回转体；
8—对开环；9—手柄

此，安装时应注意方向性。它与闸阀比较，具有结构简单、密封性好、制造维修方便等优点。但阻力较大。阀体一般用铸铁、铸钢、铜制造。阀瓣和阀座用铜或不锈钢制造。按阀体的形式分直通式，直流式和角式三种，按阀杆分明杆与暗杆两种。小口径截止阀因其结构尺寸小，常采用暗杆，大口径截止阀采用明杆。如图11-6所示。

（5）旋塞阀　旋塞阀是带有旋塞的阀门，转动旋塞，使其通道位置与阀体密封面位置作相对运动，来控制流体的流动。是一种最古老的阀门品种。具有结构简单，外形尺寸小，启闭迅速和密封性能好等优点。但密封面容易磨损，启闭用力较大，适用于小口径的管道，如低压室内立管、灶前等处。旋塞阀可用黄铜、铸铁、硅铁和不锈钢制造。常用的几种旋塞阀如图11-7所示。

（6）安全阀　主要有弹簧式和杠杆式两种。弹簧式是指阀瓣和阀座之间靠弹簧力密封，杠杆式则是靠杠杆和重锤的作用力密封。当管道或燃气储罐内的压力超过规定值时，气压对阀瓣的作用力大于弹簧或杠杆重锤的作用力，致使阀瓣开启，过高的气压即被消除。随着气压作用于阀瓣的力逐渐小于弹簧或杠杆重锤的作用力，阀瓣又被压回到阀座上。

另外，根据结构不同安全阀又分为封闭式和不封闭式，按阀瓣开启高度不同，分全启式和微启式。燃气系统中多采用弹簧封闭全启或微启式安全阀，其结构如图11-8所示。

四、法兰

法兰是一种标准化的可拆卸连接形式，广泛用于燃气管道与工艺设备、机泵、燃气压缩机、调压器、仪表

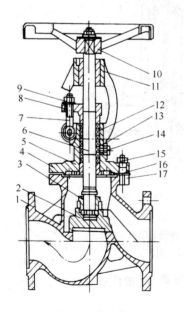

图 11-6　截止阀
1—阀体；2—阀瓣；3—阀瓣盖；4—阀盖；
5—上密封座；6—阀杆；7—活接螺栓；
8—填料压盖；9—螺母；10—手轮；
11—阀杆螺母；12—填料；13—带
孔填料垫；14—螺帽；15—螺母；
16—垫片；17—螺柱

237

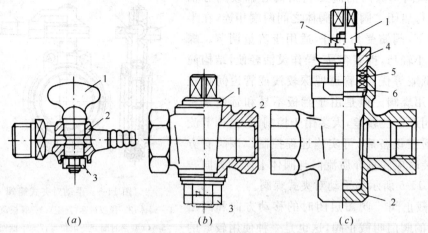

图 11-7 几种常用的燃气旋塞阀

(a)单头旋塞阀;(b)无填料旋塞阀;(c)填料旋塞阀

1—阀芯;2—阀体;3—拉紧螺母;4—压盖;5—填料;6—垫圈;7—螺栓螺母

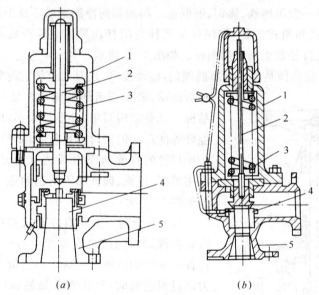

图 11-8 弹簧式安全阀

(a)MT-900 型弹簧封闭全启式;(b)A41H-16C 弹簧封闭微启式

1—阀体;2—阀杆;3—弹簧;4—阀芯;5—阀座

及阀门等的连接。使用法兰连接,拆卸安装方便,结合强度高,严密性好。

(一)法兰类型

依据法兰与管道的固定方式可分为平焊法兰、对焊法兰和螺纹法兰三类。

(1)平焊法兰 将管子插入法兰内径一定深度后,法兰与管端采用焊接固定。法兰本身呈平盘状,采用普通碳素钢制造,成本低,刚度较差,一般用于 $P \leqslant 1.6\mathrm{MPa}$,$T \leqslant 250℃$ 的条件下,是燃气工程中应用最多的一种。法兰密封面有光滑面和凹凸面两种形式。光滑面安装简单,但密封较差,垫片易向外挤出。为提高密封效果,在密封面上一般都车制 2~3 条密封线（俗称水线）。凹凸式密封面的优点在于凹面可使垫片定位并嵌住，具有较高的密封性。

（2）对焊法兰　法兰与管端采用对口焊接，刚度较大，适用于较高压力和较高温度。密封面也有光滑面和凹凸面两种形式。

（3）螺纹法兰　法兰内径表面加工成管螺纹，可用于 $DN \leqslant 50mm$ 的低压管道。

几种法兰型式如图11-9所示。

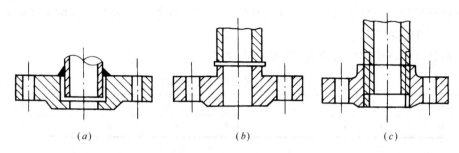

图 11-9　常用法兰型式

（a）平焊法兰；（b）对焊法兰；（c）螺纹法兰

（二）法兰选用

标准法兰应按照公称直径和公称压力来选用，当与设备连接时，应与设备的公称直径和公称压力相等。燃气管道上的法兰，其公称压力一般不低于 1.0MPa。当已知工作压力时，需根据法兰材质和工作温度，把工作压力换算成公称压力。法兰材质一般应与钢管材质一致或接近，法兰的结构尺寸按所选用的法兰标准号确定。

法兰结构尺寸符合法兰标准号，其内径尺寸却小于标准号的法兰称为异径法兰。不具有内孔的法兰称为法兰盖（堵），又称作盲法兰，常用于管道的末端封堵用。

第二节　土 石 方 工 程

燃气工程中的室外工程是根据城市建设的需要，多为地下敷设。因此不可避免的涉及到道路的开挖，沟槽基础的处理，管沟的回填及路面的恢复等问题，这都是燃气工程中的主要组成分部，称土石方工程。燃气工程中的土石方工程主要包括沟槽的开挖、基础的处理及回填等内容。

一、沟槽的开挖

燃气工程施工中，沟槽开挖可以人工作业，也可以机械作业或两者配合。沟槽的断面形式有直槽、梯形槽、混合槽和联合槽四种，如图11-10所示。

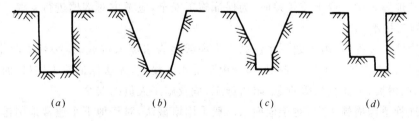

图 11-10　沟槽断面形式

（a）直槽；（b）梯形槽；（c）混合槽；（d）联合槽

具体使用什么方法开挖和选用什么断面的形式,需根据土壤性质,地下水文资料,管道埋深,地上、地下建构筑物位置等情况来确定。

一般来讲,人工开挖,工程进度慢,工人劳动条件差,强度大。在地下资料掌握比较清楚,现场条件允许的情况下,宜采取机械化施工法进行施工。现场狭窄,交通拥挤,或地下资料不明时可采取人工开挖。

沟槽开挖的宽度根据管道安装方式及管径决定,《城镇燃气输配工程施工及验收规范》(CJJ 33—89)中规定:

铸铁管、钢管(单管沟底组装)按表11-1规定:

不同管径管道沟槽开挖宽度

表11-1

管道的公称直径(mm)	50~80	100~200	250~350	400~450	500~600	700~800	900~1000
沟底宽度(m)	0.6	0.7	0.8	1.0	1.30	1.60	1.80

单管沟边组装的钢管:

$$a=D+0.3 \tag{11-1}$$

双管同沟敷设的钢管:

$$a=D_1+D_2+s+c \tag{11-2}$$

式中　a——沟底宽度(m);

D——管外径(m);

D_1——第一条管外径(m);

D_2——第二条管外径(m);

s——两管之间的设计净距(m);

c——工作宽度,沟底组装时,$C=0.6m$,沟边组装时,$C=0.3m$。

沟槽开挖施工中,挖出的土应堆在沟的一侧,下管一侧的沟边因要进行下管作业,最好不堆土或少堆土。在城区道路狭窄或交通繁忙等地段施工时,应在适当地点选择堆土场所,并安排好运土路线随挖随运,由管道容积所占位置多余的土方,应及时外运,以免影响市容和交通。开挖出的石块、建筑垃圾等杂物也应及时运出,以免落入管沟中砸坏管道,或造成下管和回填时清沟困难。靠房屋墙壁处堆土时,堆土高度不得超过房屋檐高的1/3,同时不得超过1.5m,否则将会对房屋的安全造成威胁,结构强度较差的墙体,不得靠墙堆土。

管道施工必须采取分段流水施工作业,分段开挖,尽快敷设管道、回填,不可长距离开挖,使沟槽长期裸露。管道在沟内长期暴露会使管口锈蚀,防腐层破坏,造成管沟塌方、沉陷,垃圾倒进沟内以及发生交通事故等。

当与其他障碍交叉或土质较差时,为保证施工安全,应考虑对沟槽进行支撑。

二、施工排水

在沟槽施工过程中,由于地下水位高于沟底或地表水流入沟底时,必须采取排水措施,做好地面截水、沟内排水工作。否则,沟槽由于受水的浸泡,无法保证施工质量,而且容易造成槽壁塌方、滑坡、土体变松等现象,阻碍施工,危及施工人员的安全。

在燃气管道沟槽施工中,对于地面水一般采用堵截法,对于地下水通常采用排水井法和轻型井点法,以保证沟槽施工的顺利进行。

(一)地面堵截法

在开挖沟槽过程中,如遇到地面水,一般情况下,可利用开挖沟槽时挖出的素土或将土装入袋中筑堤堵截,改变水流方向,使其就近流入下水道或污水沟,避免流入沟槽。

（二）排水井法

排水井是在沟槽地下水上游一侧离沟槽1m以外的沿线挖设若干个排水井,在沟槽内管道位置的一侧或两侧挖排水明沟,把流入沟内的地表水和从沟槽边坡和底部渗出的地下水,经排水明沟流至排水井中,然后用水泵将水抽走。

（三）轻型井点法

是沿沟槽一侧或两侧设置多个埋深深于槽底的井点管,地上设水平总管连接各井点管抽水,使井点管及其附近的地下水位下降,形成局部漏斗地区,保证沟槽的正常开挖。如图11-11所示。

无论哪种排水方法,均应在沟槽开挖前做好准备。在了解沟槽沿线地下水状况(如水位、流量、流向等)的基础上,确定抽水设备的大小、台数和排水井或积水坑的设置位置及个数,再开挖沟槽。在开挖过程中,当挖至地下水时,可先在槽中挖排水沟,将水导致排水井或积水坑中。当挖深接近槽底时,将排水沟改至槽底两侧,排水沟的宽度一般为200～300mm,深度应低于槽底200mm,坡度为3‰左右。

当地下水位较高,或土质为粉土、沙土时,排水井或积水坑易被泥沙淤积,可采用混凝土管或钢管置于井、坑中作为护壁。抽水用水泵,一般使用真空式潜水泵。

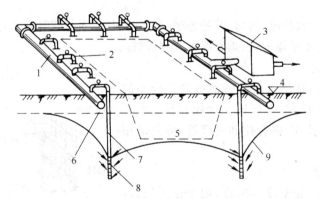

图 11-11　轻型井点法降水示意图

1—总管；2—弯联管；3—水泵房；4—地面；5—基坑；6—原有地下水位线；
7—井点管；8—滤管；9—降低后地下水位线

三、沟槽支撑及土石方爆破

（一）沟槽支撑

在沟槽开挖过程中或已开掘成型但尚未敷设管道前,由于土受地下水的浸泡和沟边地面负荷的压力,或因土质和挖深的因素,容易出现塌方事故,这不但会使工程进度、经济效益受到影响,而且极易出现人身伤亡事故。为保证安全和正常施工,需要对沟槽进行支撑。沟槽支撑是避免塌方,确保安全的有效措施,也是地下管道施工安全操作规程的主要内容之一。

（1）土质类型　在沟槽开挖施工前,应充分了解土质情况,必要时开挖探坑,针对施工地段的土质来制定相应的支撑措施。沟槽开挖中常见的几种土壤为：

1）沙土。根据沙粒的粒径不同，分成粗沙、细沙、粉沙。沙土在潮湿状态下容易开挖，但在水饱和状态下，容易造成塌方。

2）黏土。颗粒之间存在着粘着力，在开挖沟槽不太深，地下水位低的情况下，沟槽壁可以保持垂直不需支撑。

3）黄土。在自然条件下，它的承受力很高，沟槽壁可以垂直。

根据统计资料显示，黄土、黏土在常温下，当地下水位较低时，沟深1.5m以上时容易塌方。沙土或沟边有荷载的黄土黏土的沟槽深度超过1.0m，就需采取支撑措施。

（2）支撑的结构　作为支撑的材料一定要坚实耐用，支撑结构要稳固可靠。同时，在保证安全的前提下，要尽量降低成本，节约材料用量，使支撑材料标准化、通用化，以便重复利用。支撑结构主要有横撑、撑板和垫板等组成。

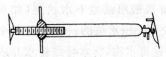
图 11-12　支撑调节器

横撑是支撑架中的撑杆，其长度取决于沟槽宽度，可用圆木或方木。也可使用钢制可伸缩支撑调节器作横撑，长度可任意调整。如图 11-12 所示。

撑板是指同沟壁接触的支撑构件，按设置方法的不同，分水平撑板及垂直撑板。

垫板是横撑与撑板之间的传力构件，按设置方法不同，分水平垫板和垂直垫板。水平垫板和垂直撑板配套使用，垂直垫板和水平撑板配套使用。

（3）支撑的种类

按照土质、地下水状况、沟深、开挖方法、敞露时间、地面荷载等因素，选用合适的支撑形式。常用的支撑有水平撑板式、垂直撑板式和板桩式。

1）水平撑板式

用于土质较好，地下水对沟壁的威胁性较小的情况。撑板按水平排列，支撑设立比较容易。水平支撑又分为密撑、疏撑、混合撑和井字撑，分别适用于不同土质。

2）垂直撑板式

又称立板撑，也分密撑和疏撑，用于土质较差，地下水位较高的情况。撑板按垂直排列，一般采用平口板。如图 11-13 所示。

3）板桩式支撑

对于地下水位较高或流沙现象严重的地区，主要采用板桩支撑。按材料区分有木板桩和钢板桩两种。木板桩要求木质结构密实。其形状为长条形，一般长为 2~3m，宽为 0.3m，厚为 0.06m。钢板桩一般用钢板轧制成槽形，其长宽与木板桩相似，厚度为 3~5m。

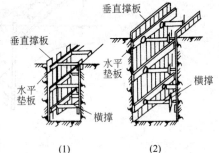
图 11-13　垂直撑板式支撑
（1）立板疏撑；（2）立板密撑

在选择支撑方法时，不但应考虑到支撑要便于架设，架设后要安全可靠，不影响后续工序的施工，而且应考虑到拆除支撑的安全问题，拆除支撑时应注意采取可靠的安全措施，把拆除支撑和回填紧密结合起来，按回填进度依次拆除。严禁一次拆除全部支撑。

（二）土石方爆破

在沟槽开挖过程中有时会遇到坚硬土层、硬石或是钢筋混凝土结构的建、构筑物基础，使用普通的挖掘工具已不能处理,这就需要使用爆破方法处理。爆破方法可分为有声爆破和无声爆破。

(1) 有声爆破　有声爆破主要是使用炸药和引爆材料,利用其爆炸力达到目的。通常使用的炸药有硝铵炸药、铵油炸药、硝化甘油炸药和黑火药等。

燃气工程中采用有声爆破时,一般采用小面积爆破,且多为钢钎炮眼爆破法施工,爆破施工能用少量的人力和物力来爆破大量的石方,石方清理容易,保证安全,但由于爆破法粉尘污染严重,碎石不易控制,此种方法多用于长输管线的野外施工。

(2) 无声爆破　无声爆破又称静态爆破,是近年来发展的一种新爆破技术,静态爆破不用炸药和雷管,而是采用静态破碎剂加入适量水调成浆体,填充到炮孔中,经一定时间,由于水化反应,体积膨胀产生较大的静横向膨胀力,将混凝土或岩石胀裂。也可采用金属燃烧剂在炮孔中燃烧,释放出大量热能使气体膨胀产生极大压力将混凝土或岩石破碎。使用此法施工,无噪声,无污染,爆破范围容易控制,在市区施工中较多的采用无声爆破的方法。

(3) 爆破施工的安全措施　爆破施工必须绝对安全,爆炸物品必须专人保管,储存和装运工作必须严格执行公安部门的有关规定。施工队伍必须为领取了特种施工资质的专业施工队伍。操作中要加强安全技术交底和检查,建立爆破过程中的指挥系统和指挥信号,施工爆破区域必须有醒目的危险区标志,并设专人警戒守卫,装填炸药应根据设计规定的炸药品种、数量和位置进行,装药过程中严格遵守操作规程,对瞎炮(拒爆)的处理,一定要在判明原因后,根据具体情况采取相应措施,原因不明时,不得盲目采取措施。

四、管道地基处理

管基即沟槽底部支承管道的基础。如果燃气管道不是平稳地敷设在平整均匀、坚固的管基上,则管道在其上面土的压力和地面荷载作用下,很容易产生不均匀沉陷,导致管道断裂或接口松动,从而造成严重的漏气事故。因此,在沟槽开挖时,应严格注意控制沟底标高和宽度,保证管基为原土管基。

(一) 原土管基的处理

沟槽的土质如为粘土或黄土,其土层的原始状态一般较为紧密,能承受一定的荷载。此类土中敷设的燃气管道均以原土为管基。为使沟槽内的管基是不受扰动的原状土层,在沟槽施工中要防止槽底超挖。如采用机械开挖,应在设计沟底标高以上预留 0.20m 不挖,人工开挖且无地下水时,应预留 0.05～0.10m,留待下管前按设计坡度清挖,并用平板尺、水平尺、水准仪等测量工具进行控制,保证沟底土壤结构不受扰动或破坏。

(二) 管基超挖或扰动的处理

如因施工中对设计坡度控制不准,出现设计变更等原因,或管基是建筑垃圾、岩石及其他不宜用做管基的杂土时,就会造成管基超挖或扰动。为保证管基的密实度,需要对超挖或扰动部分进行处理。

局部超挖部分应回填夯实,当沟底无地下水时,超挖在 0.15m 以内者,可用原土回填夯实,其密实度不应低于原地基天然土的密实度;超挖在 0.15m 以上者,可用石灰土或沙处理。其密实度不应低于 95%。当沟底有地下水或沟底土层含水量较大时,可用天然沙回填。

造成管基扰动时,可按以下方法处理:

(1) 扰动深度在 0.1m 以内时,用天然沙或砾石回填处理;

(2) 扰动深度在 0.1m 以上时,可填大卵石或块石,并用砾石填充空隙和找平处理,填块石时应由一端顺序进行,大面向下,块与块互相挤紧,脚踩时不得有松动或颤动情况。

（三）软弱管基和腐蚀性土层的处理

软弱管基指由淤泥质土、杂填土等软性土构成的管基。此类土构成的管基由于密实度不够,会造成管基不均匀沉降,管道变形、接口松动。因此,位于软弱土层地段的管基必须进行处理。

对于湿陷性黄土地区的开挖,不宜在雨季施工,或在施工时切实排除沟内积水,开挖中应在槽底预留 $0.03\sim0.06\mathrm{m}$ 厚的土层进行夯实处理,夯实后沟底表层土的干容重一般不小于 $1.6\times10^3\mathrm{kg/m^3}$。沟底遇有废旧构筑物、硬石、木头、垃圾等杂物时,必须清除,然后铺一层厚度不小于 $0.15\mathrm{m}$ 的沙土或素土并整平夯实。对软弱管基及特殊性腐蚀土壤,应按设计要求处理。

根据施工规范的规定,在沟槽开挖过程中,如遇到软弱土或腐蚀性土时,应与设计部门及时联系,由设计部门拿出处理意见。一般的处理方法是:挖去软弱土层或挖去适当深度的软弱土层,用块石或大卵石回填,并用砾石填充空隙和找平,再在找平层上铺上 $0.2\mathrm{m}$ 厚的碎石混凝土作为管基。也可在砾石找平层上铺 $0.2\mathrm{m}$ 厚的天然沙。对于腐蚀性土壤,一般采用换土的方法,用好土换掉腐蚀性土,按规定夯实到要求的密实度。对于酸性土壤,也可采用掺入石灰的方法进行中和。

五、土方回填与路面恢复

沟槽内管道安装工作结束并经安装质量检验合格后,就可以进行沟槽的回填。

（一）回填前的检查工作

管道安装完毕进行土方回填之前,施工单位、监理单位等有关各方应共同对管道进行全面检查,检查的内容包括:

管道和阀门、凝水器等附属设备全部安装完毕;管道强度实验合格;敷设深度、坡度符合设计要求,管顶坐标高程测量完毕,资料齐全准确;钢管防腐层应全部做完,并目测及电火花检测等全面检查,不合格进行修补,完毕后复测;铸铁管接口均匀度及螺栓紧固度检查合格,管基是否符合要求,管身、接口及安装附件处悬空部分是否已按要求处理。

（二）回填用设备

根据回填的管线位置深度不同,使用的设备也不同。一般处于城区以外的长输管线工程,可直接用推土机、装载机回填;位于城区的市政管网,常用的设备有蛙式打夯机、手夯、锹、镐等。

（三）回填顺序

回填土施工包括填土、摊平、夯实、检查等工序,根据不同条件可采用机械回填或人工回填。

位于农田、荒漠等郊野地区的管沟,如对回填密实度无要求,且土质符合回填要求,可使用机械设备进行回填,如土质不符合要求,则需过筛或换土进行回填。

对位于城区的管沟,应根据具体情况,分层采用不同方法回填。回填前先检查现场的土是否符合回填要求,如符合,可直接使用;如不符合要求,则需过筛或换用合格的土。对于回填用土,规定管道两侧及管顶以上 $0.5\mathrm{m}$ 以内的回填土,不得含有碎石、砖块、垃圾等杂物。不得用冻土回填。距离管顶 $0.5\mathrm{m}$ 以上的回填土内允许有少量直径不大于 $0.1\mathrm{m}$ 的石块。

管顶以上 $0.5\mathrm{m}$ 以内使用人工回填,管身两侧和管顶以上 $0.5\mathrm{m}$ 用木夯轻轻夯实。管顶

0.5m 以上,可使用小型机械回填并用蛙式打夯机夯实。

沟槽应分层回填,分层夯实;分段分层测定密实度。每层铺土厚度,应根据不同的夯实机具、土质密实度要求进行确定。一般情况下,使用人工木夯,每层铺土 20～25cm;使用蛙式打夯机,每层铺土 25～30cm;使用压路机为每层 25～40cm。

土的压实程度称为土的密实度。回填土应分层检查密实度,沟槽各部位的密实度应符合下列要求(见图 11-14):

(1) 胸腔填土(Ⅰ)95%;

(2) 管顶以上 0.5m 范围内(Ⅱ)85%;

(3) 管顶 0.5m 以上以上至地面:

1) 在城区范围内的沟槽 95%;

2) 耕地 90%。

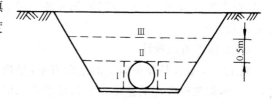

图 11-14 沟槽各部位分区及密实度要求

为保证回填的密实度,在有些特殊地段的施工中,如夜间过路管段、交通拥挤路段,无法严格按要求分层回填夯实时,为保证回填密实度,部分地区采用石屑回填。但在实际应用中,发现此种方法虽能保证回填的密实度,但不适宜于大范围回填使用,因为石屑几乎不具备粘结力,且透气性能太强,一旦发生燃气泄漏事故,一是不能准确检测泄漏点,二是开挖过程中易塌方,尤其是水位较高的地区,在开挖过程中,石屑随地下水的流动不断涌入开挖区域,影响及时抢修。

聚乙烯管道回填时,还应在管道的上方,距管顶不小于 300mm 处敷设一条警示带,该警示带应与管道一样,具有不低于 50 年的寿命。警示带上应标出醒目的提示字样,例如:下面是××公司的燃气管线,请勿挖掘,否则将会酿成事故,请打电话××与××联系。对警示带的基本要求是,宽度 100～150mm,颜色为金黄色(通用警示色),缠绕在芯轴上,警示带应能抗击回填土的冲击、压迫及土壤中化学物质的腐蚀等。

(四) 路面恢复

沟槽回填的最后一层即为路面恢复。一般市政要求管线工程施工完毕,路面应恢复原样。由于现在城区道路大多为沥青路面,由市政部门专业施工,管线施工单位缺少专业设备、机具,很难达到市政要求。所以,路面恢复工作一般是由管线建设单位向市政部门交纳一定的费用,在施工中由管线施工单位先用灰土填平至路面,保证交通。随后由市政施工部门进行路面恢复工作。冬季施工无法进行沥青路面的恢复工作时,由管线施工单位按要求暂时用水泥恢复,保证路面平整。

第三节 室外燃气管道和配件的安装

一、室外燃气管道的施工流程

(一) 熟悉、审查图纸

(1) 审查设计图纸和资料是否齐全,是否符合国家有关政策、标准及有关规定的要求,图纸和说明是否一致,设计要求参照执行的施工及验收标准规范是否齐全、合理。

(2) 熟悉地质、水文等资料,审查燃气管道周围的地上、地下建、构筑物及其他管线的位置。

（3）领会设计意图，掌握设计技术要求及设计要求的施工标准、规范。

（二）设计交底与图纸会审

设计交底就是由设计人员介绍设计意图，提出对施工材料、施工方法与施工质量的要求等。图纸会审则是由业主、设计、监理、施工等多方共同参加，对图纸内容、设计要求、施工工艺、材料来源等内容中存在疑问的部分进行讨论审查，拿出解决意见。图纸会审应做好图纸会审记录。

（三）施工组织设计

施工组织设计是安装施工的组织方案，是指导施工的重要技术文件，是规划部署全部生产活动，编制先进合理的施工方案和技术组织措施及质量保证措施，建立正常的施工秩序的必要保证。其主要内容包括：

（1）工程概况。包括工程地点、工程内容、工程特点、主要工程量等内容。

（2）施工方案。包括施工顺序、施工方法、施工工艺、劳动组合、质量保证体系以及技术质量和安全措施。

（3）施工进度计划。包括按工程项目计算工程量、劳动量及机械台班数。

（4）劳动力、材料、机具等需用计划。

（5）施工平面布置图。包括材料堆放位置，临时道路、水电管线布置及临时设施等。

（6）施工质量控制措施。包括工程质量控制程序、质量保证措施等。

（7）特种施工措施。包括冬、雨季施工，采用新技术、新工艺、新材料等的施工组织措施。

（8）安全措施。包括安全管理体系、程序及各种安全管理制度。

（四）沟槽开挖

按设计图纸和图纸会审意见放线，经监理或建设单位验线合格后，组织力量按施工规范和设计要求进行沟槽的开挖。

（五）管基处理

按施工规范和设计的要求，对管基进行处理，使其能保证下一工序的正常进行。

（六）管道安装

组织技术工人按技术要求和操作工艺要求，按图施工，对管道及附属设备、配件进行安装。

（七）测量检查

对安装完毕的管道，按施工验收规范的要求进行强度实验，外观质量检查，隐蔽工程竣工资料数据的测量，检查不合格需返工的，限期整改，整改后重新验收。全部验收合格后方能进入下一工序。

（八）沟槽回填

安装工程部分检查合格后，按施工规范要求分层回填。

（九）燃气管道的试验与验收

管沟回填完毕后，可以对管道进行气密性实验，试验合格后，将原始数据填入竣工资料表格，汇总竣工资料，交付验收。

二、各类管道的安装工艺

燃气管道施工就是按设计要求运用操作工艺和技术把管材连接起来。燃气管道根据设计要求、燃气成分、地质环境、敷设方式等条件的不同，选用不同的管材，采用不同的管道安装、连接形式。常见的连接形式有：焊接连接、法兰连接、承插连接、机械连接、套筒连接和丝接，每种管材可采用的连接方式如下：

（一）钢管

钢管的主要安装方式为焊接、螺纹连接和法兰连接。

（1）焊接 焊接连接的主要优点是：接口牢固耐久，不易泄漏，接头强度和严密性高，不需要接头配件，成本低。缺点是：其接口是不可分离的固定接口，接口操作工艺较复杂，需使用专用焊接设备，对工人技术要求较高，需持有专业岗位证书。适用于非镀锌钢管的连接。焊接的工艺主要包括：

1）坡口加工 管子焊接时，应选用填充金属量少、便于操作及减少焊接引起的应力变形的坡口型式，这样才能保证焊接接头的质量。

采用气焊时，坡口型式一般有Ⅰ型、Ⅴ型两种，如表11-2所示。管壁厚度小于3mm时采用Ⅰ型坡口，大于3mm时采用Ⅴ型坡口。

气焊对口型式及尺寸要求（mm）　　　　　　表11-2

接头名称	对 口 型 式	接 头 尺 寸			
		厚度 δ	间隙 c	钝边 p	坡口角度 α
Ⅰ型坡口		≤3.5	1～2	—	—
Ⅴ型坡口		≥4	2～3	0.5～1.5	70°～90°

采用电焊时，坡口型式一有Ⅰ型、Ⅴ型、Ｘ型三种，各种型式的坡口尺寸和要求参见表11-3。

电焊对口型式及尺寸要求（mm）　　　　　　表11-3

序 号	坡口名称	坡 口 型 式	手工焊坡口尺寸（mm）		
1	Ⅰ型坡口		单面焊	s	1.5～20	2～3
				c	0+0.5	0+1.0
			双面焊	s	3～3.5	3.6～6
				c	0+1.0	$1^{+1.5}_{-1.0}$
2	Ⅴ型坡口		s		3～9	>9～26
			α		75°±5°	60°±5°
			c		1±1	2^{+1}_{-2}
			p		1±1	2^{+1}_{-2}

序　号	坡口名称	坡　口　型　式	手工焊坡口尺寸(mm)
3	X 型坡口		$s=12\sim60$ $c=2{+1 \atop -2}$ $p=2{+1 \atop -2}$ $\alpha=60°\pm5°$

电焊与气焊相比较,电焊焊缝的强度比气焊焊缝高,且比气焊经济,一般应优先采用电焊焊接。

2) 接头组对　管材打好坡口后,即可进行组对,管子对口时应检查平直度,在距接口中心 200mm 处测量,允许偏差为 1mm/m,但全长允许偏差最大不超过 10mm。对口间隙应符合要求,除设计规定的冷拉焊口外,对口时不得用强力对正,以免引起附加应力。

3) 焊接　管口对好后,先用点焊固定。固定点焊的工艺措施及焊接材料应与正式焊接一样。钢管的纵向焊缝(包括螺旋焊缝)端部,不得进行点焊。点焊的焊肉,如发现裂纹等缺陷,应及时处理。钢管接口点焊长度和点数如表 11-4 所示。

不同管径管道接口点焊长度和点数　　　　　　表 11-4

管　径(mm)	点　焊　长　度（mm）	点　数（处）
80～150	15～30	3
200～300	40～50	4
350～500	50～60	5
600～700	60～70	6
800 以上	80～100	一般间距 400 左右

点焊合格后,进行全面施焊。焊接方法有平焊、立焊、仰焊;焊接形式有固定焊、转动焊。焊接层数和焊条直径的选择见表 11-5。

焊接时应保护焊接区不受恶劣天气(风、雨、雪)影响,否则应采取适当措施(预热、搭棚、加热)保证焊接正常进行,焊接时管内应防止穿堂风。焊接时应注意起弧和收弧处的质量,收弧时应将弧坑填满。多层焊的层间接头应错开,每层焊缝接焊处至少错开 20mm 或错开 30°角。转动焊接时相邻两层焊缝方向相反,严禁堆焊。管道焊接完后,焊口应自然冷却,严禁浇水冷却,焊口冷却前不准做防腐层和修补焊口。

不同壁厚管道焊接层数和焊条直径选用表　　　　　　表 11-5

管壁厚度（mm）	焊接层数	焊　条　直　径		
		第一层	第二层	第三层
3.5～5	2	3.2	3.2	—
6～9	3	3.2	4.0	4.0
10～11	3	3.2	4.0	5.0

（2）法兰连接　地下燃气管道在和阀门及其他设备连接时,一般采用法兰连接;架空管

道安装中为便于拆卸,每隔一定距离采用一个法兰接口。法兰连接就是把固定在两个管口上的一对法兰,中间放入垫片,然后用螺栓使其结合起来。其优点是可拆卸,但如采用过多的法兰连接,将会增加泄漏的可能和降低管道的弹性,采用法兰连接的操作工艺如下:

1) 法兰的选用 管道之间采用法兰连接时,法兰的选用根据设计要求和管道的运行压力来确定。管道与阀门或设备采取法兰连接时,应按阀门或设备上的法兰配置。

2) 外观检查 选定法兰后,应在安装前对法兰密封面和密封垫圈进行外观检查,不得有影响密封性能的缺陷存在,如沙眼、裂纹、斑点、毛刺等能降低法兰强度和连接可靠性的缺陷。法兰与管身焊接时,应注意使法兰面垂直于管身轴线,两片法兰连接应保持同轴线,其螺孔中心偏差不超过孔径的 5%,并保证螺栓自由穿入,法兰垫圈应根据设计要求和标准选用。燃气管道上所用法兰垫圈材质一般是石棉橡胶板或丁腈橡胶,垫圈厚度一般为 3～5mm,不允许使用斜垫圈或双层垫圈来解决间隙过大或不平行而造成的泄漏。法兰连接用的螺栓规格应符合标准规定。

3) 螺栓紧固 检查合格后,把垫圈两面涂抹黄油,放入法兰之间,穿入螺栓拧紧。拧紧螺栓应使用适当规格的扳手,拧时应对称均匀地进行,不得一次拧紧。法兰接头的螺栓拧紧后,两个法兰密封面应互相平行,且与管中心线垂直,不得用强紧螺栓的方法消除歪斜。

(3) 螺纹连接 螺纹连接也称丝接,是在管端部加工螺纹,通过带内螺纹的管件或阀门同其他管段相连而构成管路系统。燃气管道中使用丝接的主要为地上和室内低压钢管。管螺纹的加工分为手工和电动机械两种方法,即人工绞板套丝和电动套丝机。这两种方法都是在机架上固定一组带有一定锥度的板牙,用以切削管壁产生螺纹,丝接的安装工艺为:

1) 套丝 将管端部切割整齐后固定于台钳或机架上,使用绞板或套丝机套丝。套丝过程中应注意:板牙与管身要对正,用力要均匀;板牙卡紧时力度要适当,太紧易出现断丝,太松易出现乱丝、细丝;套丝时一次进刀量不宜太大,$DN15～DN20$ 的管子宜分两次,$DN25$ 以上的管子手工套丝应不少于 3 次。

2) 连接 管子套完丝后,先目测检查丝扣是否合格,如有乱丝、断丝、缺扣等缺陷,需切断重套。外观检查合格后,用管件测试,以不用工具可拧进 4～5 扣为合格,检查合格后进行连接,接口填料为聚四氟乙烯胶带。过去曾有规定,使用人工燃气为介质的湿燃气接口可用铅油麻丝做接口填料,但在实践中发现,使用该种填料的接口维修时很难拆卸,且天然气逐步推广,因此,该种填料在很多地区已不允许使用。连接使用的工具通常为管钳,选用管钳应与管径相适应,不准使用加力杆紧固,安装完毕后,多余的接口填料应清除干净,管端丝扣外露丝控制在 2～3 扣。

(二) 铸铁管

铸铁管的主要接口方式为承插式,根据接口填料的不同分为刚性接口和柔性接口;还有一种铸铁管为两端直径一样的直管,接口用套筒连接,又称套接式。

(1) 承插式接口 承插式接口是指铸铁管的一端为承口(俗称大头),一端为插口(俗称小头)的管材所使用的接头方式,分刚性接口和柔性接口。

1) 刚性接口 铸铁管承插口之间的间隙使用油麻、水泥作为填料的接口方式称为刚性接口,具体安装工艺为:

(A) 插口送入承口,使环型间隙均匀;

(B) 用 2～3 股油麻绳拧成辫状填入缝隙;

(*C*) 将用规定水灰比均匀拌和的水泥填入捣实；

(*D*) 采用比头道油麻绳略细(少1~2小股)的麻绳封口；

(*E*) 用清水将封口油绳浸湿，然后用水泥涂抹封口；

(*F*) 接口操作完毕后即用土掩埋，并不断浇水保持湿润，进行接口养护。

此种工艺历史悠久，价格低廉；但劳动强度大，养护时间长，如管道安装完毕后试压不合格，剔口返工困难，且在运行中接口易受震动而松动漏气。因而，现在施工中已很少使用。如把最里面一道油麻绳换为胶圈，则增加了一定的柔性，称为半刚性接头，现在也已很少使用。

2) 柔性接口　铸铁管承插口之间的间隙使用青铅或胶圈作为填料的接口方式为柔性接口。其中使用青铅作为填料的接口方式由于材料价格昂贵，操作工艺复杂，需使用专门的工具，现已几乎不用，此处主要介绍使用压兰、胶圈密封的柔性机械接口。

铸铁管柔性机械接口以橡胶圈为填料，采用高密度聚乙烯圈或钢圈支撑，采用螺栓、螺母、压兰等零件，挤压橡胶圈，使它紧密充填于承插口缝隙，达到气密目的。

柔性机械接口操作简便，气密性好，适用于燃气管道，是一种较为理想的柔性接口。它具有补偿管道因温差而产生的应力，及适应接口折挠、振动而不发生漏气的特性。

常见的接口型式有 N 型(包括 N₁ 型)和 SMJ 型，如图 11-15，图 11-16 所示。

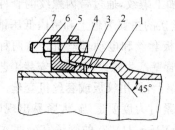
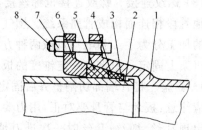

图 11-15　N 型机械接口

1—承口；2—插口；3—塑料支撑圈；4—密封胶圈；
5—压兰；6—螺母；7—螺栓

图 11-16　SMJ 型机械接口

1—承口；2—插口；3—钢制支撑圈；4—隔离胶圈；
5—密封胶圈；6—压兰；7—螺母；8—螺栓

这两种接口型式，只是接口材料有区别，SMJ 型为钢制支撑圈、橡胶隔离圈、橡胶密封圈，N₁ 型为聚乙烯支撑圈、橡胶密封圈。其安装工艺基本相同，具体分以下几个环节：

(*A*) 清理检查。首先检查承口内部、插口外部，看是否平整、光滑，如有铸瘤、夹沙、毛刺、沥青块等凸起，应清理干净，承口根部不得有凹陷；压兰螺孔是否均匀，能否轻松套入插口；胶圈、支撑圈必须清洁光滑，无明显划痕变形现象。

(*B*) 润滑。从插口端起约 100mm 及承口内均匀地涂抹润滑剂，以增加润滑性。常使用的润滑剂有皂液、黄油或密封脂等。

(*C*) 安装胶圈及支撑圈。先将压兰套在插口一端的管道上，距插口端面约 200mm，然后依次套上胶圈(SMJ 型为先密封圈、隔离圈、钢支撑圈，N 型为密封圈、聚乙烯支撑圈)。必须注意安装顺序，不得倒装或反装。

(*D*) 对口定位。使承插口对正，将有插口端的管子送入承口，插足到位，不得带入泥沙，调整环型间隙，使其均匀，调整管道坡度，使其符合设计要求，最后，固定管身。

(*E*) 紧口。用手锤或直接用压兰，均匀地将胶圈和支撑圈推入环形间隙，最后用手锤轻轻敲击一遍，使胶圈进入均匀，不得有局部凸起，然后将压兰贴近承口，与法兰螺孔对正，用螺栓连接,紧固前,需注意压兰与承口的间隙要均匀,紧固时先下后上,对称进行,交替紧固,要用力均匀,压入量一致。

(2)套接式 套接式接口所使用的接口材料与柔性机械接口相同,区别在于管材和接口管件。套接式所用管材为等径光管,两端面皆为插口,不需要铸造承口,简化了铸铁管的铸造工艺,两管之间用一个套筒、两片压兰接口。其安装工艺与柔性机械接口相同,优点是可借转角度加大,增加了管线的挠度,抗基础不均匀沉降的能力加强,适用于地基松软的地区;缺点是安装要求高,套筒必须位于两管间隙中间,如有偏移,容易出现脱管,造成漏气。

(3)其他接口型式 铸铁管施工中还有 T 型滑入式接口(图 11-17)。其接口形式为:管子的承口内有特制凹槽,插口端稍有锥度或圆形,承插口之间用胶圈密封,胶圈直径比环形间隙略大,插口插入承口内时,利用橡胶的弹性使接口密封。

另外,现在使用越来越广泛的球墨铸铁管,其接口形式除广泛使用 SMJ 型和 N 型接口材料外,还有一种 X 型(图 11-18),其接口填料与上两种基本相同,承插口结构稍有变动,安装工艺也基本相同。

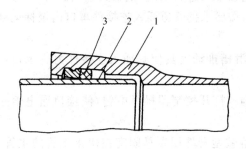 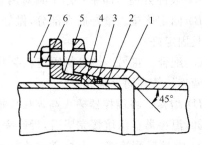

图 11-17 T 型接口
1—承口;2—插口;3—胶圈

图 11-18 X 型接口
1—承口;2—插口;3—支撑圈;4—胶圈;
5—压兰;6—螺母;7—螺栓

(三)塑料管

燃气中使用的塑料管主要为高密度聚乙烯管,一般只在设计要求埋地时使用。在燃气管道工程中,聚乙烯管道的连接一般采用热熔连接、电熔连接、钢塑过渡连接三种方式。

(1)热熔连接 热熔连接是使聚乙烯管口受热熔化并加压,待其冷却固化后牢固地连接在一起。热熔连接又分对接热熔连接、承插热熔连接、鞍型热熔连接三种形式。

1)对接热熔连接 对接热熔连接的方法是,将平板电热模(电加热板)插入两管材接口之间,对管材的连接面加热,当两管材的连接面加热到熔融状态时,抽出电热模板,用外力将两管端面挤压在一起,形成均匀一致的凸缘,待冷却后即熔接牢固。

2)承插热熔连接 承插热熔连接是用装有与管材(插口)和管件(承口)相匹配的专用电热模加热熔接。方法是:当电热模达到热熔温度时,先将承口端连接件套在电热模承口模头外径上,接着将插口端管材插入到电热模插口模头内径中,并迅速推入到插入深度。当材料的连接部位加热到熔融状态后,先拔出承口端管件,再拔出插口端管材,立即检查熔口形状并迅速用力将插口端插入承口端。随后手工保持压力至接口冷却到常温。

3)鞍型热熔连接 多用于在主管道上安装分支管时使用,是用三通形状的鞍型管件(图 11-19)与主管道进行热熔对接。其方法是:把主管道的欲连接处用刮刀清理干净后,用

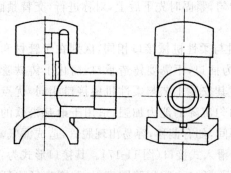

图 11-19　鞍形管件示意图

专用电热模加热主管道的弧型面和鞍型管件的连接端面,至熔融状态时,抽出电加热模,用力将鞍型管件固定于主管道连接处;冷却至常温时,用专用钻具在主管道上钻孔,管件一端出口与支管连接,另一端盖上用管盖密封。

(2)电熔连接　电熔连接分为电熔承插连接和电熔鞍型连接。这两种连接形式熔合面的加热都是通过埋在连接件内的电热丝完成的,省去了热熔连接中用电热模加热的过程,操作变的简便,且在较差的气候条件下也可施工。

1)电熔承插连接　电熔承插连接,是将所需连接的两根管材端口插入与之匹配的埋有电热丝的承插连接件中,在电热丝中加入电流,使连接件(承口端)和管材(插口端)的熔合面加热至熔化温度,冷却后连接件与管材即牢固的连接在一起。具体操作过程为:

A)表面处理。即用专用工具对两管材的连接表面进行处理,刮去其表面。

B)固定连接。量好插入部分,做好标记后,按要求把管道插入连接件承口内至标记处,用夹具固定好。

C)配合。将另一端管材固定在夹具上,沿滑槽推动夹具使其插入连接件另一承口,并保持两连接管在同一轴线上。

D)熔接。将温控器插头与连接件插座接通 ,打开控制器操纵电钮,使接口通电熔接。易拆卸,温控器显示熔接完毕后,拆卸夹具。

2)电熔鞍型连接　电熔鞍型连接是将电熔鞍型管件用夹具固定在待接支管的主管道上,通过鞍型管件熔合面上电热丝的加热,使主管和管件的熔合面熔化,冷却后即熔接牢固,熔接结束后,再用钻具对主管道进行钻孔。具体操作过程为:

（A）表面处理。在管道的熔接表面用专用的鞍型刮刀削刮清理 ,以保证熔接面清洁。

（B）安装固定。将鞍型管件安在经过处理的熔接面上,并用专用夹具固定。

（C）熔接。将温控器插头与鞍型管件插座连接,打开温控器电源,通电熔接。

（D）冷却钻孔。熔接面冷却检查合格后,卸下管件的管帽,装上与夹具配套的钻孔工具,在主管道上钻孔。

（E）拆卸检查。卸下夹具和钻孔工具,复装管帽,检查熔接质量。

（3）钢塑过渡连接　聚乙烯管作为一种新兴管材,在施工中不可避免的要遇到与原有钢管或铸铁管管线相接的问题。由于聚乙烯管材的刚度较小,若直接与金属管材连接,易造成聚乙烯管材的内径收缩或破裂。为保证聚乙烯管与其他管材的连接质量,常采用钢塑过渡接头作为连接件使用,常用的有钢塑过渡活结和钢塑过渡法兰。前者用于 $DN<63mm$,后者用于 $DN\geqslant63mm$ 的两种管道连接使用。如图 11-19 所示。

（四）钢骨架塑料复合管

钢骨架塑料复合管的连接方式有电熔连接、法兰连接、钢塑过渡连接等,其工艺与聚乙烯管基本相同,此处不再赘述。

三、燃气管线附件的安装

燃气管线中的附件安装主要包括阀门、凝水缸、补偿器等的安装。

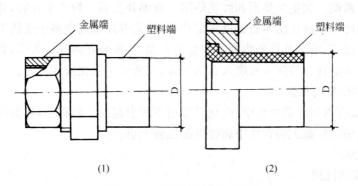

图 11-20 常用钢塑过渡连接件
(1)钢塑过渡活接连接件;(2)钢塑过渡法兰连接件

（一）阀门安装

燃气工程中阀门在安装前往往要经过运输和存放等多个环节,其质量和性能会因道路、环境等因素的影响发生一定的变化。因此,安装前必须对阀门进行检查、清洗、试压等工作,保证安装质量。

（1）检查与清洗 首先,应按设计图纸和产品说明书核对阀门型号规格,检查书面质量资料、附件和外观质量,对阀体内进行清洗,检查阀芯开启度、灵活度和填料等是否符合要求,按设计和规范要求对阀门进行强度和严密性实验,实验介质有水、气、煤油等。检查合格后方可进行安装。

（2）选择连接配件 钢管或聚乙烯管管线上安装阀门时,阀门两侧用法兰连接,气流来向一侧装钢短管,另一侧装波纹补偿器或钢短管,钢短管管身中部焊有 DN25 的内丝放散管接口,接口上安装旋塞阀或球阀,钢短管长度在 0.5～0.8m 之间。两侧焊有法兰,法兰的选择应根据阀门配备,法兰之间采用橡胶石棉板或丁腈橡胶垫片,螺栓一般选用钢制螺栓;铸铁管线上安装阀门应配备同管径的铸铁承盘或插盘短管,选用橡胶石棉板垫片,螺栓选用钢制或铸铁螺栓。

（3）阀门安装 阀门的安装位置除应按设计要求外,还要根据施工现场情况,一般应避开地下管网密集或交通繁忙的地区。阀门安装时,一般先在地面将阀门与法兰钢短管或承(插)盘短管进行组装,然后吊装至地下与管道连接(承插或法兰连接)。吊装时,吊索不能系在阀门手柄或阀杆上,以免损坏阀门。

（二）凝水缸安装

铸铁凝水缸与管道连接采用承插连接,安装工艺与铸铁管道承插式安装工艺相同。钢制凝水缸与管道采用焊接或法兰连接,按钢管安装工艺进行操作。安装时应注意以下几项内容:

（1）凝水缸必须设置于最低点,保证冷凝水汇集于缸内;

（2）安装时缸体必须保持水平,保证抽水杆的垂直度;

（3）抽水杆应按设计要求事先组装经气压试验合格后再在凝水缸上安装;

（4）抽水杆下端截面应切成大于 45°的斜面,距凝水缸内底面为 50mm,确保排水通畅;上端丝堵距井盖底部应保持 60～100mm 的距离,以免地面荷载压断抽水杆造成漏气。

（三）补偿器安装

补偿器与管道或阀门的连接采用法兰连接,垫片选用橡胶石棉板,安装时垫片两面涂抹黄油密封,螺栓两端应加垫平垫圈和弹簧垫圈。波形补偿器一般水平安装,其轴线应与管道轴线重合,安装时应根据补偿零点温度来定位,如安装时环境温度高于或低于补偿器零点温度,应予拉伸或压缩,波形补偿器内套有焊缝的一端,应安装在燃气流入端,为防止补偿器中存水锈蚀,安装前由套管的注入孔灌入石油沥青,安装时注入孔应在下方。

四、管道的防腐与保温

腐蚀是金属在周围介质的化学、电化学作用下所引起的一种破坏,根据燃气管道所使用的管材,一般采用钢管施工的管线中腐蚀现象比较严重。

（一）腐蚀原因

（1）金属腐蚀机理

金属腐蚀按其性质可分为化学腐蚀和电化学腐蚀。化学腐蚀是金属直接和周围介质接触发生化学反应而引起的一种腐蚀。化学腐蚀不发生化学能向电能的转化。电化学腐蚀则是金属在电解质中所发生的与电流流动有关的一种腐蚀,也称为电解腐蚀。燃气钢管中这两种腐蚀一般同时存在。

（2）钢管腐蚀原因　输送燃气的钢管,按其被腐蚀部位的不同,分为内壁腐蚀和外壁腐蚀。

1）内壁腐蚀　内壁腐蚀主要是管道内壁与管内燃气中的氧、水分、硫化氢和其他腐蚀性化合物发生化学反应造成的化学腐蚀。内壁腐蚀的根本措施是净化燃气,同时还可在管道内用树脂或其他材料作内涂层来防止内壁腐蚀。

2）外壁腐蚀　外壁腐蚀是管道外壁与土壤、水分、空气等环境物质直接接触而产生的腐蚀。外壁腐蚀中化学腐蚀和电化学腐蚀同时存在,化学腐蚀对钢管的腐蚀是全面性的腐蚀,管壁受腐蚀均匀减薄;电化学腐蚀对钢管的腐蚀是点腐蚀,一旦出现电化学腐蚀,管道很短时间内就会出现穿孔造成漏气。因此,防腐措施主要针对电化学腐蚀,主要措施有绝缘层防腐法、电保护法。

（二）防腐方法与工艺

根据管道腐蚀的部位和造成腐蚀的种类,一般可采取以下几种方法进行防护。

（1）刷漆防护法　为防止埋地管道的内壁腐蚀和架空管道的内外壁腐蚀,可在安装前对施工用管材的内、外壁按要求进行表面处理,涂防锈漆防腐。

表面处理的方法一般有除油、除锈和酸洗三种,要求处理后钢管表面应呈现出均匀一致的金属光泽,不应有金属氧化物和油垢等附着物。

防锈漆一般是用红丹、黄丹和铝粉等防腐涂料,加溶剂和其他配剂进行调配,按设计和规范要求涂刷。

（2）绝缘层防护法

针对埋地钢管外壁腐蚀,常用的防腐方法为绝缘层防护法,管道在绝缘层施工前应按标准进行表面处理,使用较多的绝缘层有石油沥青防腐绝缘层、环氧煤沥青防腐绝缘层、聚乙烯胶带防腐绝缘层、聚乙烯热塑喷涂防腐绝缘层(PE)、煤焦油瓷漆防腐绝缘层等。

1）石油沥青防腐绝缘层

石油沥青绝缘层由石油沥青、中碱玻璃丝布及聚氯乙烯薄膜组成,使用石油沥青、玻璃丝布分层涂敷缠绕达到防腐目的,是使用最久也最广泛的一种防腐方法,技术成熟,成本低廉,材料来源充足;但劳动强度大,熬制沥青过程中污染严重,一般采取工厂化施工,除少量补口外,不宜现场操作。防腐层的等级和结构按表 11-6 规定。

石油沥青防腐层结构 表 11-6

防 腐 等 级		普 通 级	加 强 级	特 加 强 级
防腐层厚度(mm)		≥4	≥5.5	≥7
防腐层结构		三油二布	四油三布	五油四布
防腐层数	1	底漆一层	底漆一层	底漆一层
	2	沥青 1.5mm	沥青 1.5mm	沥青 1.5mm
	3	玻璃布一层	玻璃布一层	玻璃布一层
	4	沥青 1.5mm	沥青 1.5mm	沥青 1.5mm
	5	玻璃布一层	玻璃布一层	玻璃布一层
	6	沥青 1.5mm	沥青 1.5mm	沥青 1.5mm
	7	外保护层	玻璃布一层	玻璃布一层
	8		沥青 1.5mm	沥青 1.5mm
	9		外保护层	玻璃布一层
	10			沥青 1.5mm
	11			外保护层

具体施工时,应根据设计要求的防腐等级,按上表规定层数操作。

2）环氧煤沥青防腐绝缘层

环氧煤沥青防腐绝缘层是使用环氧树脂、煤焦油沥青固化剂和填料组成的环氧煤沥青涂料和玻璃布对管道分层涂敷缠绕来达到防腐目的。该涂料对金属附着力很强,耐水、矿物油及化学品的能力强,适宜于地下水位高的地区使用,施工采用冷敷工艺,无须加热,缺点是固化时间长,特别是低温下施工时固化时间更长,不利于现场施工。其防腐等级与结构参见表 11-7。

环氧煤沥青防腐等级与结构 表 11-7

防 腐 等 级	结 构	总厚度(mm)
普 通 级	底漆—面漆—玻璃布—两层面漆	≥0.4
加 强 级	底漆—面漆—玻璃布—面漆—玻璃布—两层面漆	≥0.6
特 加 强 级	底漆—面漆—玻璃布—面漆—玻璃布—面漆—玻璃布—两层面漆	≥0.8

3）煤焦油瓷漆防腐绝缘层

煤焦油瓷漆是高温焦油分馏得到的重质馏分和煤沥青,填加煤粉和填料,经加热熬制所得制品。煤焦油瓷漆具有粘结力强,吸水率低,绝缘性能好,抗细菌腐蚀,抗植物根茎穿透,寿命长等优点。特别适合于穿越沼泽、湿地等地区的管线使用,但其具有一定的毒性,在防腐施工中,一定要注意工人和周围环境的防护。其防腐层结构和等级参见表 11-8。

表 11-8

煤焦油瓷漆防腐等级和覆盖层结构

防腐等级		普通级	加强级	特加强级
防腐层厚度(mm)		≥3.0	≥4.0	≥5.0
防腐层结构		两油一布	三油两布	四油三布
防腐层数	1	底漆一层	底漆一层	底漆一层
	2	瓷漆一层 (厚度≥2.4mm)	瓷漆一层 (厚度≥2.4mm)	瓷漆一层 (厚度≥2.4mm)
	3	外缠带一层	内缠带一层	内缠带一层
	4		瓷漆一层 (厚度≥1.0mm)	瓷漆一层 (厚度≥1.0mm)
	5		外缠带一层	内缠带一层
	6			瓷漆一层 (厚度≥1.0mm)
	7			外缠带一层

4）聚乙烯热塑喷涂防腐绝缘层

聚乙烯热塑喷涂防腐绝缘层又称"PE"防腐层,是利用聚乙烯的热熔、热缩特性,将聚乙烯加热后喷涂于管身上,达到防腐绝缘的目的。其防腐层结构有二层结构(2PE)和三层结构(3PE)两种。

二层结构防腐层的底层为胶粘剂,主要起粘结作用;面层为聚乙烯,起机械保护与防腐作用。三层结构防腐层的结构组成为:环氧涂料底漆、中间胶粘剂层和聚乙烯面层。环氧涂料底漆的主要作用是:形成连续的涂膜,与钢管表面直接粘结,具有很好的耐化学腐蚀性和抗阴极剥离性能;与中间层胶粘剂(一般为共聚物胶粘剂)的极性部分反应形成化学粘结,保证整体防腐层在较高温度下具有良好的粘结性。而中间层胶粘剂的非极性部分与面层聚乙烯也具有很好的亲和作用。聚乙烯面层的作用与二层结构基本相同,也是起机械保护与防腐作用。

防腐层的厚度应符合表 11-9 的规定。焊缝部位的防腐层厚度不宜小于表 11-9 规定值的 90%。

聚乙烯热塑喷涂防腐绝缘层的厚度   表 11-9

钢管公称直径 DN(mm)	环氧涂料涂层 (μm)	胶粘剂层(μm)		防腐层最小厚度(mm)	
		二 层	三 层	普 通 型	加 强 型
DN≤100				1.8	2.5
100<DN≤250				2.0	2.7
250<DN<500	60~80	200~400	170~250	2.2	2.9
500≤DN<800				2.5	3.2
DN≥800				3.0	3.7

5）聚乙烯胶带防腐绝缘层

聚乙烯胶带防腐绝缘层是使用聚乙烯胶粘带对管道进行机械、半机械或手工缠绕,达到防腐绝缘目的。胶带分防腐胶带(内带)和保护胶带两种(外带)。内带起防腐绝缘作用,外带保护内带不受损伤。胶带缠绕前管道表面应清理干净,并涂敷一层底漆,底漆应采用橡胶合成树脂材料制造,与胶粘带应有较好的相容性。防腐层等级及结构如表 11-10 所示。

聚乙烯胶带防腐等级及结构 表 11-10

防腐等级	防腐层结构	总厚度(mm)
普通级	一层底漆——层内带(带间搭接宽度 10~20mm)——层外带(带间搭接宽度 10~20mm)	≥0.7
加强级	一层底漆——层内带(带间搭接宽度为 50%、55%胶粘带宽度)——层外带(带间搭接宽度 10~20mm)	≥1.0
特加强级	一层底漆——层内带(带间搭接宽度为 50%、55%胶粘带宽度)——层外带(带间搭接宽度为 50%、55%胶粘带宽度)	≥1.4

注:胶粘带宽度小于或等于 75mm 时,搭接宽度可为 10mm;胶粘带宽度大于 75mm 小于 230mm 时,搭接宽度可为 15mm;胶粘带宽大于或等于 230mm 时,搭接宽度可为 20mm

以上无论何种防腐绝缘层均应作质量检查,检查的内容主要有以下几个方面:

(A) 外观。对做好防腐层的管材目视检查,表面应平整,无皱摺,无凸起,无气泡,无破损,无开裂。

(B) 厚度。使用测厚仪测量,厚度值应符合所使用防腐方法规定等级的防腐层厚度。

(C) 粘结力。一般是在防腐层上割口,进行剥脱试验。各种防腐层的试验标准略有不同。

(D) 电绝缘性。一般用电火花检漏仪对管道进行全线检测,以电刷不打火花为合格。各种防腐层的检测电压为:

a. 石油沥青绝缘防腐层和聚乙烯热塑喷涂防腐层:

$$U = 7840\sqrt{\delta} \tag{11-3}$$

b. 聚乙烯胶带防腐层:

当 $\delta < 1$mm 时 $U = 3294\sqrt{\delta}$ (11-4)

当 $\delta \geq 1$mm 时 $U = 7843\sqrt{\delta}$ (11-5)

式中 U——检漏电压;

δ——防腐层厚度。

c. 环氧煤沥青防腐层电压按防腐等级确定,普通级不得小于 2000V,加强级以上不得小于 5000V。

d. 煤焦油瓷漆防腐层电压按下表确定:

检漏电压(kV) 表 11-11

覆盖层等级	普通级	加强级	特加强级
检漏电压	14	16	18

(3) 电化学保护法 为防止管道受电化学腐蚀,可根据其腐蚀原理采取相应的保护方法。常用的方法有牺牲阳极法、阴极保护站法和排流保护法。

1）牺牲阳极法　牺牲阳极法就是使用电极电位比管材所用金属更低的金属或合金与管道连接在一起,构成新的原电池,使得被保护体(即金属管道)为阴极,较低电位的金属或合金为阳极。由于阳极的氧化反应而使阳极金属不断被腐蚀而溶解,也就是被"牺牲"以实现对阴极金属的保护。其原理如图11-21所示。

作为牺牲阳极材料,应具备腐蚀产物无毒,不污染环境,来源广泛,加工容易,成本低廉等特点,常用的有镁阳极、锌阳极和铝阳极以及这三种金属的合金。

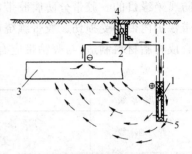

图11-21　牺牲阳极保护原理
1—牺牲阳极;2—导线;3—管道;
4—检测桩;5—填包料

2）阴极保护站法　阴极保护站法是直接用外加电源向被保护金属通以阴极电流,使之阴极极化以达到阴极保护的目的。在设置电源的阴极保护站中,都装有辅助阳极,以与被保护体构成电流回路。该种方法因其单位投资固定,其占工程总造价的比重随工程造价的增加而降低,使用寿命长等特点,一般多作为长输管线的防腐措施。其原理参见第四章图4-9。

3）排流保护法　用排流导线将管道的排流点与钢轨连接,使管道上的杂散电流不经土壤而经过导线单向地流回电源的负极,从而保证管道不受腐蚀,这种方法称为排流保护法。排流保护法又有直接排流和极性排流两种方式。

直接排流法就是把管道连接到产生杂散电流的直流电源的负极上。当回流点的电位相当稳定,管道与电源负极的电位差大于管道与土壤间的电位差时,直接排流法才是有效的。

当回流点的电位不稳定,其数值和方向经常变化时,就需要采用极性排流法来防止杂散电流的腐蚀。如图11-22所示,该排流系统设有整流器,保证电流只能循一个方向流动,以防止产生反向电流。

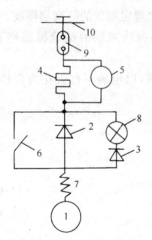

图11-22　极性排流法示意图
1—管道;2—硅整流器;3—锗整流器;4—电阻;5—电流表;6—开关;
7—保险丝;8—保险丝管;9—按线盒;10—钢轨

（三）管道的保温

在冰冻地区的冬季,输送湿燃气(含气相液化石油气)的管道中的水蒸气、萘和焦油等杂质会凝结或冻结,造成管道有效流量减小甚至堵塞管道。因此,冰冻地区的燃气管线应敷设在冰冻线以下,对于架空管道和裸露在地上的部分,应采取保温措施进行保护,常用方法有:

（1）捆扎保温法　多用于架空管道,常用的材料有玻璃棉管、岩棉管或用泡沫混凝土和水泥膨胀珍珠岩制成的弧形管块。施工时选用相应规格的材料,用直径1~1.2mm的铁丝捆扎在管道上,捆扎时应将纵向接缝置于管道两侧,横向接缝错开。外面用油毡或1mm厚玻璃钢包裹一层防潮层,防止雨水渗入,腐蚀管道。

（2）保温槽保温法　多用于地上进户引入管,用砖、水泥砂浆以进户立管为中心,沿楼墙体砌筑一个0.5m×0.5m方形保温槽,高度以高于进户三通0.15m为宜,槽内填入膨胀珍珠岩,顶部用水泥盖板封盖,保温槽在施工时底部应预留出水孔,防止内部积水腐蚀管道,顶部应预留通气孔,检测管道是否漏气。

258

（3）聚氨脂发泡保温法　使用聚氨脂直接在管道上一次发泡成型,外面用 1mm 厚玻璃钢包裹防潮层防水。使用该法保温,操作简单快捷,成本低廉,耐热性能好,化学稳定性强,但管道维修时剥离困难,且外防水层一旦损坏,水渗入后对管道腐蚀严重。

五、燃气管道穿越障碍的施工方法

燃气管道施工中,不可避免地会遇到道路、涵洞、铁路、桥梁、沟渠、河流等障碍,无法正常开挖施工,需采取特殊的施工工艺进行穿跨越施工,敷设方式可采用地下穿越,管材应采用钢管或聚乙烯管;也可以采用地上跨越,管材应采用钢管。

（一）穿越小型障碍的施工

在燃气管道施工中,经常会遇到与暖气沟、电信、电力管沟、涵洞、污水沟等障碍交叉施工的问题。穿越此类障碍的方法一般为在燃气管道外面加设套管,套管的管径一般比燃气管道大一个规格,安装套管的两侧墙体破坏部分应按设计要求或按原标准恢复,墙体内外表面用水泥沙浆抹面,套管与主管道之间的两侧环型间隙用沥青油麻密封,套管两端应伸出墙体 0.2m。

（二）穿越道路与铁路施工

燃气管道在铁路、公路和城市主要干道下穿过时,无法使用正常施工方法施工,应根据现场情况采用不同的工艺施工。

（1）分段开挖　穿越城市道路的燃气管道施工,经交通管理部门同意,可采取夜间分段开挖,分段敷设管线,留出一段路面保证车辆通行,次日清晨回填或用钢板覆盖管沟保证交通的方法施工。该施工方法适用于道路允许开挖,但日间交通流量大,不允许施工,必须夜间施工的路段。使用该法施工时应注意:

1）应事先了解地下资料情况,准备好配件及材料,避免夜间施工时因无临时变更所需配件而无法施工。

2）应尽量选择长度较长的钢管,减少中间焊缝。同时对过路焊缝应 100％进行无损探伤检查。过路钢管防腐等级应比设计要求高一个等级。

3）应准备好夜间照明、安全警示标志,做好安全防护措施。

（2）顶管施工　燃气管道穿越铁路和不允许开挖的路段时,常采用顶管施工,该施工方法是运用液压传动产生巨大的推力推动管道在土中前进,故称顶管法。其工作原理是:利用一组水平设置的液压千斤顶推动管道前进,采用人工或机械方式将管内土壤清出,通过调整各千斤顶的力量大小,来调整顶进方向。千斤顶的台数根据管径选用,顶进方法有以下几种:

1）外挤压顶进。主要用于小管径管道顶进。在管道前端安装锥体钻头,顶进时利用土壤的可压缩特性,使管道周围土壤受钻头顶力的作用而压缩,管道得以前进,管内不用出土,采用锥体钻头可降低管道前进时的阻力。

2）内挤压顶进。一般用于大口径管道顶进。直接将管道顶入土中,为减小阻力,管道前端,可加装喇叭形管口,管位上的土随管道的顶进进入管中,清土方法可采用人工、机械或高压水力方法。使用该法施工,技术成熟可靠,操作简单,但施工进度较慢,两侧工作坑占地面积较大,适用于穿越铁路、高速公路等两侧开阔的路段。

（3）拉管施工　拉管施工又称非开挖定向钻进法或非开挖回拖管施工法。是近年来迅速得到推广的一种非开挖管道施工技术。其工作原理为:先根据所了解地下资料情况,结合使用探测仪探测情况,确定穿越埋深,然后用钻机在欲穿越路的一侧将钻头斜向推进到预定深度,在无线电定位仪器的控制下,水平钻进,钻进到位后,安装锥体扩孔头,回拖扩孔,至要求直径后,在选定穿越管材上焊接一个牵引头,与钻头连接,然后由设备回牵钻头,把焊接好的管材拉至设备所在一侧,穿越管的两管端与原施工管线连接。

使用该方法施工,一般不用开挖工作坑,特殊情况也只开挖占地很小的工作坑,而且施工进度快,主要适用于不允许开挖路面、道路两侧又无空地的城区道路穿越工程。一般应使用聚乙烯管材,使用钢管时,应采取措施保护防腐层不被破坏,同时对地下管线资料应调查准确,以免施工中损坏其他管线。

(三)穿越河流施工　燃气管道穿越河流时,有河底穿越、管桥跨越和沿桥敷设三种形式。具体的施工工艺则应根据现场情况来决定。常用的工艺有:

(1)架空跨越法　架空跨越法即管线从河流上方架空穿过,适用于较窄的河流或附近有桥梁的情况。施工方法可分为:

1)沿桥穿越法　燃气管道穿越河流的位置如在桥旁,则其安装位置经有关管理部门同意,可安装在:

(A)新建桥的预留管孔内;

(B)桥两侧人行道下面;

(C)做悬挂支架固定在桥上,管道用管箍固定在支架上。

2)桩架法　过河管没有桥梁可依托时,可采取在河床上打桩做支架,管道固定在支架上过河,此种施工方法称为桩架法。桩的位置及个数根据管径、河流宽度、流速等因素由设计确定。

3)拱管法　将钢管预制成拱形,河中不设桩架,直接整体安装的过河施工方法为拱管法。此法跨度大,不必安设桩架,适用于河水流速急、流量大,无法安设桩架的河流架空穿越施工,但该法施工困难,安装后管身会因风力作用产生扭矩,使管道受损,设计时应考虑风力因素,采取相应措施。

(2)水下穿越法　当燃气管道穿越通航河流时,为不影响航运,可采取水下穿越法。水下穿越施工的难度要比架空施工大,且水面有通航船只,因此,施工方案应严密组织,并报航运部门批准。常用施工方法有:

1)围堰法　类似于穿越道路的分段开挖法,是将河流分段筑围堰,把围堰中的水排干后,开挖沟槽,安装管道,检查、试压合格后,拆除围堰;然后按同样顺序进行另一侧的施工。

使用围堰法施工,一般应在枯水期施工,同时参考历年同期水位,要保证堰顶高于可能最高水位。围堰的方法有土围堰、粘土草袋围堰、木板桩围堰等,其中以粘土草袋围堰应用最广。

2)沉管法　沉管法是将管道在岸上焊接、防腐、试压完毕后,运至河面设计管位,利用管身自重、加重块或充水使管道下沉至提前挖好的沟槽中。沉管时为保证管道准确落入管位,可采用岸标或定位桩来控制。

水下开挖沟槽的方法有挖泥船开槽、真空导管开槽、水下爆破开槽等几种方法,具体使用什么方法应根据河床土质情况、水流情况而定。沟槽开挖前,应在两岸设置岸标或在水中设置定位桩,控制管位。

采用沉管法施工,应尽量增加岸上焊接长度,减少水下焊接。管道安装就位后,应采取加平衡重块、石笼、挡桩等措施对管道进行加固,防止因水流冲击出现管位移动和浮力作用造成飘管现象。水面或岸边应设置明显标志,禁止船只在管道区域内抛锚或其他水下作业,以免损坏管道。

3）顶管法　施工方法与穿越道路顶管法相同,在穿越水流急、宽度大、航运繁忙的大型河流时,使用此法施工,可避免与河流直接接触,施工时不受航运干扰,但应对河床土质情况事先了解,确定合理顶管深度,避免顶管中出现透水事故。

4）拉管法　施工方法与地上拉管法相同,使用此方法施工,安全、快速、造价适中,在施工中正得到越来越广泛的应用。

六、室外燃气管道的试验与验收

室外燃气管道施工完毕投入运行之前,必须对管道进行试验,合格并经有关部门组织验收后,方能投入运行,因为燃气管道所输送的介质皆为易燃、易爆甚至有毒的气体,一旦泄漏,将导致中毒、燃烧和爆炸事故,尤其是地下敷设的管道,泄漏后一时难以发现,极易造成恶性事故。

（一）室外燃气管道的试验

室外燃气管道完工后的试验主要包括强度试验和气密性试验。进行这两项试验的目的是检查管道系统及各连接部位的施工质量是否符合要求,试验结果也是工程最终验收的主要依据。

室外燃气管道施工完毕,其他质量目标检查合格,且管道经过吹扫检验合格后,应进行强度和气密性试验。属于穿越段的管道,安装前应提前进行这两项试验。合格管材、管件方可允许安装,管道系统安装完毕后,再统一进行强度和气密性试验。

经强度和气密性试验合格超过半年未投入运营的管道,投入运营前应重新进行试验,试验合格方可投入运营。

试验介质一般采用压缩空气,试验时室外管道系统与室内系统分界点一般为室内立管阀门。试验用的测压仪表有水柱 U 形压力计、汞柱 U 形压力计和弹簧压力表,试验时应根据测量压力范围的不同,选用适当量程的测量仪表,避免选用量程过大的仪表,造成精确度下降。

（1）强度试验。

1）强度试验时一般以一个施工段（干管）或分项工程（支管或庭院管）为一个系统,试验压力应为设计压力的 1.5 倍,但钢管不得低于 0.3MPa（3kgf/cm²）,铸铁管不得低于0.05MPa。

2）进行强度试验前应检查试验管段的两端部是否牢固并采取了防护加固措施,避免在充气过程中,管道端部封口管件脱落,出现伤害事故。

3）强度试验充气过程中,应缓慢升压,并注意观察,如果压力升不上去,立即停止充气,对系统进行检查。

4）充气结束压力应比试验压力略高,因为管内气体压缩过程中温度较高,体积膨胀,降至常温时体积会收缩造成压力回落,因此规定应稳压 1h 后进行检查。

5）检查时用易起泡沫的皂液（碎肥皂、洗衣粉、洗衣膏、洗涤液等均可）进行检漏,检查时用小毛刷沾皂液涂刷管身、接口等部位,观察有无漏气现象,直接观察不到的部位,可用小玻璃镜反射检查,不合格处及时做好标记。

6）检查完毕后，如不合格，应将管内气体放掉，进行返工处理，处理后进行复试；如合格，可将压力降至气密性试验压力，进行气密性试验。

（2）气密性试验　强度试验合格后，即可进行气密性试验。试验压力为：

1）设计压力 $P \leqslant 5\text{kPa}(P \leqslant 0.05\text{kgf/cm}^2)$ 时，试验压力应为 $20\text{kPa}(0.2\text{kgf/cm}^2)$；

2）设计压力 $P > 5\text{kPa}$ 时，试验压力应为设计压力的 1.15 倍，但不小于 100kPa；

3）埋地燃气管道的气密性试验宜在回填至管顶以上 0.5m 以后进行。气密性试验开始前，应向管道内充气至试验压力，保持一定时间，使温度、压力达到稳定，该时间称稳压时间，如管道内有强度试验时的压缩气体，也应按稳压时间稳压，稳压时间规定如下：

（A）管径 200mm 以下的管道，稳压时间为 12h；

（B）管径 200mm 至 400mm 的管道，稳压时间为 18h；

（C）管径大于 400mm 的管道，稳压时间为 24h。

4）管道内气体按规定稳压时间稳压后，开始气密性试验，试验时间为 24h，试验开始和结束时，分别测量管内气体压力、管内温度、大气压力，测得的两组数据称为初压数据和复压数据，根据数据及以下公式进行计算，检查管道气密性试验是否合格。

（A）气密性试验允许压力降

$a.$ 设计压力 $P > 5\text{kPa}$ 时，

同一管径：
$$\Delta P = 40 T / d \tag{11-6}$$

不同管径：
$$\Delta P = \frac{40 T (d_1 L_1 + d_2 L_2 + \cdots + d_n L_n)}{d_1^2 L_1^2 + d_2^2 L_2^2 + \cdots + d_n^2 L_n^2} \tag{11-7}$$

$b.$ 设计压力 $P \leqslant 5\text{kPa}$ 时，

同一管径：
$$\Delta P = 6.47 T / d \tag{11-8}$$

不同管径：
$$\Delta P = \frac{6.47 T (d_1 L_1 + d_2 L_2 + \cdots + d_n L_n)}{d_1^2 L_1^2 + d_2^2 L_2^2 + \cdots + d_n^2 L_n^2} \tag{11-9}$$

式中　　ΔP——允许压力降（Pa）；

T——试验时间（h）；

d——管段内径（m）；

d_1、d_2、$\cdots$、d_n——各管段内径（m）；

L_1、L_2、$\cdots$、L_n——各管段长度（m）。

（B）试验实测压力降

由于温度和大气压力的影响，实测数据要进行修正，修正公式如下：

$$\Delta P' = (H_1 + B_1) - (H_2 + B_2) \frac{273 + t_1}{273 + t_2} \tag{11-10}$$

式中　$\Delta P'$——修正压力降（Pa）；

H_1、H_2——试验开始和结束时的压力计读数（Pa）；

B_1、B_2——试验开始和结束时气压计读数（Pa）；

t_1、t_1——试验开始和结束时的管内温度（℃）。

（C）气密性合格标准

气密性试验合格标准为实测修正的压力降小于或等于允许压力降，即 $\Delta P' \leqslant \Delta P$。

（二）室外燃气管道的验收

室外燃气管道的验收是工程投入营运前的最后一个环节,它决定着工程能否安全投入运行,不留事故隐患;同时,也是对工程整体质量进行评价的关键环节。工程验收应在管道强度试验和气密性试验合格后,由施工单位提交竣工图纸及竣工资料并提出验收申请,由工程监理单位或建设单位组织,由施工、监理、建设单位、政府质量监督部门等单位参加,对工程严格审查,综合评定。

(1) 工程验收的主要内容包括:

1) 原设计图纸。包括原设计图纸和由设计部门签发的"变更通知单"(含有关图纸、技术说明)。

2) 工程竣工图纸。应按设计要求及工程情况据实绘制,对采取特殊工艺的部位、与其他障碍交叉处要有大样图。

3) 工程竣工资料。包括图纸会审记录、开工报告、隐蔽工程记录、材料和设备的出厂合格证、材质说明书、气密性试验单、测量原始记录等有关工程质量的原始记录和资料。

4) 工程相关合同。包括承包工程合同、补充协议、有关会议纪要、预决算等经济文件资料。

(2) 工程验收标准

1) 城镇燃气输配工程及验收规范(CJJ 33—89);

2) 其他有关规范、标准及当地燃气工程施工及验收规定;

3) 设计图纸及设计技术要求,各种管道工艺要求及标准;

4) 合同中规定的其他技术要求。

(3) 工程验收方法　工程验收以检查核对竣工图纸资料是否符合规范标准,是否与原设计一致;各种工序质量验收资料是否齐全、准确,有无涂改、替换现象。必要时可去现场实地检查对照,甚至可对部分隐蔽工程重新开挖检查。验收合格后,应出具有关参与各方共同签署意见的验收报告。验收不合格,下达整改通知书,整改合格后重新验收。

七、燃气管道的带气接线

城市燃气管网形成后,随着城市建设的发展,燃气管网也需要不断的扩建、改造。同时,燃气管网在运行过程中由于种种原因也会出现损坏漏气现象。新旧管线相接或对管线进行抢修维修时,必然涉及到管线的带气操作工艺。一般中压 B 级及以上的管线相接,为保证安全,通常采用关闭阀门停气的方法施工,特殊情况不能停气时,需降压后采取与低压带气操作工艺相同的方法施工。低压管线的相接,根据新、旧管线所用的管材,相接位置的不同,采取不同的带气接线工艺。

带气接线时不论采取何种工艺操作,都应提前制定严格的带气施工方案,明确部门分工,准备好消防器材、防爆工具、防毒面具、急救设备等。阻气袋应逐个充气试验,漏气者剔除。阻气袋是用橡胶制成的类似于球胆的软球,能承受一定的压力,可卷成体积较小的条状,带有一根长约半米的充气管,充气后膨胀,起到堵塞管道的作用。阻气袋与管道管径相对应有不同的规格。

(一) 阻气相接

新管道与原管道的末端或与原管道预留口对接时,采用的施工方法称为阻气相接。根据使用管材的不同,采用的操作工艺也不同。

(1) 铸铁管道的阻气相接　具体施工顺序如下:

1) 在运行管道上距相接位置不小于 0.5m 处用钻孔机(手动或电动防爆)钻一个带内

丝的阻气孔,孔的规格根据所选用的相应管径的阻气袋而定,具体规格如表 11-12 所示。

阻气袋所需阻气孔径(mm)　　　　　　　　　　表 11-12

管　径	100	150	200	300	400	500	700	900
孔　径	40	40	50	50	50	50	100	100

2) 将阻气袋卷成条状由阻气孔塞入管内,迅速充气使之膨胀,达到阻气目的。

3) 检查阻气袋确实堵塞燃气后,将新、旧管道按工艺进行相接。

4) 管道相接完毕后,专人负责检查,所有接口全部安装完成无误后,将阻气袋内的气体放出,抽出阻气袋,用丝堵堵好阻气孔。

5) 对管道接口用燃气运行压力涂皂液查漏,合格后,按要求对接口处悬空部分进行处理后按回填规定回填。

(2) 钢管的阻气相接

1) 将管道内燃气压力降至 500～700Pa,由专人监测控制。

2) 距相接处不小于 2m 处,开阻气孔(如动火切割,需备好耐火粘土泥封堵切割缝)。

3) 由阻气孔塞入阻气袋,充气后阻塞燃气。

4) 对新、旧管道按工艺进行相接,若使用焊接,则需对阻气袋后的管段进行吹扫后方可动焊。

5) 管道相接完成后,经检查无误后,抽出阻气袋,将阻气孔焊好。

6) 对新管道进行置换,恢复正常压力后查漏,合格后做防腐层,进行回填。

(3) 聚乙烯管的阻气相接

1) 使用专用夹具在运行管道上距相接处不小于 1.5m 处将管道夹扁,打开运行管线相接处封堵,检查是否漏气,如漏气,旋紧夹具直至不漏气为止。

2) 将聚乙烯管接口按要求处理后,使用热熔或电熔套筒对新旧管线进行相接。

3) 松开夹具,对相接管道查漏,合格后回填。聚乙烯管道夹扁处约过 48h 后恢复原状。

(二) 断管加三通

若原运行管道无预留口,新旧管道相接时需加设三通才能相接。根据气源的不同分为单向气源和双向气源两种。单向气源的断管加三通操作工艺与阻气相接相同,在气源来向一侧阻气后进行相接即可。不过需提前通知管线下游用户在停气时间内禁止用气,以免恢复供气时出现事故,同时对下游管线需重新置换。此处重点介绍双向气源断管加三通工艺。

(1) 铸铁管

其双向阻气加三通施工顺序如下:

1) 在欲相接运行管道上量好需切割管段,画好切割线,沿两侧气流方向距切割线不小于 0.5m 处钻两个带内丝的阻气孔。

2) 向两侧阻气孔内同时塞入阻气袋,迅速充气,将两侧气源同时阻断。

3) 使用切割工具切割铸铁管道。

4) 利用短管、套筒等管件对新旧管道进行连接。

5) 相接部分安装完毕,经检查无误后抽出一侧的阻气袋,用丝堵封堵阻气孔,对新管线进行置换,同时用燃气对相接部分的接口查漏;全部合格后,抽出另一侧的阻气袋,用丝堵将阻气孔封堵,进行查漏。

6）对相接部分超挖的管基按要求处理后,按规定回填。

（2）钢管

1）将管道内压力降至 500～700Pa,专人监测控制压力不超出这一波动范围。

2）预制一段短管,一端带法兰盘(法兰连接)或丝扣(丝接),管径与新接管道相同,管口用盲板(法兰连接)或活接内加橡胶垫(丝接)封堵。

3）根据短管的直径,在运行管道上用电焊冲割同径圆形口(选用电焊而不是气焊冲割的原因,是因为气割时氧炔焰压力太高,过剩氧气进入管道后会形成爆炸性气体);开口时,边开口边用耐火粘土泥封堵切割缝,此时应严格控制管内压力在 500～700Pa 之间。

4）圆形口快切割到头时,关灭切割火焰,用手锤敲掉圆形钢板,迅速取出,插入短管,短管与主管之间的环型间隙用耐火粘土泥封堵。

5）现场切割开口时泄漏的燃气放散干净后,把短管焊接在主管上。新安装管线与短管连接,如法兰连接,则在连接后抽掉盲板,对新管线置换;如丝接,则在连接完后,抽掉活接橡胶垫,对新管线置换。

（3）聚乙烯管

聚乙烯管加装三通时,既可以加异径三通,也可以加同径三通。

1）在聚乙烯管道上加装异径三通时,可使用聚乙烯鞍型管件进行连接。鞍型连接件有电熔和热熔两种,前者的鞍型连接件中埋有电热丝,后者没有,但它们的基本形状相同,如图 11-23 所示。

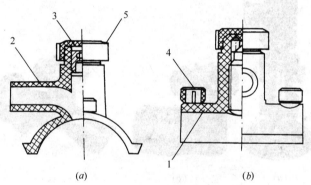

图 11-23　电熔鞍型连接件

(a)侧视图;(b)正视图

1—加热线圈;2—分支管;3—密封圈;4—插座;5—管盖

其施工顺序也基本相同:

（A）表面处理。即在管道的熔接表面用专用鞍型刮刀清理,保证熔接面清洁。

（B）安装固定。将连接件的鞍型座置于经过处理的熔接面上,并用专用夹具固定。

（C）熔接。热熔件用热熔方式,电熔件用电线连接管件插座接线和温控器,通电熔接。

（D）连接支管。根据支管的连接方式,采用相应的电熔承插连接或热熔(承插或对接)连接。

（E）钻孔。卸下鞍型管件的管帽,通过固定好的专用钻孔工具,在运行管道上钻孔。钻机应使用防爆电机。

（F）拆卸。钻孔完毕后,迅速卸下钻孔工具,装上管帽拧紧,经检查各连接处不漏气后,卸下夹具,按规定回填。

2)加装同径三通时,施工顺序如下:

(A)在运行管道上根据三通长度划出切割线。

(B)在两侧气流来向上,距切割线不小于1.5m处,使用专用夹具夹紧管道。

(C)沿切割线切割管道,管道割开后如有漏气,旋紧夹具直至不漏气为止。

(D)管道割断后,装好三通,按相应电熔或热熔工艺焊接。

(E)焊接完毕,检查接口质量合格后,松开夹具,对新管线置换,同时用燃气对接口验漏,合格后回填。

(三)带压无泄漏接线

使用前述方法进行带气施工,危险性大,对工人技术要求高,需多部门配合。一种可以带压无泄漏接线的带压连接器则避免了这些缺点,逐渐在带气施工中应用推广。

带压无泄漏连接施工的基本做法是:

(1)首先,根据要连接的运行管道和新管道的管径,选择相应规格的连接器。连接器的型式有两种:机械式和焊接式,其结构如图11-24所示,是一带有马鞍型底座的钢制三通,三通较长的一侧管口与新建管线焊接,带马鞍型底座的一侧安装时置于运行管线上,带有钢制管盖的一侧内装有钻头。

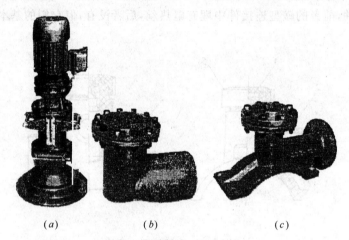

(a)　　　　　(b)　　　　　(c)

图11-24　带压连接器及管件图
(a)开口电动机;(b)焊接式连接器;(c)机械式连接器

(2)安装时,机械式连接器的马鞍型底座放于运行管线上,然后用螺栓连接另一马鞍型抱箍,把连接器固定于运行管线上,该侧管口与管身相接处用橡胶密封垫和石棉垫密封;焊接式连接器则直接把连接器焊在运行管道的预定位置上,两接触表面的处理应符合焊接要求。较长一侧管口与新建管线连接,连接形式根据新建管线所用管材而定。

(3)通气置换时,卸下带钻头一侧管口的管盖,用螺栓把电动钻机固定于连接器上,钻头与钻机内钻杆连接好,启动电动机,用手轮控制钻头进速开口。

(4)开口完毕后,提起钻头,卡于O型圈上,防止燃气外泄,卸下钻机,用螺栓紧好管盖,对新管线进行置换,按规定回填即可。

使用该法施工,不用停气降压,没有燃气外泄,操作简单,造价适中,极大地提高了施工安全性。

第四节 室内燃气管道及用具的安装

室内燃气管道是安装在建筑物内部,置于居民生活、居住的空间内,与人的生活环境融为一体。因此,室内燃气管道在安装时,首先要保证质量,因为一旦漏气,直接危及人类的生命安全;其次还要方便操作,同时还要考虑安装位置与环境的协调性。

一、室内燃气管道的安装

室内燃气管道一般采用镀锌焊接钢管,25层以上的高层建筑应使用厚壁钢管。低压管道一般采用螺纹连接,管径大于50mm时宜采用焊接或法兰连接;中压管道应采用焊接或法兰连接。室内燃气管道的布置可参见本书第八章第二节《室内燃气系统的布置》部分,其具体的安装程序如下:

(一)施工准备

管道施工前应做必要的准备工作,以确保工程进度及质量。施工的准备工作主要包括:熟悉图纸、现场勘察、设计交底、核查材料的数量和质量、准备施工机具等,然后根据设计要求,及有关的施工规范、规程,结合现场具体情况,制定施工方案。

(二)测量放线

根据施工图纸将室内管网的各部位,尤其是管件、阀门和管道穿越的准确位置等标注在墙面或楼板上。

(三)绘制安装草图

按放线位置准确地测量出管道的构造长度(指管道中各相邻管件或阀门的中心距离),并绘制安装草图。测绘时应使管子与墙面保持适当的距离,如遇错位墙可采用弯管过渡。

(四)剔凿孔眼

测量放线工作完成后,根据安装草图确定出管道穿墙、楼板的位置,经核查孔眼位置无误后,进行剔凿孔眼。剔凿孔眼可以采用电锤、手锤、钢钎、空心钻等工具。

(五)配管

配管就是根据安装草图对管子进行下料切割、套丝、调直、煨弯等,然后将不同形状和不同构造长度的管段配置齐全,并在每一管段的一端(或两端)配置相应的管件或阀门,以备安装使用。

(六)管道及附件安装

室内燃气管道的安装顺序一般是按照燃气流程,从总立管开始,逐段安装连接,直至灶具支管末端的灶具控制阀。燃气表使用连通管临时接通。压力试验合格后,再把燃气表与灶具(或燃具)接入管网。连接时,螺纹接口的拧紧程度应与配管时相同,否则将产生累计尺寸误差和累计偏斜,影响安装质量。

安装时,应特别注意接口填料的选用和调制。人工燃气管道可使用铅油(铅粉与干燥油拌合调制而成)或厚白漆和麻丝,若螺纹形状规则、表面光滑,可不必缠麻丝;天然气管道或液化石油气管道则应采用耐油膏(石油密封脂)、聚四氯乙烯或聚四氟乙烯薄膜胶条作填料。填料要保存好,不要混入杂物,用量要适当,涂抹要均匀。麻丝与薄膜胶条的缠绕不可过量,应按正旋法缠绕,否则填料不易进丝扣。活接头的密封垫应采用石棉橡胶板垫圈或耐油橡胶垫圈,垫圈表面应薄而均匀地涂一层黄油,以增强密封性能。

拧紧螺纹接口的主要工具是管钳,不同规格的管钳具有不同长度和钳口尺寸,适用于不同管径。接口拧紧后,管子外螺纹应留 2~3 扣作为上紧裕量。

（七）管道固定

管子安装后应牢固地固定于墙体上。对于水平管道可采用托勾或固定托卡,对于立管可采用立管卡或固定卡。托卡间距应保证最大挠度时不产生倒坡。立管卡一般每层楼设置一个。

二、燃气表的安装

在室内燃气管道均已固定,管道系统气密性试验合格后,即可进行室内燃气表的安装,同时安装表后支管。燃气表必须有出厂合格证,距出厂校验日期或重新校验日期不超过半年,且无任何明显损伤方可安装。

燃气表的室内布置及要求可参见本书第八章第二节《燃气计量表》部分。

（一）民用燃气表的安装

民用燃气表均为膜式表。民用膜式表的规格一般为 1.5、2.0、3.0 和 4.0m³/h,表管接头有单管和双管之分。单管膜式表的进出口为三通式,进气口位于三通一侧的水平方向,出气口位于三通顶端的垂直方向;双管膜式表的进出口位置一般为"左进右出",即面对燃气表的数字盘,左边为进气管,右边为出气管,特殊情况下也有"右进左出"的。

民用膜式表的安装位置有高位和低位两种形式,如图 11-25 所示。安装于门厅时,必须采用高位;在厨房中安装时,高、低位均可,但只要条件允许应尽量采用高位形式。

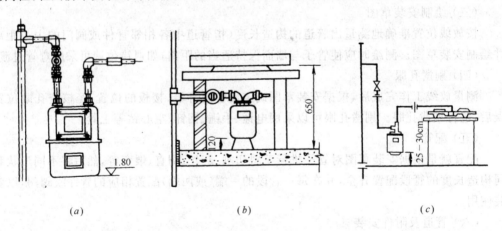

图 11-25 民用燃气表安装示意图
(a)双管高位安装;(b)双管低位安装;(c)单管低位安装

另外,民用膜式表在安装时还应注意下列问题:

(1) 燃气表只能水平放置在托架上,不得倾斜,表的垂直偏差应小于 1cm。

(2) 燃气表的进出口管道应用钢管或铅管,螺纹连接要严密,铅管弯曲后成圆弧形,保持铅管的口径不变,不应产生凹瘪。

(3) 表前水平支管坡向立管,表后水平支管坡向灶具。

(4) 燃气表进出口用单管接头与表连接时,应注意连接方向,防止装错。单管接头侧端连进气管,顶端接出气管。下端接表处须装橡胶密封圈,装置的橡胶圈不得扭曲变形,防止漏气。

（5）燃气表的进出气管分别在表的两侧时，应注意连接方向。一般情况下，人面对表盘左侧为进气管，右侧为出气管。安装时，应按燃气表的产品说明书安装，以免装错。

燃气表安装完毕，应进行严密性试验。试验介质用压缩空气，试验压力为 300mm 水柱，5 分钟内压降不大于 20mm 水柱为合格。

（二）其他用户燃气表的安装

商业及工业用户一般采用罗茨表、涡轮表、涡街表、孔板流量计等，只有流量较小的低压用户才用膜式表。这些表的安装方法和要求各不相同，一般应按设计要求和相应的规范、规程进行安装。

三、室内燃气系统的压力试验

室内燃气系统的压力试验分为立管系统和表后支管（含表）两部分进行。

（一）立管系统

立管系统的试验在燃气表安装之前进行，试验时燃气表处用连通管接通。内容包括强度试验和气密性试验。

（1）强度试验　低压管道的强度试验压力为 0.1MPa，中压管道的强度试验压力，为设计压力的 1.5 倍，但不低于 0.3MPa，试压介质为空气。试压时，应先稳压 1h，然后用皂液对接口查漏，以不漏气为合格。

（2）气密性试验　低压立管的气密性试验压力为 7kPa，用 U 形水柱压力计测量，10min 压力降不超过 100Pa 为合格；中压立管的气密性试验压力为工作压力的 1.15 倍，但不低于 0.1MPa，试验方法和试验标准使用室外压力 $P>5kPa$ 时管道试验的方法和标准。

（二）表后支管系统

立管系统气密性试验合格并安装燃气表后，再做压力试验，此时一般不做强度试验，只进行气密性试验。试验标准为：对于膜式表，气密性试验压力为 3kPa，用 U 形水柱压力计测量，5min 压力降不超过 20Pa 为合格；对于罗茨表、涡轮表等，试验压力为表的工作压力，5min 压力降不超过初压的 1.5％ 为合格。

四、室内燃气管道的防腐

室内燃气管道的防腐应在管道系统试压合格后进行。防腐的方法是：在管道及附件的表面涂刷防腐涂料即可。

常用的防腐涂料有防锈漆、调和漆和银粉等。防锈漆有红丹防锈漆和铁红防锈漆两种，一般用作底漆；调和漆有油性调和漆和磁性调和漆两种，一般作面漆；银粉是含铝 85％～90％ 的铝粉，能溶于酸和碱、不溶于水、有毒、遇明火易燃烧爆炸，为配合室内墙面银粉通常用来代替调和漆作面漆。

防腐层涂刷时，应首先对管道表面除尘、除锈，然后刷一层或两层防锈漆，最后刷一层或两层面漆，后一层漆应待前一层全干后进行。当采用镀锌钢管时，可不做防腐处理。

五、室内燃气管道系统的验收

室内燃气管道系统的验收主要包括外观检查、气密性试验和资料验收三项内容。

（一）外观检查

主要检查是否按图施工；穿墙、穿楼板套管制作是否符合要求；管卡安装是否牢固，位置是否正确；活接、三通等管件是否有气孔、沙眼等缺陷；阀门是否转动灵活；燃气表安装位置是否横平竖直；管道上涂刷的银粉是否均匀、光洁、不沾手；立管垂直度，水平管坡向、坡度是否符合要求。

（二）气密性试验

应按前述规定进行，试验结果必须填入气密性试验单，作为竣工资料的一部分。

（三）资料验收

主要检查竣工图纸是否准确无误，应交付的资料是否填写正确、真实，各种设备、附件的出厂合格证、质量检验证书是否齐全等。

六、燃气用具的安装

燃气用具的安装一般独立进行，既可以在室内燃气系统验收合格后立即安装，也可事后单独安装。各种燃气用具布置及安装的一般要求参见本书第八章第二节《室内燃气用具的布置》部分，这里只介绍安装的方法和工艺。

（一）家用燃气具的安装

（1）家用燃气灶及烤箱灶的安装　家用燃气灶及烤箱灶与管道的连接有软连接和硬连接两种方式。软连接时，应采用耐油橡胶软管，软管长度不应超过2m，不得有接口，不得穿墙、门、窗等；硬连接时，配管加工尺寸应准确，用力应均匀，防止将灶具接口撑裂。实践中，主要采用软连接方式，硬连接极少采用。

（2）家用燃气热水器和燃气锅炉的安装　家用燃气热水器和燃气锅炉的安装，须由专业人员按设计施工图进行，安装后还须经当地的燃气管理部门检查验收合格后方可运行使用。其连接方式也有软连接和硬连接两种。

热水器的供气供水管道宜采用金属管道连接；当采用软管连接时，燃气管道应采用耐油橡胶软管，水管应采用耐压管，软管长度不得超过2m，软管与接头连接处应用卡箍固定。

家用燃气锅炉安装时宜采用软管连接，因为燃气锅炉在启动或停止主燃烧器工作时，会产生震动，容易造成螺纹连接接口的漏气。

（3）其他家用燃具的安装　其他家用燃具在安装时，一般应由专业人员或在专业人员的指导下，按设计图纸进行，并应根据建设部颁布的《城市燃气管理办法》的规定，作必要的检查验收。

（二）其他用户燃气具的安装

其他用户所用燃具种类虽多，但不外是钢结构组合燃具、混合结构燃具、砌筑结构燃具三类。钢结构燃具大多由生产厂家将灶体及燃烧器组装成整体，安装时只需根据设计位置现场定位配管即可；混合结构燃具外壳为钢或铸铁制成的成品，灶的内部为现场砌筑砖砌体并添加隔热保温材料，因此需定位配管、配置燃烧器及现场砌筑三道工序；砌筑结构燃具的灶体为现场砌筑砖砌体，只需配置燃烧器和现场砌筑即可。但无论哪种燃具，安装时均应严格按照设计图纸要求施工。

第五节　燃气设备与储罐的安装

一、区域调压站（室）的安装

区域调压站的组成及平面布置参见第七章第三节《区域调压室》部分。

（一）安装的一般要求

（1）调压器、安全阀、阀门、过滤器、检测仪表及其他设备，均应具有产品合格证，安装前应按照设计所要求的型号、规格与数量,逐项逐个进行检查,检查是否齐全、有无损坏、零部件是否完整,法兰、螺栓与法兰垫是否符合要求,与阀件是否匹配。法兰应清洗干净。阀门在清洗检查后,应逐个进行强度与严密性实验,应仔细检查调压器上的导压管、指挥器、压力表等是否有损坏和松动。

(2) 调压站的汇气管是压力容器,除有产品合格证外,应按压力容器的要求进行全面检查。特别是两台汇气管连接管道的法兰孔与法兰中心距离必须匹配,否则无法安装。在施工时必须将一台汇气管上的法兰割掉,重新焊接。

(3) 露天调压站应在所有的设备基础完成后才能安装,室内调压站应在调压室建筑物竣工后进行。安装前,应根据设计检查汇气管、加臭设备、过滤器与阀门等基础的坐标与标高以及管道穿墙与基础预留孔是否符合要求。

(4) 对于干燃气,站内管道应横平竖直,对于湿燃气,进、出口管道应分别坡向室外,仪表管全部坡向干管。

(5) 焊缝、法兰和螺纹等接口,均不得嵌入墙壁与基础中。管道穿墙或基础时,应设置在套管内。焊缝与套管的一端间距不应小于 30mm。

(6) 调压器的进出口应按设备箭头指示方向与管道连接就位后进行安装,调压器前后的直管段长度应严格按设计要求施工。

(7) 调压站管道应采用焊接,管道与设备、阀件、检测仪表之间的连接应根据结构的不同,采用法兰连接或螺纹连接。

(8) 地下直埋钢管防腐应与燃气干、支线防腐绝缘要求等级相同,地沟内或地面上的管道除锈防腐以及用何种颜色油漆按设计要求进行。

(9) 对放散管安装的位置和高度均应取得城市消防部门的同意。当调压室与周围建筑物之间的净距达到安全距离时,放散管一般高出调压站屋顶 1.5～2m 即可;当达不到安全距离要求,则放散管应高出距调压站最近最高的建筑物屋顶 0.3～0.5m;放散管应安装牢固;不同压力级制的放散管不允许相互连接。

(二) 安装工艺

(1) 地下管道安装　地下管道的安装方法、防腐绝缘与室外地下燃气管道相同。管道穿出地面时应加套管,穿地面套管应高出地面 50mm,穿基础墙套管两侧与墙面持平;钢套管应比燃气管道大一号,燃气管道与钢套管之间用沥青油麻填实。

(2) 地上管道安装　安装地上管道之前,要找出室内地平线,作为管道标高的基准。根据设计要求的位置与标高预制、埋设管道支架。对于干燃气应横平竖直,与墙的距离一致;对于湿燃气应坡度准确。管道除锈、防腐与用何种油漆应按设计施工。

(3) 主要设备的安装

1) 调压器　安装时应注意按阀体上箭头所指示的进出口气流方向安装,不得将调压器装反。安装时将调压器放在支墩或支架上,调压器与管道连接法兰之间装上法兰垫片。螺栓方向在同一法兰上要相同,对称旋紧,螺栓露出螺母 2～3 扣。安装在调压器前后的管道应保持水平,连接调压器的管道法兰要垂直于管道的中心线。安装后的调压器、过滤器、阀门等应在一条直线上。

2) 过滤器　通常过滤器安装在混凝土排水沟内,在过滤器找平找正后将过滤器支架固定在地脚螺栓上。过滤器的填料要经常清洗,清洗后的水流到排水沟内,再经过管道流入排水系统。

3）阀门　阀门安放在支墩或支架上，螺栓对称旋紧，螺栓方向应一致。

（4）压力试验　调压器的管道、设备和仪表管道安装完毕后，要进行强度与严密性试验，试压介质为压缩空气。

调压站的进出口两侧管道运行压力不同，应分别进行强度与严密性试验。

在试压前应检查试验段内应该关闭的阀门是否关好，应该开启的阀门是否已开启，应加装的盲板是否已装好。

强度试验与严密性试验的方法与要求，与燃气管道相同。

二、箱式调压器安装

（一）调压柜的安装

调压柜可将高压和中压燃气调到低压和中压。入口最大压力为 1.2MPa，出口的压力为 0.5～50kPa。调压柜的构造参见图 7-16。

调压柜设有安全阀、网状过滤器和旁通管。入口压力用设备自带压力表测量，出口压力在设备上配置的三通阀上由管理单位连接压力表测量。调压柜是否应设采暖设备，取决于气候条件与燃气的含湿量。

调压柜属于成品设备，安装时整体放置在设备基础上找平、找正。地下燃气管道以及与调压柜进出口连接管道，应先吹扫、试压合格后，方可与调压柜的进出口连接。连接用的法兰盘与垫片的要求，与燃气管道相同。

调压柜安全阀的放散管应按设计要求安装，并应符合安全、消防的有关规定。

（二）调压箱的安装

当燃气直接由中压管网（或次高压管网）经用户调压器降至燃具正常工作所需的额定压力时，常将用户调压器装在金属箱内挂在墙上，称为调压箱。调压箱的结构，参见图 7-17。

调压箱内设一台直接作用式调压器，弹簧式安全放散阀和进出口阀门、压力表、过滤器、测压取样口等附件，全部装在铁箱内。调压箱安装应在燃气管道以及与调压箱进、出口法兰连接的管道吹扫并进行强度与严密性试验合格后进行。连接用的法兰盘与垫片的要求与燃气管道相同。

调压箱通常挂在建筑物的外墙上，安装位置按照设计或与用户协商确定。可以预埋支架，也可用膨胀螺栓将支架固定在墙上。调压箱安装应牢固平正。调压箱的进、出口法兰与管道连接时，严禁强力连接。

三、燃气机泵安装

燃气工程中使用的各类压缩机和泵在安装时具体要求略有差别，但一般都应遵守下列基本要求。

（一）基础的检查验收

机泵基础施工，当混凝土达到标准强度的 75％ 时，由基础施工单位提出书面资料，向机泵安装单位交接，并由安装单位验收。基础验收的主要内容为外形尺寸、基础、坐标位置（纵横轴线）、不同平面的标高和水平度，地脚螺栓孔的距离、深度和孔壁垂直度，基础的预埋件是否符合要求等。机泵基础各部位尺寸的允许偏差应符合有关规范的要求。

（二）地脚螺栓

机泵底座与基础的固定采用地脚螺栓。地脚螺栓可分长型和短型两种。长地脚螺栓多用于有强烈振动和冲击的重型机械。燃气工程中的机泵安装多采用短地脚螺栓,安装时,直接埋入混凝土基础中,形成不可拆卸的连接。埋入时,可采用予埋法和二次灌浆法。

(1)预埋法是在灌筑基础前将地脚螺栓埋好,然后灌注混凝土。预埋法的优点是紧固、稳定、抗震性能好,其缺点是不利于调整地脚螺栓与机泵底座螺孔之间的偏差。为克服此缺点,获得小范围调整,可采用部分预埋法,即预埋时螺栓上端留出一个小孔,待机泵稳固好再向小孔内灌入混凝土。

(2)二次灌浆法是在灌筑基础时,预留出地脚螺栓孔,安装机泵时插入地脚螺栓,机泵稳固后向孔中灌入混凝土。二次灌浆法的优点是调整方便,但连接牢固性差。

(三)垫铁

垫铁的作用是调整机泵的标高和水平。垫铁按材料分有铸铁和钢板两种,按形状分有平垫铁、斜垫铁、开口垫铁、钩头成对斜垫铁和可调垫铁等。每种垫铁按其尺寸编号,如斜1、斜2和斜3,平1、平2和平3。

机泵底座下面的垫铁放置方法可采用标准垫法或十字垫法。每个地脚螺栓至少应有一组垫铁。垫铁应尽量靠近地脚螺栓,使用斜垫铁时,下面应放平垫铁,每组垫铁一般不超过三块。平垫铁组厚的放在下面,薄的放在中间,尽量少用薄垫铁。机泵找正、找平后,应将每组钢垫铁点焊固定,防止松动。

垫铁组应放置整齐、平稳,与基础间紧密贴合。

(四)机座调正、找平和找标高

机座的调正、找平是安装过程的重要工序,调正、找平的质量直接影响到机泵的正常运转和使用寿命。

(1)机座调正 机座的调正就是将机座的纵横中心线与基础的纵横中心线对齐。基础中心线应由设计基准线量得,或以相邻机座中心线为基准,如要求不高还可以地脚螺栓孔为基准画出基础的纵横中心线。

基础纵横中心线可用线锤挂线法画出。方法是在设计基准线上取两点,借助角尺、卷尺等量出相等垂直尺寸,做出标记。立钢丝线架,吊线锤,调整钢丝位置使线锤对准标记,在基础上弹出墨线。另一条中心线以同样方法绘出。最后应将纵横中心线在基础侧面上做出标记,以备安装机座时检查校正。

对于联动设备(如对置式压缩机),可用钢轨或型钢作中心标板,浇灌混凝土时,将其埋在联动设备两端基础的表面中心,把测出的中心线标记在标板上,作为安装中心线的两条基准线。同一中心线埋设两块标板即可。

(2)机座找水平 机泵底座的找平经常用三点安装法,如图 11-26 所示。首先在机座的一端按需要高度放置垫铁 a,同样在另一端地脚螺栓 1 和 2 两侧放置所需高度的垫铁 b_1、

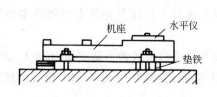
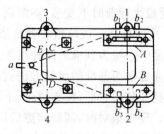

图 11-26　三点找平法示意图

b_2 和 b_3、b_4,然后用长水平仪在机座加工面上找水平,找平后拧上地脚螺栓 1 和 2,最后在地脚螺栓 3 和 4 处加垫铁,找水平,找平后拧上地脚螺栓 3 和 4。

找平时,水平仪应在纵横两个方向都测量。在每个方向又必须将水平仪调转 180 度复测一次,取其平均值,也可采用液体连通器测量水平度。

(3)机座找标高　机座的标高可以通过基准点测出。基准点一般为埋在机泵基础边缘的一个铆钉,钉帽露出地面约 10mm,当基础混凝土养护期满后,将基准标高测在钉帽上。机座用垫铁找水平的同时,通过基准点找出标高。

（五）对轮不同轴度的调整

用联轴器联接的机泵在安装过程中都不可避免地要进行不同轴度的调整,使对轮既同心又同轴。否则将影响机泵使用效率或造成设备运行事故。

联轴器的不同轴度可能是径向位移,倾斜或两者兼而有之。安装时若发现对轮处于不同轴度状态,必须进行调整,调整时应首先调整机泵水平度,然后以机泵的对轮为基准,测定并调整电机的对轮来保证电机与机泵同轴同心,调整电机时可采用不同厚度的垫片支垫电机的机座,先调整轴向间隙使两轴平行,然后调整径向间隙使两轴同心。

四、各类储罐的安装

燃气储罐的类型很多,本处仅介绍燃气工程比较常见的高压球形储罐和低压螺旋导轨式储罐的安装。

（一）球形燃气储罐的安装

球形储罐由球罐本体、接管、支承、梯子、平台和其他附件组成。

(1)准备工作　球罐组装前,应对球壳板、支柱和接管等全部构件按规范标准进行检查,不符合标准的构件不能用于组装。

球罐组装应在基础竣工并验收后进行。安装单位应对基础中心圆直径,相邻两基础的中心距,每个基础的地脚螺栓预留孔中心距,地脚螺栓中心距等项目进行复测验收,此外,还应复测基础表面的标高和地脚螺栓孔的深度是否符合设计要求。

球罐常用的组装方法根据公称容积 V_g（m^3）进行选择,一般情况下,$V_g \leqslant 400$ 可采用半球法,$400 \leqslant V_g \leqslant 1000$ 可采用环带组装法,$V_g \geqslant 400$ 可采用逐块组装法。三种组装方法各有优缺点,选用组装方法时,除考虑公称容积外,还应考虑球罐结构形式,钢板材质与厚度,施工现场的组装条件,以及安装单位的技术力量和设备能力,经综合考虑,多个施工方案的技术经济比较后,确定最适用组装方法。

(2)环带组装法　环带组装法就是在组装平台上,按上下极板、寒带、温带和赤道带分别组对,并焊接成环带,然后逐环组装成球的方法。

1)组对环带　在基础圈外,首先用道木、钢轨和钢板铺设组对平台,平台要求水平,稳固,承受最大载荷时不变形,不沉陷。环带组对可以采用垂线法,也可以采用胎架法。

2)成球组装　成球组装就是依次将各环带组装成球。按组装顺序有以赤道带为基准和以下温（寒）带为基准的两种组装方法。

以赤道带为基准的组装方法:首先将下极板和下温（寒）带放置于基础圈内,然后安装支柱。支柱安装验收后,按赤道带、下温带、下寒带、下极板、上温带、上寒带和上极板的顺序组装成球。环带组对时,调好间隙后用卡具固定。

（寒）带为基准的组装方法:在球中心设置支架,支架应能托住球体重量,然后按下极板、下温带、赤道带、上温带和上极板的顺序组对成球。组对时,首先调整下温带的标高和位置,再以下温带为基准带组对和调整其他各环带。上温带和上极板的吊装组对可在支柱安装焊接固定后进行。

（3）逐块组装法　逐块组装法就是直接在球罐基础上,逐块地将球壳板组装成球。也可以在基础之外的平台上,将各环带中相邻的二块、三块或四块单片拼接成大块球壳板,然后将大块球壳板逐块组装成球。逐块组装法按其组装顺序分为以赤道带为基准和以下寒带为基准的两种方法。

1）以赤道带为基准的逐块组装法　其一般安装程序为:支柱组对→支柱安装→搭设内脚手架→赤道带组装→搭设外脚手架→下温带板组装→上温带板组装→下寒带板组装→上寒带板组装→下极板组装→上极板组装→组装质量检查→搭设防护棚→各环带焊接→内旋梯安装→外梯安装→附件安装。

2）以下寒带为基准的组装过程　由七个环带组成的球罐,组装时以下寒带为基准,若是五个环带,则以下温带为基准。其一般安装程序为:搭设平台→安装托架→安装中心柱→组装下寒带→组装赤道带→安装支柱→组装上温带→组装上寒带→组装上极板→组装下极板→搭设防护棚。

（二）螺旋导轨式储气罐的安装

储气罐的安装按水槽、塔节、塔顶和导轮的顺序依次进行。

（1）水槽的安装　水槽安装的顺序为先底板,后壁板,最后安装垫梁。

1）水槽底板安装　水槽底板安装前,必须先验收储气罐的基础。基础环梁外径的误差应在$+50 \sim -30$mm之间,环梁表面应平整,水平度允许误差为± 5mm,坡度和标高应符合设计图要求。基础板表面铺的砂子应干燥,砂子最大粒径以不超过4mm为宜。

基础验收合格后,即可吊装大块底板。首先吊装中心定位板,然后以定位板为中心边吊装边焊接,当边板以内全部中幅板焊接完毕后,应切去外围环周的余量,最后吊装环周的边行板。

水槽底板的现场安装焊缝质量,应进行渗漏性检查,检查方法有抽真空试漏法和氨气渗漏法。抽真空试漏法是在底板焊缝表面刷上肥皂水,将真空箱压在焊缝上,真空箱与真空泵之间用胶管连接,当真空度达到26kPa时进行检查,如没有发现气泡由焊缝表面泄出即为合格。用氨气渗漏法检查底板焊缝时,沿底板环周用粘土将底板与基础空隙封严,但需对称地留出$4 \sim 6$个孔洞,用以检查氨气的分布情况。底板中心及其周围均匀地开$3 \sim 5$个直径为$13 \sim 20$mm的孔,并用钢管或胶管接至氨气瓶,向底板下通入氨气,当用试纸在底板环周预留孔洞处检查氨气分布均匀后,即可在焊缝表面涂刷酚酞酒精溶液进行检查,若焊缝表面呈现红色表示有氨气漏出,做出标记,待氨气放净后补焊。焊缝缺陷的修补必须在底板内的氨气全部被压缩空气吹净并经分析合格后方可进行。底板下通入氨气期间,绝对禁止附近有明火。配制检查用的酚酞酒精溶液时,溶液成分的重量百分比为:酚酞4%,酒精40%,水56%搅拌均匀,寒冷天气酒精量适当增加,水量相应减少。

水槽底板安装验收后,划出中心线、圆周线及圆周等分线,以便于安装水槽壁板。

2）水槽壁板安装

水槽壁板用钢板按环带组装焊接而成,第一带与底板焊接,最后一带与水槽平台连接。

水槽壁板安装有两种方法,即正装法和倒装法。正装法是一直沿用的方法。近年来,广泛采用倒装法,与正装法相比,具有安装速度快,质量易保证等优点。

(A) 正装法

采用正装法安装水槽壁板时,安装顺序自下而上,即首先安装第一带,然后依次安装第二带、第三带、……,最后安装水槽平台,按正装法设计水槽壁板时,壁板的竖向及横向拼接一般都采用对接。若起重机械吊装能力许可时,可以将上下相邻壁板带预先在地面上焊好,然后吊起安装,这样可以减少高空的焊接工作量,加快安装速度。预先在地面上拼接成大块的壁板,安装前应放在胎具上轧制成符合要求的圆弧线型,然后用临时支撑加固,防止吊装时变形。

为了避免因焊接收缩而半径减小,每一带壁板最后闭合的两块板,在下料时要预留余量(约 200mm)。为了使水槽壁板焊接后保持竖向垂直,安装每一带壁板时,应使其上端向外偏移,保持约 1/1000 的倾斜度。吊装时必须反复测量壁板的垂直度,发现问题随时纠正。纠正达到要求后的壁板应临时加以固定。安装水槽壁板时,除保证其垂直度外,还应保证其上口环周的水平度,为此,在安装第一带壁板前,首先需测量底板圆周线处的水平度,如有局部不平处,可在底板下填薄钢板找平,每一带壁板安装后,其上口环周上不允许有凹凸不平现象。

(B) 倒装法

用倒装法安装水槽壁板的顺序是自上而下,即首先按底板上划出的圆周线,安装和焊接最上一带的壁板及水槽平台,然后借助于沿圆周均匀布置的起吊装置同时起吊,将已焊好的壁板吊起。吊起的高度为相邻带壁板的高度,再将吊起带壁板与相邻带壁板组对焊接,然后再吊起,依次反复进行到第一带与水槽底板焊接完毕。每一带壁板在起吊前,其全部竖向焊缝均应涂煤油检查渗漏,并进行圆弧度的测定及纠正。

采用倒装法安装水槽壁板时,全部焊接均可在地面上进行,不需要搭设脚手架,起吊用的立柱支架有利于壁板稳固及保持原弧度。

3) 垫梁安装

水槽注水试验后,在水槽底板上划出垫梁位置线,按位置线将垫梁就位放好,然后对全圆周上的垫梁上表面作水平度测量,水平高差应小于±2mm。误差过大时可在垫梁下垫薄钢板找平,找平后将垫梁焊接在底板上,并在垫梁上表面划出各塔节的位置线。

(2) 塔节的安装 塔节安装顺序一般由外向内进行,即先安装与水槽壁相邻的塔节,然后依次向内安装其他各塔节,最后安装钟罩。各塔节的安装程序基本相同。

1) 杯圈安装 首先按底板垫梁上划好的塔节位置线,将预制的杯圈组装件按编号次序排放就位,排放时应从设计基准线开始。由于组装件的加工制作总会存在误差,所以吊装就位前应将全周的组装件周长再实测一次。为了尽量减少误差可以将全周四等分,使每等分内的杯圈组装件的总弧长大致相等。全周杯圈组装件就位后用螺栓连接成整体,测定其垂直度及圆度,边测定边纠正,最后焊接成整体。

杯圈全周的水平度测量可把杯圈板上安装菱形壁板的螺栓孔作为测点,杯圈椭圆度及中心线的偏差测量可把安装内立柱的点作为测点;杯圈焊接完毕须用充水试漏方法检查,充水要满,充水时杯圈外表面必须保持干燥,所有焊缝均不允许有渗漏。

2) 壁板、内立柱、导轨和挂圈的安装 杯圈安装经验收后,可以开始壁板、内立柱、导轨和挂圈的安装,这些部件的安装可按内立柱→导轨→内立柱→菱形壁板→挂圈的顺序进行。

吊装内立柱时,如设计的塔节内附加配重,则需预先将配重块放到内立柱上。

螺旋导轨在安装前,应根据设计位置在壁板或立柱上准确地标出导轨螺旋线的找正点,并将找正点引至导轨下翼缘及垫板旁侧。第一根螺旋线应按设计校正基线位置和螺旋升角,并依此线为基准校正圆周上其他备螺旋线间距。吊装第一根导轨时最好略向上提高100～150mm,以示基准,待最后一块菱形板安装后再降至设计位置。

挂圈的安装方法与杯圈相同,吊装后的挂圈纠正其圆度和垂直度的偏差,纠正合格后将挂圈组合件接口焊好,然后将菱形壁板与挂圈、杯圈点焊固定,最后与导轨焊接成整体。

3) 塔节安装整体验收　每个塔节安装完毕都应按验收标准进行复测,内立柱中心点的塔节直径偏差不得超过±10mm;导轨中点(塔节的1/2高度处)垂直度允许偏差±15mm;挂圈上表面的水平允许偏差为±4mm,螺栓孔周边焊口须涂煤油试漏。

（3）塔顶安装

1) 顶架安装　钟罩壁板安装并焊接完毕即可进行顶架安装。首先在水槽底板中心处立好安装顶架用的施工支架,施工支架在安装过程中是顶架的中心支承,起着校准全部顶架中心的重要作用。因此,支架构造应具有较大的刚度,不易变形。主梁及次梁的组装件全部吊装完毕,再吊装三角架及次梁部件,吊装时,组装件与各部件暂时用螺栓固定连接成整体,在钟罩顶环圆度校正至符合验收标准后,再对顶架安装焊缝施焊。

2) 顶板安装　顶板的吊装顺序:边板→中三行板→中二行板→……中心盖板。吊装与边板相邻的中三行板时,留出最后一块暂时不盖,作为施工人员进出孔洞,待塔节及进出气管安装全部结束再盖。

（4）导轮安装　导轮安装前,应将各塔节调整至不受外加荷载作用的自由状态,导轮安装顺序一般是先外塔后内塔,逐塔进行,同一塔的导轮组,应在每天温度变化不大的时间内定位校准完毕。导轮轴和导轮的焊接固定应在安装前进行,导轮找正后可将底座点焊固定在水槽和各塔节的平台上。

附　录

典型燃气的组分和特性（干燃气，0℃，0.1013MPa）

燃气成分（体积%）

序号	类别	燃气种类	H₂	CO	CH₄	C₂H₄	C₂H₆	C₃H₆	C₃H₈	C₄H₈	C₄H₁₀	C₅⁺	O₂	N₂	CO₂	备注
1	人工燃气·煤制气	焦炉煤气	59.2	8.6	23.4				2.0				1.2	3.6	2.0	北京1965年
2	人工燃气·煤制气	直立炭化炉煤气	56.0	17.0	18.0				1.7				0.3	2.0	5.0	东北1970年
3	人工燃气·煤制气	混合煤气	48.0	20.0	13.0				1.7				0.8	12.0	4.5	上海1965年
4	人工燃气·煤制气	发生炉煤气	8.4	30.4	1.8				0.4				0.4	56.4	2.2	天津1965年
5	人工燃气·煤制气	水煤气	52.0	34.4	1.2				—				0.2	4.0	8.2	天津1965年
6	人工燃气·油制气	催化裂解气	58.1	10.5	16.6	5.0							0.7	2.5	6.6	上海1972年
7	人工燃气·油制气	热裂解气	31.5	2.7	28.5	23.8	2.6	5.7	0.3	—	—	—	0.6	2.4	2.1	上海1972年
8	天然气	干天然气	—	—	98.0						0.3	0.4	—	1.0	—	四川1965年
9	天然气	油田伴生气(1)	—	—	81.7				6.0		4.7	4.9	0.2	1.8	0.7	大庆1965年
10	天然气	油田伴生气(2)	—	—	80.1		7.4		3.8		2.3	2.4	—	1.6	3.4	天津1973年
11	液化石油气	液化石油气(1)	—	—	1.5		1.0	9.0		54.0	26.2	3.8	—	—	—	北京1973年
12	液化石油气	液化石油气(2)	—	—	1.3		0.2	15.8		38.5	23.2	12.6	—	1.0	0.8	大庆1973年
13	液化石油气	概略值	—	—	—				50.0		50.0					—

278

序号	燃气种类	密度 (kg/Nm³)	相对密度 (空气)	定压容积比热 (kJ/Nm³·℃)	高热值 (MJ/Nm³)	低热值 (MJ/Nm³)	实用华白数 (低热值/√密度)	动力粘度 (10⁻⁵Pa·s)	运动粘度 (10⁻⁶m²/s)	爆炸极限 上限 (%)	爆炸极限 下限 (%)	理论燃烧温度 (℃)
1	焦炉煤气	0.4686	0.3623	1.391	19.84	17.63	6150	1.184	24.76	35.8	4.5	1998
2	直立炭化炉煤气	0.5527	0.4275	1.384	18.06	16.15	5180	1.273	22.60	40.9	4.9	2003
3	混合煤气	0.6695	0.5178	1.370	15.42	13.87	4040	1.240	18.29	42.6	6.1	1986
4	发生炉煤气	1.1627	0.8992	1.320	6.01	5.75	1270	1.764	13.93	67.5	21.5	1600
5	水煤气	0.7005	0.5418	1.330	11.46	10.39	2960	1.519	21.28	70.4	6.2	2175
6	催化裂解气	0.5374	0.4156	1.392	18.49	16.53	5380	1.245	22.73	42.9	4.7	2009
7	热裂解气	0.7909	0.6116	1.619	37.98	34.81	9340	1.001	12.42	25.7	3.7	2038
8	干天然气	0.7435	0.5750	1.561	40.43	36.47	10100	1.054	13.92	15.0	5.0	1970
9	油田伴生气(1)	1.0415	0.8054	1.813	52.87	48.42	11300	0.887	8.36	14.2	4.2	1986
10	油田伴生气(2)	0.9709	0.7503	1.745	48.11	43.68	10580	0.951	9.62	14.4	4.4	1973
11	液化石油气(1)	2.5272	1.9545	3.521	123.77	115.15	17280	0.717	2.78	9.7	1.7	2050
12	液化石油气(2)	2.5268	1.9542	3.427	122.38	113.87	17090	0.727	2.82	9.7	1.7	2060
13	概略值	2.3505	1.8178	3.337	117.59	108.40	16910	0.729	3.04	9.0	1.9	2020

附录二

单一气体在标准状态下的主要特性值

名称	分子式	分子量 M	摩尔容积 V_M (m³/kmol)	气体常数 R(J/(kg·K))	密度 ρ (kg/m³)	临界温度 T_c (K)	临界压力 P_c (MPa)	高热值 H_h (MJ/m³)	低热值 H_l (MJ/m³)	爆炸极限(体积%) 下限 L_l	上限 L_h	动力粘度 $\mu \times 10^{-6}$ (Pa·s)	运动粘度 $\nu \times 10^{-6}$ (m²/s)	沸点 (℃)	定压比热 γ_p [(kJ/m³·K)]	绝热指数 K	导数系数 λ[W/(m²·K)]
甲烷	CH_4	16.043	22.362	518.75	0.7174	190.58	4.544	39.842	35.906	5.0	15.0	10.60	14.50	-161.49	1.545	1.309	0.03024
乙烷	C_2H_6	30.070	22.187	276.64	1.3553	305.42	4.816	70.351	64.397	2.9	13.0	8.77	6.41	-88.60	2.244	1198	0.01861
乙烯	C_2H_4	28.054	22.257	296.56	1.2605	282.36	4.966	63.438	59.477	2.7	34.0	9.50	7.46	-103.68	1.888	1.258	0.0164
丙烷	C_3H_8	44.097	21.936	188.65	2.0102	369.82	4.194	101.266	93.240	2.1	9.5	7.65	3.81	-42.05	2.960	1.161	0.01512
丙烯	C_3H_6	42.081	21.990	197.77	1.9136	364.75	4.550	93.667	87.667	2.0	11.7	7.80	3.99	-47.72	2.675	1.170	—
正丁烷	$n\text{-}C_4H_{10}$	58.124	21.504	143.13	2.7030	425.18	3.747	133.886	123.649	1.5	8.5	6.97	2.53	-0.50	3.710	1.144	0.01349
异丁烷	$i\text{-}C_4H_{10}$	58.124	21.598	143.13	2.6912	408.14	3.600	133.048	122.853	1.8	8.5	—	—	-11.72	—	1.144	—
丁烯	C_4H_8	56.108	21.607	148.33	2.5968	419.55	3.970	125.847	117.695	1.6	10.0	7.47	2.81	-6.25	—	1.146	—
正戊烷	C_5H_{12}	72.151	20.891	115.27	3.4537	469.65	3.325	169.377	156.733	1.4	8.3	6.48	1.85	36.06	—	1.121	—
氢	H_2	2.016	22.427	412.67	0.0898	33.25	1.280	12.745	10.786	4.0	75.9	8.52	93.0	-252.75	1.298	1.407	0.2163
一氧化碳	CO	28.010	22.398	297.14	1.2501	132.95	3.453	12.636	12.636	12.5	74.2	16.90	13.30	-191.48	1.302	1.403	0.0230
氧	O_2	31.999	22.392	259.97	1.4289	154.33	4.971	—	—	—	—	19.80	13.60	-182.98	1.315	1.400	0.0250
氮	N_2	28.013	22.403	296.95	1.2507	125.97	3.349	—	—	—	—	17.00	13.30	-195.78	1.309	1.402	0.02489
二氧化碳	CO_2	44.010	22.260	189.04	1.9768	304.25	7.290	—	—	—	—	14.30	7.09	-78.20 (升华)	1.620	1.304	0.01372
硫化氢	H_2S	34.076	22.180	244.17	1.5392	373.55	8.890	25.364	23.383	4.3	45.5	11.90	7.63	-60.20	1.557	1.320	0.01314
空气		28.966	22.400	287.24	1.2931	132.40	3.725	—	—	—	—	17.50	13.40	-192.00	1.306	1.401	0.02489
水蒸气	H_2O	18.015	21.629	461.76	0.833	647.00	21.830	—	—	—	—	8.60	10.12	—	1.491	1.335	0.01617

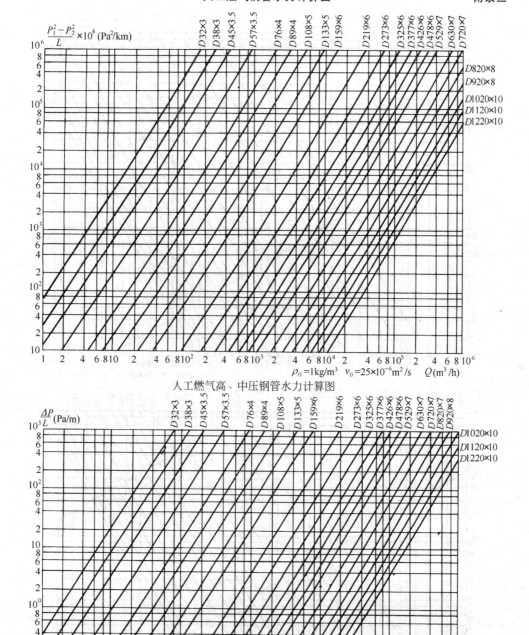

人工燃气高、中压钢管水力计算图

人工燃气低压钢管水力计算图

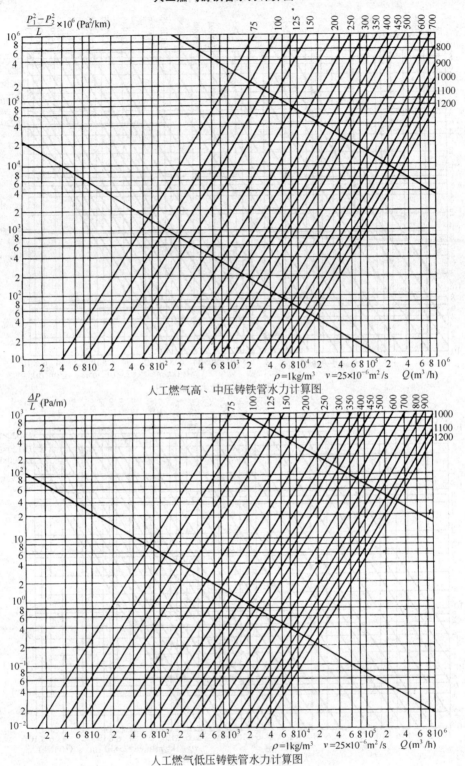

人工燃气高、中压铸铁管水力计算图

人工燃气低压铸铁管水力计算图

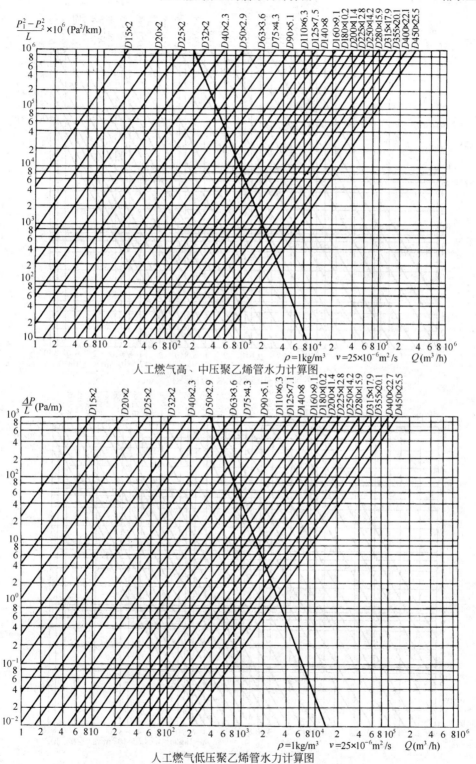

人工燃气高、中压聚乙烯管水力计算图

人工燃气低压聚乙烯管水力计算图

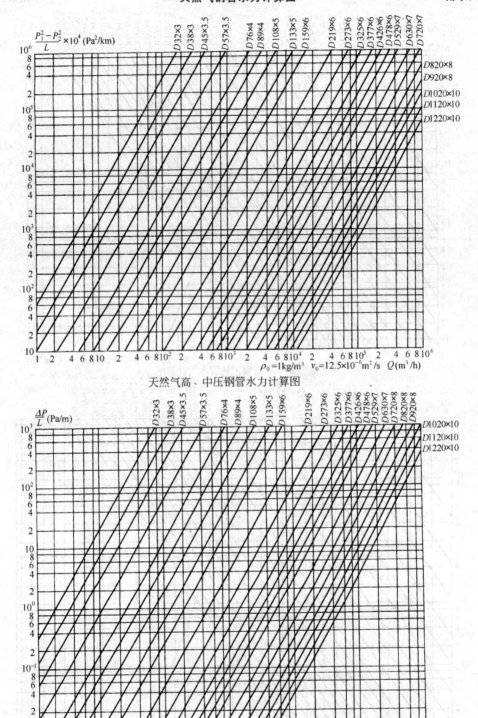

天然气高、中压钢管水力计算图

天然气低压钢管水力计算图

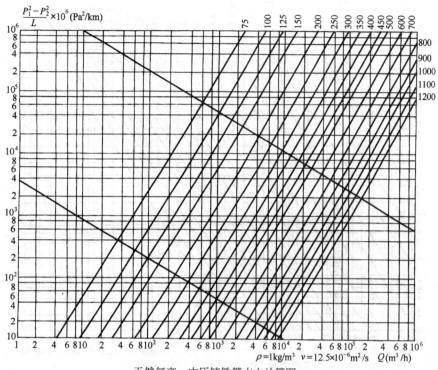

天然气高、中压铸铁管水力计算图

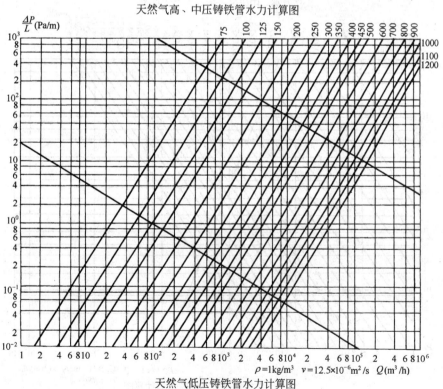

天然气低压铸铁管水力计算图

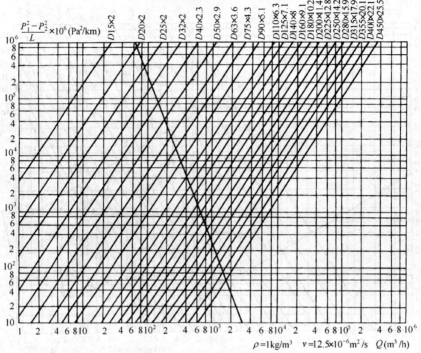

天然气高、中压聚乙烯管水力计算图

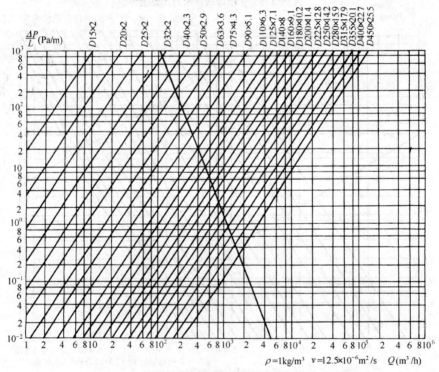

天然气低压聚乙烯管水力计算图

主 要 参 考 文 献

1. 项友谦主编. 燃气热力工程常用数据手册. 北京:中国建筑工业出版社,2000
2. 邢同春编. 市政工程施工图集(4)燃气、热力工程. 北京:中国建筑工业出版社,2002
3. 姜正侯主编. 燃气工程技术手册. 上海:同济大学出版社,1993
4. 邓渊主编. 煤气规划设计手册. 北京:中国建筑工业出版社,1992
5. 李公藩编. 燃气工程便携手册. 北京:机械工业出版社,2002
6. 李公藩编著. 燃气管道工程施工. 北京:中国计划出版社,2001
7. 《煤气设计手册》编写组. 煤气设计手册. 北京:中国建筑工业出版社,1983
8. 袁国汀主编. 建筑燃气设计手册. 北京:中国建筑工业出版社,1999
9. 高福烨主编. 燃气制造工艺学. 北京:中国建筑工业出版社,1995
10. 同济大学、北京建筑工程学院、哈尔滨建筑工程学院、重庆建筑工程学院编. 燃气输配. 北京:中国建筑工业出版社,1988
11. 同济大学、北京建筑工程学院、哈尔滨建筑工程学院、重庆建筑工程学院编. 燃气燃烧与应用. 北京:中国建筑工业出版社,1988
12. 黄国洪编. 燃气工程施工. 北京:中国建筑工业出版社,1994
13. 四川石油管理局编. 天然气工程手册. 北京:石油工业出版社,1984
14. (前苏)A.A约宁著. 煤气供应. 北京:中国建筑工业出版社,1986
15. 日本煤气协会编. 煤气应用手册. 北京:中国建筑工业出版社,1989
16. 卢永昌总主编. 燃气工通用基础知识、燃气制气工、燃气净化工、燃气输配工、燃气应用器具工、液化石油气工、燃气高级工. 北京:中国建筑工业出版社,1996
17. 王旭编. 管道施工简明手册(第二版). 上海:上海科学技术出版社,1998
18. 祖因希主编. 液化石油气操作技术与安全管理. 北京:化学工业出版社,2000
19. 方淯瑜主编. 供燃气(给水)用埋地聚乙烯管道. 北京:中国建筑工业出版社,1997
20. 《汽车加油加气站设计与施工规范》编制组编. 《汽车加油加气站设计与施工规范》宣贯辅导教材. 北京:中国计划出版社,2003